普通高等教育"十三五"规划教材

U0161573

金属切削加工方法与设备

徐 勇 主编　　游震洲 副主编　　封士彩 主审

化学工业出版社
·北京·

《金属切削加工方法与设备》是根据教育部打造"金课"的要求以及应用型本科和高职高专"金属切削加工方法与设备"的教学计划编写的。

　　全书共分 12 章，内容包括金属切削刀具基础、金属切削过程的基本规律、金属切削过程中的物理现象、金属切削理论的应用、金属切削机床的基本知识、车削加工、铣削加工、钻削和镗削加工、磨削加工、刨削、插削和拉削加工、齿轮加工以及先进加工方法和设备。每个章节中编排了大量的生产实践案例，淡化理论，强调实践教学，培养学生务实严谨的专业品质和职业能力，每章后附有实训练习题，书后附有详细解答。

　　本书可作为应用型本科院校和高等职业院校机械类专业主干课程教材，也可作为成人高校、技师学院和中等职业学校的教材和参考书，还可供机械制造工程技术人员、机械制造企业管理人员参考及作为培训教材。

图书在版编目（CIP）数据

　　金属切削加工方法与设备/徐勇主编. —北京：化学工业出版社，2020.5
　　普通高等教育"十三五"规划教材
　　ISBN 978-7-122-36314-5

　　Ⅰ.①金… Ⅱ.①徐… Ⅲ.①金属切削-高等学校-教材 Ⅳ.①TG5

　　中国版本图书馆 CIP 数据核字（2020）第 032194 号

责任编辑：高　钰		文字编辑：陈　喆
责任校对：王鹏飞		装帧设计：刘丽华

出版发行：化学工业出版社（北京市东城区青年湖南街 13 号　　邮政编码 100011）
印　　刷：三河市航远印刷有限公司
装　　订：三河市宇新装订厂
787mm×1092mm　1/16　印张 17¾　字数 444 千字　2020 年 7 月北京第 1 版第 1 次印刷

购书咨询：010-64518888　　　　　　　　售后服务：010-64518899
网　　址：http://www.cip.com.cn
凡购买本书，如有缺损质量问题，本社销售中心负责调换。

定　　价：49.00 元

前　言

　　本书是根据教育部打造"金课"的要求以及应用型本科和高职高专"金属切削加工方法与设备"的教学计划编写的。

　　本书力求体现以下特点：

　　先进性　随着应用型本科和高等职业教育的快速发展，国家出台了一系列的法律法规，推动应用型本科和高等职业教育健康有序地发展。随着教育部提出打造"金课"的标准，各个学校不断进行教学改革，重视学校和专业的内涵建设，积极鼓励和扶持具有特色、符合应用型本科和高职高专教学改革要求的教材。本书就是在此背景下编写的。

　　实践性　本书根据国家和教育部提出的"金课"标准，重新编排"金属切削加工方法与设备"的内容体系，强化实践性，突出应用性，更好地为行业和区域经济服务。

　　案例化　在章节内容上，简化了复杂的理论阐述和公式推导，以知识点为主，介绍其概念、特点及用途，对一些实践性强的知识点，安排了大量的案例供课堂教学。

　　每章后面安排大量的实训练习题，书后附有相应的参考答案，以加强巩固学习内容，掌握基本内容与要点。

　　本书的内容已制作成用于多媒体教学的 PPT 课件，并将免费提供给采用本书作为教材的院校使用。如有需要，请发电子邮件至 cipedu@163.com 获取，或登录 www.cipedu.com.cn 免费下载。

　　本书由徐勇担任主编，游震洲任副主编。徐勇编写绪论、第 1～8、11、12 章和全部实训练习题，胡文艺编写第 9 章，游震洲编写第 10 章，全书由常熟理工学院封士彩教授担任主审。

　　在编写过程中，得到了温州职业技术学院和常熟理工学院以及江苏师范大学同行的大力协助，在此一并表示感谢。

　　由于编者的水平有限，书中难免有不妥之处，恳请广大读者批评指正。

编　者

2020 年 3 月

目　录

绪论

（1）金属切削加工方法概述

金属切削加工是机械制造业的主要加工方法，它是利用金属切削刀具切除被加工零件上的多余材料，使切削加工后的零件获得规定的几何形状、尺寸精度和表面质量。

人类早期的活动可以追溯到新石器时代，当时人们利用石器作为工具，制造处于萌芽状态。我国在公元前的青铜器时代已经出现了金属切削的萌芽，当时的青铜刀、锯、锉等就很类似现代的金属切削刀具。春秋中晚期时，工程技术著作《考工记》中就记载了木工、金工等多种专业技术知识，书中指出"材美工巧"是制成良器的必要条件。从出土文物和文献可以推测，在唐代已经有了原始车床。公元1668年，明代出现了畜力带动的铣磨机（图0-1）和脚踏刃磨机（图0-2），已经能够加工直径为2m的天文仪器铜环，其精度和表面粗糙度均达到相当的水平。

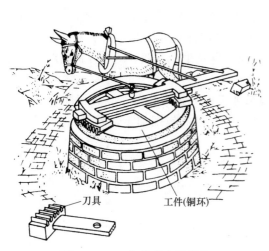

图 0-1　1668 年的畜力铣磨机

图 0-2　1668 年的脚踏刃磨机刃磨刀片

18世纪60年代，英国的 James Watt 发明了蒸汽机，1755年 J. Wilkinson 研制成加工蒸汽机气缸的镗床，1818年美国的 Eli Whitney 发明了铣床。1865年前后，各式车床、镗床、插齿、齿轮机床和螺纹机床相继出现。这个阶段机械技术和蒸汽技术的结合，产生了第一次工业革命，机械制造业开始使用机械加工机床。

社会生产力的发展对刀具的要求也越来越高，新型刀具材料不断涌现。1780～1898年间，碳素钢和合金工具钢作为主要的刀具材料，切削速度约为6～12m/min。1898年，美国的 F. W. Taylor 和 White 发明了高速合金工具钢,切削速度比工具钢提高了 2～3 倍。1923 年,德国人研制了 WC-Co 硬质合金,切削速度比高速钢提高了 2～4 倍。1960 年以后,由于高强度和高硬度材料的出现,又促使许多新型刀具材料不断出现,如万能硬质合金、陶瓷、人造金刚石和立方氮化硼等。20 世纪 70 年代,随着 CVD、PVD 等气相沉积涂层技术的日臻成熟,刀具材料发生重大变革,刀具性能得到大大提高。

20 世纪 60 年代,制造业生产方式由大批量生产开始向多品种、小批量生产方式转变,与此同时,先进制造技术不断产生,如 CAD、CAM、CAPP、CAE、CE、LP、AM、RPM。

进入 21 世纪,金属切削加工技术正朝着高精度、高效率、自动化、柔性化和智能化的方向发展。未来的切削加工技术必将面临制造环境的一系列新的挑战,它将与信息技术、自动化技术、控制技术、管理技术等高新技术和理论融合,并由此推动上述技术和理论在切削加工技术中的应用和发展。

(2) 金属切削加工在国民经济中的地位

在各种加工方法中,金属切削加工在机械制造业中所占比重最大,切削加工技术的发展水平直接影响着制造业的发达程度,更是表征一个国家综合国力的标志。金属切削机床是加工机器零件的主要设备,是加工机器的机器,又称为"工作母机"或"工具机"。目前机械制造中所用工具机中的 80%～90% 仍为金属切削机床,机械制造业中约 40%～60% 的工作量由机床完成。因此金属切削机床是机械加工中的主要设备。

刀具是金属切削加工的执行者,没有刀具,切削就无法进行。"工欲善其事,必先利其器",说明刀具在金属切削加工中的重要地位。

(3) 课程的性质、内容和学习方法

"金属切削加工方法与设备"是机械类专业的必修专业课,本课程主要研究金属切削加工的基本规律、金属切削加工设备的结构和工作原理、金属切削刀具的特点及选用等内容。"金属切削加工方法和设备"是一门综合性和实践性很强的课程,因此,在学习过程中,不但要掌握好金属切削的基本知识和规律,而且还要密切联系生产实践,培养分析问题和解决问题的能力。

本课程内容包括金属切削加工基本规律、切削加工中的物理现象、金属切削理论的应用、金属切削机床的基本知识、车削加工、铣削加工、钻削和镗削加工、磨削加工、刨削、插削和拉削加工、齿轮加工以及先进加工方法与设备。

第1章

金属切削加工的基本概念

● 知识目标

掌握切削运动、切削用量要素和切削层参数的概念。

掌握刀具切削部分的构造和刀具几何角度的定义。

掌握常用刀具材料的种类、牌号、性能及应用范围。

● 能力目标

对切削运动、切削要素等基本概念的理解能力。

运用公式进行切削用量要素和切削层参数的计算能力。

标注刀具几何角度和合理选择刀具材料的能力。

1.1　切削运动与工件表面

用金属切削刀具从工件上切除多余的（或预留的）金属，从而获得在形状、尺寸精度及表面质量上都合乎预定要求的加工称为金属切削加工。在切削加工过程中，切削运动就是工件与刀具之间的相对运动，它由金属切削机床来完成。各种切削运动都是由一些简单的直线运动和旋转运动组合而成的，切削运动按其作用可分为主运动和进给运动两种（图1-1）。

(1) 主运动

使工件与刀具产生相对运动以进行切削的最基本运动，称为主运动。主运动的速度最高，所消耗的功率最大，在切削运动中，主运动只有一个。它可以由工件完成，也可以由刀具完成；可以是旋转运动，也可以是直线运动。如车削外圆时工件的旋转运动，刨削时刨刀的直线往复运动等。主运动的速度称为切削速度，用 v_c 表示。

(2) 进给运动

不断地把切削层投入切削的运动，称为进给运动。进给运动一般速度较低，消耗的功率较少，可由

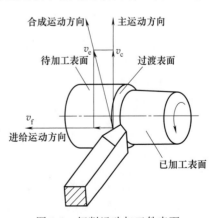

图1-1　切削运动与工件表面

一个或多个运动组成；可以是连续的，也可以是间断的。进给速度用 v_f 表示。

在主运动和进给运动同时进行的情况下，刀具切削刃上某一点相对于工件的运动称为合成切削运动，可用合成速度向量 v_e 来表示。以外圆车削为例（图 1-1），切削运动的合成速度向量 v_e 等于主运动速度 v_c 与进给速度 v_f 的向量之和。

(3) 工件的表面

在切削过程中，工件上通常存在三个表面（图 1-2）：

① 待加工表面　工件上即将被切除的表面。

② 已加工表面　工件上经刀具切削后形成的新表面。

③ 过渡表面　工件上正在被切削刃切削的表面。

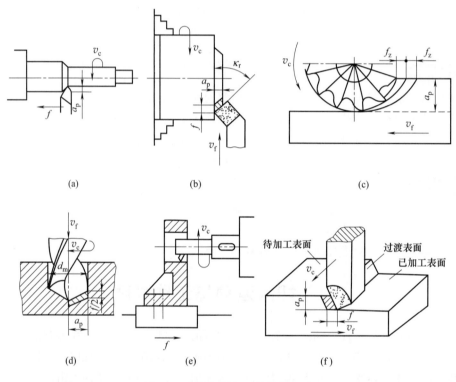

图 1-2　典型切削加工的切削运动

1.2　切削用量要素

(1) 切削速度 v_c

切削速度是切削刃相对于工件的主运动速度。计算切削速度时，应选取切削刃上速度最高的点进行计算（图 1-2）。主运动为旋转运动时，切削速度公式为：

$$v_c = \frac{\pi d n}{1000}$$

式中　　d——工件或刀具的最大直径，mm；

n——工件或刀具的转速，r/s 或 r/min；

v_c——工件或刀具的切削速度，m/s 或 m/min。

（2）进给量 f

工件或刀具每回转一周（或往复运动一次），两者沿进给方向上的相对位移量，称为进给量，其单位为 mm/r 或 mm/st。对多齿的刀具，用每齿进给量 f_z（mm/z）表示（图1-2）。进给运动的速度称为进给速度，以 v_f 表示，单位为 mm/s 或 mm/min。

$$v_f = fn = (f_z z)n$$

（3）背吃刀量 a_p

指待加工表面和已加工表面之间的垂直距离（图1-2）。车外圆时：

$$a_p = \frac{d_w - d_m}{2}$$

式中 d_w，d_m——工件待加工表面和已加工表面的直径，mm。

【**案例1-1**】 计算钻床的主轴转速和进给量。

使用高速钢钻头在厚度为 50mm 的铸铁件上钻一个 $\phi20$mm 的通孔，已知：$v=0.45$ m/s，$v_f=174$mm/min，计算钻床主轴转速 n 和进给量 f。

【**解**】 根据速度公式 $v=\frac{\pi dn}{1000}$，得 $n=\frac{1000v}{\pi d}=\frac{1000\times0.45}{3.14\times20}=7.17(\text{r/s})=430(\text{r/min})$；再根据进给速度公式 $v_f=fn$，得 $f=v_f/n=174/430=0.40(\text{mm/r})$。

【**案例1-2**】 计算铣床的转速和进给速度。

用直径为 $d=20$mm、齿数为 $z=3$ 的立铣刀进行铣削加工，已知 $f_z=0.04$mm/z，$v_c=20$m/min，求铣床的转速 n 和进给速度 v_f。

【**解**】 根据题中条件和公式，可得 $n=1000v_c/(\pi d)=1000\times20/(20\pi)=318(\text{r/min})$。查铣工手册，取转速值为 300 r/min。

根据进给速度公式 $v_f=fn=f_z zn=0.04\times3\times300=36(\text{mm/min})$，查铣工手册，可取进给速度为 37.5mm/min。

1.3 切削层参数

切削层是指工件上正在被切削刃切削的一层金属，如图1-3所示。切削层参数是在与主运动方向垂直的平面内度量的截面尺寸参数。切削层参数包括切削层公称厚度、切削层公称宽度和切削层公称横截面积。

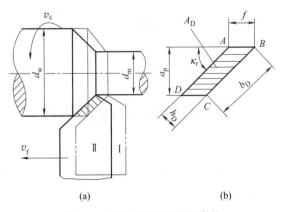

图1-3 切削用量和切削层参数

(1) 切削层公称厚度

垂直于过渡表面度量的切削层尺寸，简称为切削厚度 h_D。

$$h_D = f\sin\kappa_r\,(\kappa_r：主偏角)$$

(2) 切削层公称宽度

沿过渡表面度量的切削层尺寸，简称为切削宽度 b_D。

$$b_D = a_p/\sin\kappa_r$$

(3) 切削层公称横截面积

在切削层参数平面内度量的横截面面积 A_D。

$$A_D = h_D b_D = a_p f$$

【案例 1-3】 计算车外圆时的切削用量要素和切削层参数。

如图 1-4 所示，车外圆时，已知工件转速 $n=320\text{r/min}$，车刀移动速度 $v_f=64\text{mm/min}$，试求切削速度 v_c、进给量 f、切削深度 a_p、切削厚度 h_D、切削宽度 b_D、切削面积 A_D。

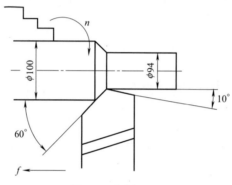

图 1-4 案例 1-3 图

【解】 由图 1-4 中已知条件和切削用量要素公式可得：

$$a_p = \frac{d_w - d_m}{2} = \frac{100-94}{2} = 3\ (\text{mm})$$

$$v_c = \frac{\pi d n}{1000} = \frac{3.14\times100\times320}{1000} = 100.48\ (\text{m/min})$$

$v_f = fn$，得 $f = v_f/n = 64/320 = 0.20\ (\text{mm/r})$

切削层参数计算数值如下：

$h_D = f\sin\kappa_r = 0.20\times\sin60° = 0.1732\ (\text{mm})$

$b_D = a_p/\sin\kappa_r = 3/\sin60° = 3.4641\ (\text{mm})$

$A_D = h_D b_D = a_p f = 3\times0.20 = 0.60\ (\text{mm}^2)$

1.4 刀具的结构和角度

(1) 刀具切削部分的组成

切削刀具（Cutter）的种类很多，形状各异，但它们切削部分的几何形状与几何参数具有共同的特征：切削部分的基本形状为楔形。车刀（Lathe Tool）是典型的代表，其它刀具可以视为由车刀演变或组合而成，多刃刀具的每个刀齿都相当于一把车刀。

刀具上承担切削工作的部分称为刀具的切削部分，它由六个基本结构要素组成（图1-5）。

前刀面：刀具上切屑沿其流出的表面。

主后刀面：刀具上与工件过渡表面相对的表面。

副后刀面：刀具上与工件已加工表面相对的表面。

主切削刃：前刀面与主后刀面的交线，承担主要的切削任务。

副切削刃：前刀面与副后刀面的交线，配合主切削刃完成切削工作。

刀尖：连接主切削刃和副切削刃的一段刀刃，它可以是一段小的圆弧或直线。

(2) 刀具标注角度的参考平面

刀具要从工件上切除金属，必须具有一定的切削角度。切削角度决定了刀具切削部分各表面之间的相对位置。要确定和测量刀具角度，必须引入三个相互垂直的参考平面组成刀具标准角度的参考系。参考系中各平面定义如下（图1-6）。

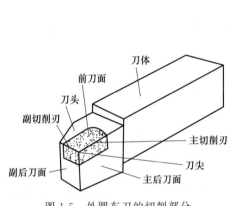

图1-5　外圆车刀的切削部分

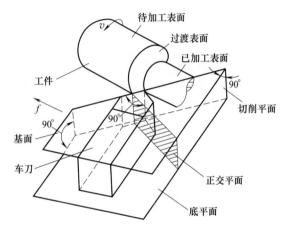

图1-6　车刀标注角度的参考系

基面 P_r：通过主切削刃上某一点并与该点切削速度方向垂直的平面。

切削平面 P_s：通过主切削刃上某一点，与主切削刃相切并垂直于基面的平面。

正交平面 P_o：通过主切削刃上某一点，同时垂直于基面和切削平面的平面。

基面、切削平面和正交平面共同组成标注刀具角度的正交平面参考系。除此之外，常用的标注刀具角度的参考系还有法平面参考系、背平面参考系和假定工作平面参考系。

(3) 刀具的标注角度

刀具的标注角度是在刀具设计图中标注的，是用于刀具制造、刃磨和测量的角度。刀具的主要标注角度有以下六个，分别定义如下（图1-7）。

前角 γ_o：在正交平面内测量的前刀面和基面的夹角。前角表示前刀面的倾斜程度，有正、负之分，正、负规定如图所示。

后角 α_o：在正交平面内测量的主后刀面和切削平面的夹角，后角一般为正值。

主偏角 κ_r：在基面内测量的主切削刃在基面上的投影与进给运动方向的夹角。

副偏角 κ_r'：在基面内测量的副切削刃在基面上的投影与进给运动反方向的夹角。

刃倾角 λ_s：在切削平面内测量的主切削刃和基面间的夹角。有正、负之分，正、负规定如图所示。

副后角 α_o'：副后刀面与切削平面间的夹角，它确定副后刀面的空间位置。

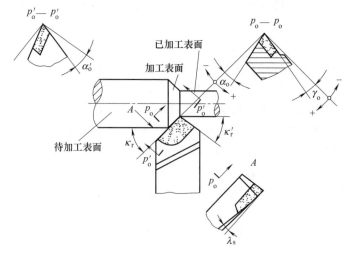

图 1-7　车刀在正交平面内的标注角度

车刀的上述六个角度是相互独立的，它们的大小会直接影响切削过程，其余角度均是派生的。各角度的推荐值可查阅相关手册。

（4）刀具的工作角度

刀具的标注角度是在假设的运动条件和安装条件下确定的。如果考虑进给运动和刀具实际安装的影响，参考平面的位置应按合成切削运动方向来确定，这时的参考系称为刀具工作角度参考系。

在工作角度参考系中确定的刀具角度称为刀具的工作角度，又称刀具的实际角度。刀具的工作角度反映了刀具的实际工作状态，刀具的工作角度受进给运动和安装位置的影响。

① 刀柄偏斜对工作角度的影响　如图 1-8 所示，当刀具随刀架逆时针转动 θ 角后，工作主偏角增大，工作副偏角减小。

$$\kappa_{re}=\kappa_r+\theta\,;\ \kappa'_{re}=\kappa'_r-\theta$$

② 刀具安装高度对工作角度的影响　车削时，刀具的安装常会出现刀刃安装高于或低于工件回转中心的情况，此时工作基面、工作切削平面相对于标注参考系产生 θ 角偏转，将引起工作前角和工作后角的变化，如图 1-9 所示。

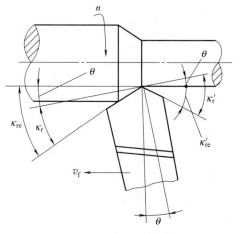

图 1-8　刀柄偏斜对工作主、副偏角的影响

$$\gamma_{oe}=\gamma_o\pm\theta\,;\ \alpha_{oe}=\alpha_o\pm\theta$$
$$\sin\theta=2h/d$$

③ 刀具横向进给对工作角度的影响　车端面或切断时，车刀切削的运动轨迹为阿基米德螺线，此时的工作基面和工作切削平面相对于标注参考系偏转了 μ 角度，从而使车刀的工作前角和工作后角发生变化，如图 1-10 所示。

$$\gamma_{oe}=\gamma_o+\mu\,;\ \alpha_{oe}=\alpha_o-\mu$$

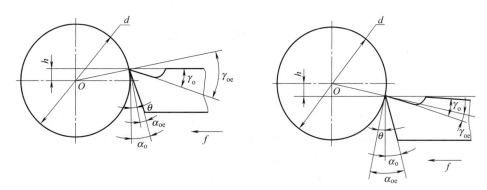

图 1-9 刀具安装高度对工作前、后角的影响

$$\tan\mu = \frac{v_f}{v_c} = \frac{f}{\pi d}$$

④ 纵向进给运动对工作角度的影响 纵向进给车外圆或车螺纹时，合成运动方向与主运动方向之间的夹角为 μ_f，这时工作基面和工作切削平面相对于标注参考系都要偏转一个附加的角度 μ，使车刀的工作前角增大，工作后角减小，如图 1-11 所示。

$$\gamma_{fe} = \gamma_f + \mu_f; \ \alpha_{fe} = \alpha_f - \mu_f$$

$$\tan\mu = \tan\mu_f \sin\kappa_r = \frac{f}{\pi d}\sin\kappa_r$$

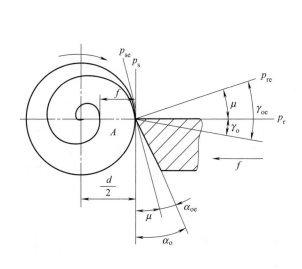

图 1-10 横向进给运动对工作前、后角的影响

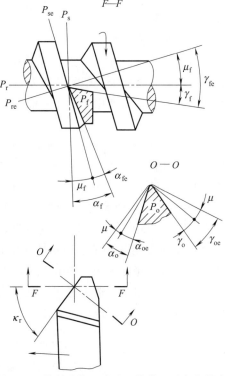

图 1-11 纵向进给运动对工作前、后角的影响

以上讨论的刀具工作角度是只考虑一个因素的影响，实际工作中刀具既有安装偏斜和高低的问题，又有进给运动的影响。此时，应综合考虑各种因素的影响，将各项按要求叠加。

1.5 刀具的材料

(1) 刀具材料应具备的性能

金属切削过程除了要求刀具具有适当的几何参数外，还要求刀具材料对工件要有良好的切削性能，金属切削过程中的加工质量、加工效率、加工成本，在很大程度上取决于刀具材料的合理选择。因此，材料、结构和几何形状是构成刀具切削性能评估的三个要素。

刀具切削性能的优劣取决于刀具材料、切削部分几何形状和刀具的结构。刀具材料的选择对刀具寿命、加工质量和生产效率影响极大。刀具材料应满足以下基本要求：

① 高硬度和高耐磨性 刀具材料的硬度必须高于工件材料的硬度，常温下刀具材料的硬度一般在 60HRC 以上。耐磨性是指材料抵抗磨损的能力，一般情况下，刀具材料的硬度越高、耐磨性越好。

② 足够的强度和韧性 刀具材料要承受切削时的振动，不产生崩刃和冲击，必须具有足够的强度和韧性。

③ 高的耐热性 刀具材料在高温作用下应具有足够的硬度、耐磨性和强韧性。

④ 良好的工艺性 刀具材料应具有良好的锻造性能、热处理性能和切削加工性能等，以便于刀具的制造和刃磨。

⑤ 良好的经济性 经济性也是评价刀具材料切削性能的重要指标。

刀具材料的性能要求有些是相互制约的，在实际工作中应根据具体的切削对象和条件选择合适的刀具材料。

(2) 常用刀具材料

① 碳素工具钢 碳素工具钢是含碳量较高的优质钢，如 T10A。碳素工具钢淬火后具有较高的硬度，价格低廉，但耐热性差，当温度高于 200℃时即失去原有的硬度，并且淬火时容易变形和开裂，只能用于制作一般温度下工作的工量具和模具等，如冲头、锯条、丝锥、量规、锉刀等。

② 合金工具钢 合金工具钢是在碳素工具钢中加入少量的 Cr、W、Mn、Si 等合金元素形成的刀具材料，如 9SiCr 等。与碳素工具钢相比，热处理变形减小，耐热性有所提高，常用于制造低速刀具，如锉刀、锯条和铰刀等。

③ 高速钢 高速钢是一种加入较多钨、钼、铬、钒等合金元素的高合金工具钢，如 W18Cr4V 等。高速钢又称锋钢或风钢，热处理后硬度可达 62～66HRC，抗弯强度约为 3.3GPa。高速钢有较高的热稳定性、耐磨性、耐热性，切削温度在 500～650℃时仍能正常切削，许用切削速度为 30～50m/min，是碳素钢的 5～6 倍。高速钢的强度、韧性、工艺性都很好，广泛应用于制造中速切削及形状复杂的刀具，如麻花钻、铣刀、拉刀和齿轮刀具。常用高速钢牌号及应用范围见表 1-1。

表 1-1 常用高速钢牌号及应用范围

种类	牌号	常温硬度 （HRC）	抗弯强度 /GPa	冲击韧性 /(MJ/m²)	高温硬度 （600℃） （HRC）	主要性能和应用范围
普通型 高速钢	W18Cr4V （W18）	63～66	3.0～3.4	0.18～0.32	48.5	综合性能好，用于制造精加工刀具和复杂刀具，如钻头、成形车刀、拉刀和齿轮刀具等

续表

种类	牌号	常温硬度 （HRC）	抗弯强度 /GPa	冲击韧性 /(MJ/m²)	高温硬度 （600℃） （HRC）	主要性能和应用范围
普通型 高速钢	W6Mo5Cr4V2 （M2）	63～66	3.5～4.0	0.30～0.40	47～48	强度和韧性高于W18，热塑性好， 用于制造热成形刀具及承受冲击的 刀具
高性能 高速钢	W2Mo9Cr4VCo8 （M42）	67～69	2.7～3.8	0.23～0.30	55	硬度高，耐磨性好，用于制造复杂 刀具等，但价格贵
	W6Mo5Cr4V2Al （501）	67～69	2.9～3.9	0.23～0.30	55	用于制造复杂刀具，切削难加工 材料

④ 硬质合金　硬质合金是以高硬度、高熔点的金属碳化物为基体，添加 Co、Ni 等黏结剂，在高温条件下烧结而成的粉末冶金制品。

硬质合金刀具常温硬度为 89～93HRA，化学稳定性好，热稳定性好，耐磨性好，耐热性达 800～1000℃，硬质合金刀具允许的切削速度比高速钢刀具高 5～10 倍，能切削淬火钢等硬材料。但硬质合金抗弯强度低、脆性大，抗振动和冲击性能较差。硬质合金被广泛用于制作各种刀具，如车刀、端铣刀、深孔钻等。我国硬质合金种类主要有以下几种：

钨钴类硬质合金（YG 类）：由 WC 和 Co 组成，合金中含钴量越高，韧性越好，这类合金适用于加工铸铁、青铜等脆性材料。常用牌号有 YG3、YG6、YG8 等，其中数字表示 Co 的质量分数。Co 的质量分数增加，硬度和耐磨性下降，抗弯强度和韧性增加。YG 类硬质合金有较好的韧性、磨削性、导热性，适合于加工产生崩碎切屑及有冲击载荷的脆性金属材料。

钨钛钴类硬质合金（YT 类）：由 WC、TiC 和 Co 组成，它以 WC 为基体，添加 TiC，用 Co 作黏结剂烧结而成。合金中 TiC 含量越高，Co 含量就越低，其硬度、耐磨性和耐热性进一步提高，但抗弯强度、导热性特别是冲击韧性明显下降，这类合金主要用于精加工钢料。常用牌号有 YT5、YT15、YT30 等，其中数字表示 TiC 的质量分数。TiC 的质量分数增加，硬度和耐磨性增加，抗弯强度和韧性下降。

通用硬质合金（YW 类）：是在 WC、TiC、Co 的基础上加入 TaC、NbC 组成的硬质合金。常用牌号有 YW1、YW2。这类合金既能加工铸铁和有色金属，又可以加工钢料，还可以加工高温合金和不锈钢等难加工材料，又称万能硬质合金。表 1-2 列出了几种常用硬质合金的牌号、性能及适用范围。

国际标准化组织 ISO 把切削用硬质合金分为三类：P 类、K 类和 M 类。P 类相当于我国的 YT 类、K 类相当于我国的 YG 类、M 类相当于我国的 YW 类硬质合金。

表 1-2　常用硬质合金的牌号、性能及应用范围

类型	牌号	硬度 （HRA）	抗弯强 度/GPa	耐磨 性能	耐冲 击性	耐热 性能	材料	加工性质	相当的 ISO牌号
K 类	YG3	91	1.08				铸铁；有色金属	连续切削时的精 加工和半精加工	K05
	YG6X	91	1.37	↑	↓	↑	铸铁；耐热合金	精加工和半精 加工	K10
	YG6	89.5	1.42				铸铁；有色金属	连续切削粗加工； 间断切削半精加工	K20
	YG8	89	1.47				铸铁；有色金属	间断切削粗加工	K30

续表

类型	牌号	硬度(HRA)	抗弯强度/GPa	耐磨性能	耐冲击性	耐热性能	材料	加工性质	相当的ISO牌号
P类	YT5	89.5	1.37	↓	↑	↓	钢	粗加工	P30
	YT14	89.5	1.25				钢	间断切削半精加工	P20
	YT15	91	1.13				钢	连续切削粗加工；间断切削半精加工	P10
M类	YW1	92	1.28		较好	较好	难加工钢材	精加工和半精加工	M10
	YW2	91	1.47		好		难加工钢材	半精加工和粗加工	M20

⑤ 陶瓷　陶瓷材料主要是以氧化铝或以氮化硅为基体再添加少量金属，在高温下烧结而成的一种刀具材料。陶瓷材料的硬度、耐磨性、耐热性好，化学稳定性均优于硬质合金，但脆性大，抗弯强度低，冲击韧性差，易崩刃。主要用于钢、铸铁类零件的精加工。

⑥ 立方氮化硼（Cubic Boron Nitride，CBN）　立方氮化硼是由软的六方氮化硼（Hexagonal Boron Nitride，HBN）在高温高压下加入催化剂转变而成，硬度仅次于金刚石。立方氮化硼耐高温，热稳定性好，高温下不与铁族金属发生反应。CBN刀具既能加工淬硬钢和冷硬铸铁，又能加工高温合金、硬质合金和其它难加工材料。

⑦ 人造金刚石　人造金刚石是通过合金催化剂的作用，在高温高压下由石墨转化而成，是目前已知最硬物质。可用于加工硬质合金、陶瓷、高硅铝合金等高硬度、高耐磨材料。金刚石刀具不宜加工铁族元素，因为金刚石中的碳原子和铁族元素的亲和力大，刀具寿命低。

【案例1-4】　填写下列关于刀具材料性能的表格。

牌号	T10A（碳素工具钢）	W18Cr4V（高速钢）	9SiCr（合金工具钢）	YG8	YT15
				硬质合金	
常温硬度					
高温硬度					
性能和用途					

实训练习题

一、填空题

1. 工件的三个表面是指_____、_____、_____。

2. 在金属切削过程中，切削运动可分为_____和_____。其中_____消耗功率最大，速度最高。

3. 切削用量的三要素是_____、_____、_____。

4. 切削层参数包括_____、_____、_____。

5. 车刀的三面是指_____、两刃是指_____、一尖指_____。

6. 正交平面参考系由_____、_____、_____三个平面组成，它们的符号分别是_____、_____和_____。

7. 在基面中测量的刀具角度有_____和_____，它们的符号分别是_____和_____。

8. 在主切削平面中测量的刀具角度是_____，它的符号是_____。

9. 在正交平面中测量的刀具角度有_____和_____，它们的符号分别是_____和_____。

10. 车刀的基本角度包括_____、_____、_____、_____、_____、_____。

二、判断题

1. 切削运动的主运动只有一个，进给运动可以有几个。（　　）

2. 车床的主运动和进给运动是由两台电动机分别带动的。（　　）

3. 铣床主轴的转速越高，则铣削速度越大。（　　）

4. 计算车外圆的切削速度时，应按照已加工表面的直径数值进行计算。（　　）

5. 计算车外圆的切削速度时，应按待加工表面和已加工表面直径的平均值来计算。（　　）

6. 刀具前角是前刀面与基面的夹角，在正交平面中测量。（　　）

7. 刀具后角是主后刀面与基面的夹角，在正交平面中测量。（　　）

8. 刀具主偏角是主切削刃在基面的投影与进给方向的夹角。（　　）

9. 刀具副偏角是副切削刃在基面上的投影与进给方向之间的夹角。（　　）

10. 刀具切削部位材料的硬度必须大于工件材料的硬度和耐磨性。（　　）

11. 刀具材料的硬度越高，强度和韧性越低。（　　）

12. 衡量车刀材料切削性能好坏的主要指标是硬度。（　　）

13. 高速钢的工艺性比硬质合金好，所以用于制造各种复杂刀具。（　　）

14. 高速钢与硬质合金相比，具有硬度较高、红硬性和耐磨性较好等优点。（　　）

15. 高速钢并不是现代高速切削的刀具材料，虽然它的韧性比硬质合金高。（　　）

16. 硬质合金受制造方法的限制，目前主要用于制造形状比较简单的切削刀具。（　　）

17. 钨钴类硬质合金（YG）因其韧性、磨削性能和导热性好，主要用于加工脆性材料、有色金属及非金属。（　　）

18. 硬质合金是耐磨性好、耐热性高、抗弯强度和冲击韧性都较高的一种刀具材料。（　　）

19. 陶瓷的主要成分是氧化铝，其硬度、耐热性和耐磨性均比硬质合金高。（　　）

20. 立方氮化硼是一种超硬材料，其硬度略低于人造金刚石，但不能以正常的切削速度切削淬火等硬度较高的材料。（　　）

21. 金刚石刀具不宜加工铁系金属，主要用于精加工有色金属。（　　）

三、单项选择题

1. 主运动通常是机床中（　　）。

A. 切削运动中消耗功率最多的　　B. 切削运动中进给速度最高的运动

C. 不断把切削层投入切削的运动　　D. 使工件或刀具进入正确加工位置的运动

2. 进给运动通常是机床中（　　）。

A. 切削运动中消耗功率最多的　　B. 切削运动中速度最高的运动

C. 不断把切削层投入切削的运动　　D. 使工件或刀具进入正确加工位置的运动

3. 车外圆时，切削速度计算公式中的直径是指（　　）的直径。

A. 待加工表面　　　　　　B. 加工表面　　　　　　C. 已加工表面

4. 确定刀具标注角度的参考系选用的三个主要基准平面是（　　）。

A. 切削平面、已加工平面和待加工平面

B. 前刀面、主后刀面和副后刀面

C. 基面、切削平面和正交平面

5. 通过切削刃选定点的基面是（　　　）。

A. 垂直于该点切削速度方向的平面

B. 与切削速度相平行的平面

C. 与过渡表面相切的平面

6. 过切削刃选定点垂直于主运动方向的平面称为（　　　）。

A. 切削平面　　　　　B. 进给平面　　　　　C. 基面　　　　　D. 主剖面

7. 测量前角 γ_o 的坐标平面是（　　　）。

A. 基面　　　　　　　B. 主切削平面　　　　C. 正交平面　　　D. 假定工作平面

8. 测量刃倾角 λ_s 的坐标平面是（　　　）。

A. 基面　　　　　　　B. 主切削平面　　　　C. 正交平面　　　D. 假定工作平面

9. 通过切削刃选定点，与切削刃相切并垂直于基面的平面叫（　　　）。

A. 切削平面　　　　　B. 基面　　　　　　　C. 正交平面

10. 在切削平面内测量的角度有（　　　）。

A. 前角和后角　　　　B. 主偏角和副偏角　　C. 刃倾角

11. 在基面内测量的角度有（　　　）。

A. 前角和后角　　　　B. 主偏角和副偏角　　C. 刃倾角

12. 在正交平面（主剖面）内测量的角度有（　　　）。

A. 前角和后角　　　　B. 主偏角和副偏角　　C. 刃倾角

13. 刀具的主偏角是（　　　）。

A. 主切削刃在基面上的投影与进给方向的夹角，在基面中测量

B. 主切削刃与工件回转轴线间的夹角，在基面中测量

C. 主切削刃与刀杆中轴线间的夹角，在基面中测量

14. 刀具的前刀面和基面之间的夹角是（　　　）。

A. 楔角　　　　　　　B. 刃倾角　　　　　　C. 前角

15. 刀具的后角是后刀面与（　　　）之间的夹角。

A. 前刀面　　　　　　B. 基面　　　　　　　C. 切削平面

16. 刃倾角是（　　　）与基面之间的夹角。

A. 前刀面　　　　　　B. 主后刀面　　　　　C. 主切削刃

17. 下列刀具材料中，强度和韧性最好的材料是（　　　）。

A. 高速钢　　　　　　B. P 类（钨钛钴类）硬质合金

C. 合金工具钢　　　　D. K 类（钨钴类）硬质合金

18. 下列材料中，综合性能最好，适宜制造形状复杂的机动工具的材料是（　　　）。

A. 碳素工具钢　　　　B. 合金工具钢　　　　C. 高速钢　　　D. 硬质合金

19. 用硬质合金刀具对碳素钢工件进行精加工时，应选择刀具材料的牌号为（　　　）。

A. YT30　　　　　　　B. YT5　　　　　　　C. YG3　　　　　D. YG8

20. 属于钨钛钽钴类硬质合金的有（　　　）。

A. YG8　　　　　　　B. YW2　　　　　　　C. YT30　　　　　D. YG6A

21. 对铸铁材料进行粗车，宜选用的刀具材料是（　　　）。

A. YT30　　　　　　　B. YG3　　　　　　　C. YG6　　　　　D. YG8

22. 高速精车铝合金应选用的刀具材料是（　　　）。

A. 高速钢　　　　　　B. P 类（相当于钨钛钴类）硬质合金

C. 金刚石刀具　　　D. K 类（相当于钨钴类）硬质合金

四、简答题

1. 简述切削运动和工件表面的定义。

2. 简述切削用量要素和切削层参数的内容。

3. 简述刀具标注角度参考系的内容。

4. 简述刀具标注角度的定义。

5. 简述刀具切削部分材料应具备哪些基本性能。

6. 简述高速钢刀具材料的性能特点及其应用。

7. 简述硬质合金刀具材料的性能特点及其应用。

五、作图题

1. 在正交平面内画图表示 $\gamma_o=16°$，$\alpha_o=8°$，$\alpha_o'=6°$，$\kappa_r=90°$，$\kappa_r'=15°$，$\lambda_s=-5°$ 的外圆车刀。

2. 在正交平面内画图表示 $\gamma_o=10°$，$\alpha_o=8°$，$\alpha_o'=0°$，$\kappa_r=90°$，$\kappa_r'=2°$，$\lambda_s=0°$ 的切断刀。

六、计算题

1. 车削直径为 100mm、长度为 200mm 的 45 钢棒料，已知 $a_p=4mm$，$f=0.5mm/r$，$n=240r/min$。试回答以下问题：

① 如何合理选用刀具材料？说明原因。

② 计算车削工件的速度。

③ 假设采用主偏角为 75° 的偏刀车削工件，计算其切削层参数。

2. 已知铣刀直径是 $D=100mm$，齿数 $z=12$，铣削速度为 $v=26m/min$，进给量为 0.06mm/z，求铣床的主轴转速。

3. 在一钻床上钻 $\phi20mm$ 的孔，根据切削条件，确定切削速度 $v=20m/min$，求钻削时应选择的转速。

4. 如下图所示，根据下列刀具切削加工时的图形，要求：

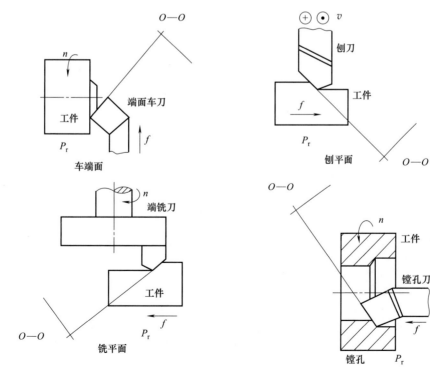

（1）在基面投影图 P_r 中注出：

①已加工表面；②待加工表面；③加工表面；④前刀面；⑤主切削刃；⑥副切削刃；⑦刀尖；⑧主偏角 κ_r；⑨副偏角 κ_r'；⑩正交平面 $O—O$。

（2）按投影关系在正交平面 $O—O$ 内，画出刀具切削部分的示意图，并注出：

⑪基面；⑫主切削平面；⑬前刀面；⑭主后刀面；⑮前角 γ_o；⑯后角 α_o。（注：在正交平面中，可按 $\gamma_o=10°$、$\alpha_o=6°$ 作图）。

第2章

金属切削过程的基本规律

● **知识目标**

　　掌握金属切屑的形成过程及变形区的特征。
　　理解金属切削变形程度的三种表示方法。
　　掌握积屑瘤的成因及其对切削过程的影响。
　　理解切屑的类型、产生条件以及切屑控制。
　　掌握金属切削变形的影响因素及其控制。

● **能力目标**

　　对金属切屑形成过程的分析能力。
　　积屑瘤对切削过程影响的分析能力。
　　金属切削变形影响因素的分析能力。

2.1　切屑的形成过程

(1) 切屑的形成

　　金属的切削变形过程就是切屑的形成过程。图2-1（a）所示为在低速直角自由切削工件侧面时，用显微镜观察得到的切削层金属变形的情况。图2-1（b）、（c）分别为滑移线和流线示意图。流线表明被切削金属中的某一点在切削过程中流动的轨迹。切屑的形成过程实质是工件材料受到刀具前刀面的推挤后产生塑性变形，最后沿斜面剪切滑移形成的。

(2) 变形区及其特征

　　切削过程中，切削层金属的变形大致可分为三个变形区［图2-1（c）］。

　　第Ⅰ变形区：特征是沿滑移线的剪切变形，以及随之产生的加工硬化。

　　第Ⅱ变形区：特征是切屑排出时受到前刀面的挤压和摩擦，靠近前刀面的金属纤维化，方向和前刀面基本平行。

　　第Ⅲ变形区：特征是已加工表面受到切削刃和后刀面的挤压和摩擦，造成表层金属纤维化和加工硬化。

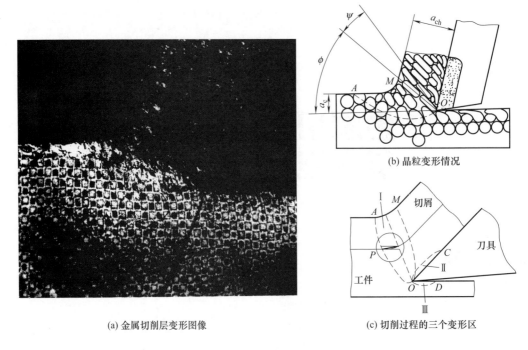

(a) 金属切削层变形图像　　　(b) 晶粒变形情况
(c) 切削过程的三个变形区

图 2-1　切屑的形成过程

2.2　切削变形程度

金属的切削变形程度有三种表示方法：

(1) 剪切角

在第Ⅰ变形区内，剪切面与切削速度方向之间的夹角称为剪切角［图 2-1（b）］，用 ϕ 表示。剪切角与切削变形有密切关系，可以用剪切角来衡量切削变形的程度。剪切角增大，切削变形减小，对改善切削过程有利。

(2) 变形系数

① 厚度变形系数　切屑厚度 h_{ch} 与切削层厚度 h_D 之比。

② 长度变形系数　切削层长度 l_D 与切屑长度 l_{ch} 之比。

由于切削层变成切屑后，宽度变化很小，根据体积不变原理，厚度变形系数和长度变形系数相等，统一用 Λ_h 表示变形系数（图 2-2）。

变形系数是大于 1 的系数，它直观地反映了切屑的变形程度，变形系数越大，变形越大。变形系数与剪切角有关，剪切角增大，变形系数减小，切削变形减小。变形系数宜于测量，是切削变形程度的比较简单的表示方法，在实际生产中得到广泛应用。

(3) 相对滑移

金属切削过程中的塑性变形集中在第Ⅰ变形区，而且主要形式是剪切滑移，因此可用剪应变 ε 来表示切削过程的变形程度（图 2-3）。

$$\varepsilon = \frac{\Delta s}{\Delta y} = \cot\phi + \tan(\phi - \gamma_o) = \frac{\cos\gamma_o}{\sin\phi\cos(\phi - \gamma_o)}$$

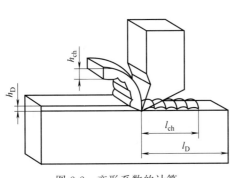

图 2-2 变形系数的计算

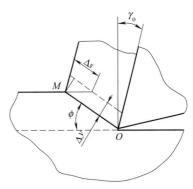

图 2-3 相对滑移系数

2.3 前刀面上的摩擦和积屑瘤

(1) 前刀面上的摩擦

在金属切削过程中，由于在刀具和切屑接触区域存在约 $2\sim3$GPa 的压力和几百度的高温，切削液不宜流入接触区域，从而使刀-屑接触区域间产生黏结。在黏结情况下，刀-屑之间的摩擦属于内摩擦，其实质是金属内部的剪切滑移，与材料的剪切屈服强度和接触面的大小有关。当切屑沿前刀面继续流出时，离切削刃越远，正应力越小，切削温度随之降低，金属的塑性变形减小，刀-屑接触面积减小，摩擦逐渐转为外摩擦即滑动摩擦（图 2-4）。

(2) 积屑瘤的形成及原因

在切削速度不高而又能形成连续切屑的情况下，加工一般钢料或铝合金等塑性材料

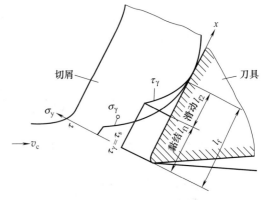

图 2-4 前刀面上的摩擦

时，常在前刀面处黏着一块剖面呈三角状的硬块。它的硬度很高，通常是工件材料的 $2\sim3$ 倍，在稳定的状态下，能够代替刀具进行切削。这块黏附在刀具前刀面上的金属称为积屑瘤或刀瘤（图 2-5）。

积屑瘤的产生及其成长与工件材料性质、切削区温度分布和压力有关。塑性材料的加工硬化倾向越强，越容易产生积屑瘤。切削区的温度和压力过高或过低，都不易产生积屑瘤。在背吃刀量和进给量一定的条件下，积屑瘤高度与切削速度有密切关系（图 2-6）。

(3) 积屑瘤对切削过程的影响

积屑瘤对切削过程的影响主要表现在：

增大刀具的前角：积屑瘤有使刀具实际前角增大的作用，减小切削力。

改变切削厚度：切削厚度随着积屑瘤高度的变化不断地增大和减小，切削厚度的变化会引起切削力的波动。

增大加工表面粗糙度：积屑瘤高度不断变化，形状不规则，这些都会导致加工表面粗糙

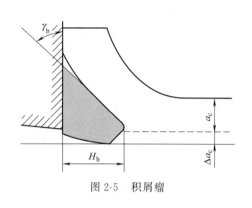

图 2-5 积屑瘤

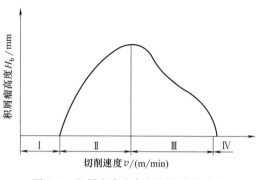

图 2-6 积屑瘤高度与切削速度的关系

度增加，降低加工表面质量。

影响刀具的使用寿命：积屑瘤可代替刀刃切削，有利于减小刀具磨损，提高刀具的使用寿命。但有时也可能把刀具前刀面上的颗粒拽走，降低刀具的使用寿命。

(4) 防止产生积屑瘤的措施

积屑瘤对加工过程有积极的影响，也有消极的影响。精加工时必须防止产生积屑瘤，具体措施有：

正确选择切削速度，避开产生积屑瘤的区域。

使用润滑性能良好的切削液，减小刀-屑之间的摩擦。

增大刀具的前角，减小刀具前刀面和切屑之间的压力。

适当提高工件材料的硬度，减小加工硬化倾向。

2.4 影响切削变形的因素

影响切削变形的因素很多，主要有以下几个方面：

① 工件材料 实验表明，工件材料强度和硬度越高，变形系数越小。

② 刀具几何参数 刀具几何参数中影响最大的是前角。前角越大，变形系数越小。

③ 切削用量 在无积屑瘤的速度范围内，切削速度越大，变形系数越小。在有积屑瘤的速度范围内，切削速度是通过实际工作前角来影响变形系数的；进给量主要是通过摩擦系数来影响切削变形，进给量增大，变形系数减小。背吃刀量对变形系数基本无影响。

2.5 切屑的类型及控制

(1) 切屑的类型

由于工件材料不同，切削条件各异，切削过程中形成的切屑形状是多样的。切屑的形状主要分为带状、节状、粒状和崩碎四种类型（图 2-7）。

① 带状切屑 它是最常见的一种切屑，当使用较大前角的刀具和较高的切削速度、较小的进给量和背吃刀量，切削硬度较低的塑性材料时，切削层金属经过终滑移面虽然产生了最大的塑性变形，但是尚未达到破裂程度即被切离母体，从而形成带状切屑，其顶面呈毛茸状，底面光滑。

② 节状切屑 又称挤裂切屑，这种切屑的外表面呈锯齿状，内表面有时有裂纹。一般

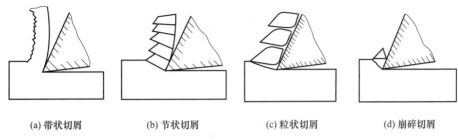

| (a) 带状切屑 | (b) 节状切屑 | (c) 粒状切屑 | (d) 崩碎切屑 |

图 2-7 切屑类型

用较低的切削速度、粗加工中等硬度的塑性材料时，容易得到这类切屑。节状切屑也是典型的切削过程，由于变形较大，切削力也较大，而且有波动，工件表面比较粗糙。

③ 粒状切屑 又称单元切削，当切削过程中剪切面上的应力超过工件材料的破裂强度时，则整个单元被切离成梯形的单元切屑。在切削速度较低、切削厚度较大、前角较小、切削塑性材料时易产生单元切屑。

④ 崩碎切屑 这是属于脆性材料的切屑，切屑的形状是不规则的，加工表面是凹凸不平的。切削硬脆材料如高硅铸铁和白口铸铁时，当切削厚度较大时常得到这种切屑。该切屑的切削过程不平稳，容易破坏刀具和损坏机床，因此在生产中应力求避免。

(2) 切屑的控制

切屑控制（又称切屑处理或断屑）是指在切削加工中采取适当的措施来控制切屑的卷曲、流出与折断，使其形成良好的屑形。从切屑控制的角度出发，国际标准化组织制定了切屑分类标准（图 2-8）。在实际生产中，通常采用断屑槽、改变刀具角度和调整切削用量等手段对切屑进行控制。

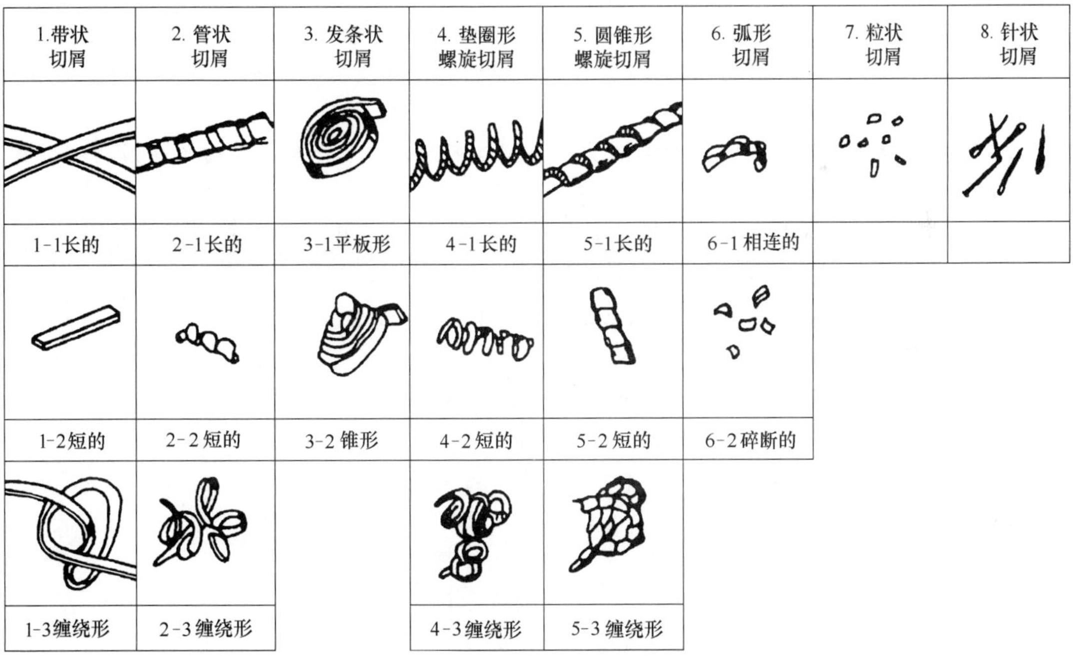

1.带状 切屑	2.管状 切屑	3.发条状 切屑	4.垫圈形 螺旋切屑	5.圆锥形 螺旋切屑	6.弧形 切屑	7.粒状 切屑	8.针状 切屑
1-1长的	2-1长的	3-1平板形	4-1长的	5-1长的	6-1相连的		
1-2短的	2-2短的	3-2锥形	4-2短的	5-2短的	6-2碎断的		
1-3缠绕形	2-3缠绕形		4-3缠绕形	5-3缠绕形			

图 2-8 国际标准化组织的切屑分类法 ISO 3685—1977（E）

实训练习题

一、填空题

1. 切屑形成过程实质上是＿＿＿＿＿＿＿＿＿＿＿＿＿＿＿。为了便于测量，切削过程中的变形程度近似可用＿＿＿＿＿＿指标来度量。

2. 第Ⅰ变形区主要变形形式为＿＿＿＿＿＿＿＿＿＿＿＿＿＿。

3. 剪切面和切削速度方向的夹角叫＿＿＿＿＿＿。可以用此角度来衡量切削变形程度。

4. 在金属切削过程中，一般衡量切削变形的指标有＿＿＿＿＿＿＿＿＿＿＿＿＿＿＿＿＿。

5. 刀具前角越大，切削刃越＿＿＿＿，使剪切角＿＿＿＿，变形系数＿＿＿＿。

6. 在金属切削过程中，在＿＿＿＿速度加工＿＿＿＿材料时易产生积屑瘤，它将对切削过程带来一定的影响，故在＿＿＿＿加工时应尽量避免。

7. 为防止积屑瘤的形成，切削速度可选择＿＿＿＿＿速或＿＿＿＿＿速。

8. 积屑瘤的存在会使刀具的实际切削前角＿＿＿＿，实际切削厚度＿＿＿＿。

9. 切屑按形成机理，有＿＿＿＿、＿＿＿＿、＿＿＿＿和＿＿＿＿四种类型。

10. 金属的塑性变形，将导致其＿＿＿＿、＿＿＿＿提高，而＿＿＿＿、＿＿＿＿下降，这种现象称为加工硬化。

二、判断题

1. 切屑形成过程是金属切削层在刀具作用力的挤压下，沿着与切削合力方向近似成45°夹角滑移的过程。（　　）

2. 刀具前角愈大，切屑变形程度就愈大。（　　）

3. 积屑瘤的产生在精加工时要设法避免，但对粗加工有一定的好处。（　　）

4. 为避免积屑瘤的产生，切削塑性材料时应采用中速切削。（　　）

5. 切屑形成过程中往往塑性和韧性提高，脆性降低，使断屑形成了内在的有利条件。（　　）

6. 切屑在形成过程中往往塑性和韧性降低，硬度和脆性提高，使断屑形成了内在的有利条件。（　　）

7. 切削铸铁等脆性材料时，切削层首先产生塑性变形，然后产生崩裂的不规则粒状切屑，称为崩碎切屑。（　　）

8. 当用较低的切削速度，切削中等硬度的塑性材料时，常形成挤裂切屑。（　　）

9. 带状切屑容易刮伤工件表面，所以不是理想的加工状态，精车时应避免产生。（　　）

10. 节状切屑的形成过程是最典型的切削过程，形成的表面质量也最好。（　　）

三、单项选择题

1. 切削加工过程中的塑性变形大部分集中于（　　）。

A. 第Ⅰ变形区　　B. 第Ⅱ变形区　　C. 第Ⅲ变形区

2. 使被切削层与工件母体分离的剪切滑移变形主要发生在（　　）。

A. 第Ⅰ变形区　　B. 第Ⅱ变形区　　C. 第Ⅲ变形区　　D. 刀-屑接触区

3. 切屑与前刀面黏结区的摩擦是（　　）变形的重要原因。

A. 第Ⅰ变形区　　B. 第Ⅱ变形区　　C. 第Ⅲ变形区

4. 对工件已加工表面质量影响最大的是（　　）。

A. 第Ⅰ变形区　　B. 第Ⅱ变形区　　C. 第Ⅲ变形区　　D. 刀-屑接触区

5. 增大刀具的前角，切屑（　　）。

A. 变形大　　　　B. 变形小　　　　C. 很小

6. 积屑瘤在加工过程中起到好的作用是（　　）。

A. 减小刀具前角　B. 保护刀尖　　C. 保证尺寸精度

7. 积屑瘤是在（　　）切削塑性材料条件下的一个重要物理现象。

A. 低速　　　　　B. 中速　　　　　C. 高速

8. 前刀面上，刀具和切屑之间的摩擦是（　　）。

A. 外摩擦　　　　　　　　　　B. 内摩擦

C. 内摩擦与外摩擦兼有之　　　　D. 不一定

9. 内摩擦实际就是金属内部的滑移剪切，同黏结面积有关。这部分的摩擦力约占切屑与前刀面总摩擦力的（　　）。

A. 55%　　　　B. 65%　　　　C. 75%　　　　D. 85%

10. 在其它条件相同的情况下，进给量增大则表面残留面积高度（　　）。

A. 随之增大　　B. 随之减小　　C. 基本不变　　D. 先小后大

11. 切屑类型不但与工件材料有关，而且受切削条件的影响。如在形成挤裂切屑的条件下，若减小刀具前角，降低切削速度，或加大切削厚度，就可能得到（　　）。

A. 带状切屑　　B. 单元切屑　　C. 崩碎切屑

12. 当切削厚度较小，切削速度较高，刀具前角较大时，加工塑性金属得到（　　）切屑。

A. 带状　　　　B. 节状　　　　C. 粒状　　　　D. 崩碎状

13. 在通常条件下加工铸铁时，常形成（　　）。

A. 带状切屑　　B. 挤裂切屑　　C. 单元切屑　　D. 崩碎切屑

14. 粗加工中等硬度的钢材时，一般会产生（　　）切屑。

A. 带状　　　　B. 挤裂或节状　　C. 崩碎

15. 切削脆性材料时，容易产生（　　）切屑。

A. 带状　　　　B. 挤裂或节状　　C. 崩碎

16. 当塑性材料的切屑形成时，如果整个剪切面上剪应力超过了材料的破裂强度则形成（　　）。

A. 带状切屑　　B. 粒状切屑　　C. C形屑　　D. 崩碎屑

17. 通过（　　）可使加工脆性材料的过程变平稳一些，表面质量得到提高。

A. 增大切削层公称厚度　　　　B. 减小切削层公称厚度

C. 减小切削速度　　　　　　　D. 减小刀具前角

18. 加工过程中形成（　　）类型，切削过程最平稳，切削力波动小。

A. 带状切屑　　B. 挤裂切屑　　C. 单元切屑　　D. 崩碎切屑

四、简答题

1. 金属切削过程的本质是什么？三个变形区如何划分？各变形区有何特征？

2. 什么是积屑瘤？它对切削过程有何影响？如何控制积屑瘤？

3. 常见的切屑形态有哪些？简述其形成条件及控制措施。

4. 简述影响切削变形的因素。它们是如何影响切削变形的？

第3章

金属切削过程中的物理现象

▶▶▶

● 知识目标

理解切削力的来源、切削合力与分力概念。
了解切削热的产生与传导、切削温度的测量。
掌握切削力和切削温度的影响因素及其控制。
理解刀具磨损的形态、原因及刀具磨钝标准。
理解刀具寿命的概念及刀具寿命的经验公式。
掌握刀具寿命的影响因素及刀具寿命的确定。

● 能力目标

对金属切削过程中物理现象的分析能力。
切削力、切削热和刀具寿命的计算能力。
切削过程物理现象影响因素的分析能力。

3.1 切削力和切削功率

分析和计算切削力，是计算功率消耗，进行机床、刀具和夹具设计，制定合理切削用量、优化刀具几何参数的重要依据。

(1) 切削力的来源

切削力是在金属切削时，使被加工材料发生变形并成为切屑所需要的力。切削力来源于以下两个方面：

切屑形成过程中弹性变形和塑性变形所产生的抗力；

刀具和切屑及工件表面之间的摩擦阻力。

(2) 切削合力与分力

切削合力 F 的大小和方向是变化的，不好测量。为测量和应用方便，通常将切削合力 F 在空间直角坐标系中分解为三个相互垂直的分力（图3-1），即切削力 F_c、背向力 F_p 和进给力 F_f。

F_c 为切削力或切向力，它的方向与过渡表面相切并与基面垂直。F_c 是计算车刀强度、

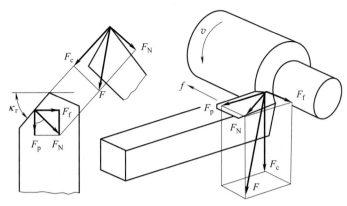

图 3-1　切削合力与分力

设计机床零件、确定机床功率必需的。

F_f 为进给力或轴向力，它的方向是在基面内与工件轴线平行并且与进给方向相反。F_f 是设计机床进给机构和校核其强度的主要参数。

F_p 为背向力或径向力，它的方向是在基面内并与工件轴线垂直。F_p 是用来确定工件挠度、计算机床零件和刀具的强度。它也是使工件在切削过程中产生振动的主要作用力。

$$F=\sqrt{F_c^2+F_f^2+F_p^2}$$

（3）切削力的计算

关于切削力的理论计算，近百年来国内外学者作了大量的工作，但由于实际切削过程非常复杂，影响因素较多，迄今为止所得到的一些理论公式还不能对切削力进行精确的估算。因此在生产实际中，切削力的大小一般采用由实验结果建立起来的经验公式计算。

常用的经验公式分为两类：一类是指数公式；另一类是按单位切削力进行计算的公式。

① 计算切削力的指数公式

$$F_c=C_{F_c}a_p^{x_{F_c}}f^{y_{F_c}}v^{n_{F_c}}K_{F_c}$$

$$F_f=C_{F_f}a_p^{x_{F_f}}f^{y_{F_f}}v^{n_{F_f}}K_{F_f}$$

$$F_p=C_{F_p}a_p^{x_{F_p}}f^{y_{F_p}}v^{n_{F_p}}K_{F_p}$$

式中，C_{F_c}、C_{F_f}、C_{F_p} 是由被加工材料性质和切削条件决定的系数；x、y、n 是切削用量三要素对应的指数；K_{F_c}、K_{F_f}、K_{F_p} 是各切削分力的修正系数，上述各种系数和指数均可在机械加工工艺手册中查到。表 3-1 列出了车削力指数公式中的系数和指数。

② 按单位切削力计算切削力的公式　单位切削力 k_c 是指单位切削面积上的切削力。

$$k_c=\frac{F_c}{A_D}=\frac{F_c}{a_pf}$$

如果已知单位切削力，则可由上式计算切削力 F_c。由此可见，利用单位切削力是计算切削力的一种简便的方法。表 3-2 是硬质合金车刀车削时的单位切削力值。

（4）切削功率

消耗在切削过程中的功率称为切削功率，用 P_c（kW）表示。因 F_p 方向没有位移不消耗功率，所以切削功率为 F_c、F_f 所消耗功率之和，即：

2

6 金属切削加工方法与设备

表 3-1　车削力指数公式中的系数和指数

加工材料	刀具材料	加工形式	切削力 F_c $F_c = C_{F_c} a_p^{x_{F_c}} f^{y_{F_c}} v^{n_{F_c}} K_{F_c}$				背向力 F_p $F_p = C_{F_p} a_p^{x_{F_p}} f^{y_{F_p}} v^{n_{F_p}} K_{F_p}$				进给力 F_f $F_f = C_{F_f} a_p^{x_{F_f}} f^{y_{F_f}} v^{n_{F_f}} K_{F_f}$			
			C_{F_c}	x_{F_c}	y_{F_c}	n_{F_c}	C_{F_p}	x_{F_p}	y_{F_p}	n_{F_p}	C_{F_f}	x_{F_f}	y_{F_f}	n_{F_f}
结构钢、铸钢 $\sigma_b = 650\text{MPa}$	硬质合金	外圆纵车、横车及镗孔	2795	1.0	0.75	−0.15	1940	0.90	0.6	−0.3	2880	1.0	0.5	−0.4
		外圆纵车($\kappa_r' = 0°$)	3570	0.9	0.9	−0.15	2845	0.60	0.3	−0.3	2050	1.05	0.2	−0.4
		切槽及切断	3600	0.72	0.8	0	1390	0.73	0.67	0	—	—	—	—
	高速钢	外圆纵车、横车及镗孔	1770	1.0	0.75	0	1100	0.9	0.75	0	590	1.2	0.65	0
		切槽及切断	2160	1.0	1.0	0	—	—	—	—	—	—	—	—
		成形车削	1855	1.0	0.75	0								
不锈钢 1Cr18Ni9Ti 硬度 141HBS	硬质合金	外圆纵车、横车、镗孔	2000	1.0	0.75	0								
灰铸铁 硬度 190HBS	硬质合金	外圆纵车、横车、镗孔	900	1.0	0.75	0	530	0.9	0.75	0	450	1.0	0.4	0
		外圆纵车($\kappa_r' = 0°$)	1205	1.0	0.85	0	600	0.6	0.5	0	235	1.05	0.2	0
	高速钢	外圆纵车、横车、镗孔	1120	1.0	0.75	0	1165	0.9	0.75	0	500	1.2	0.65	0
		切槽、切断	1550	1.0	1.0	0								
可锻铸铁 硬度 150HBS	硬质合金	外圆纵车、横车、镗孔	795	1.0	0.75	0	420	0.9	0.75	0	375	1.0	0.4	0
	高速钢	外圆纵车、横车、镗孔	980	1.0	0.75	0	865	0.9	0.75	0	390	1.2	0.65	0
		切槽、切断	1375	1.0	1.0	0								

表 3-2　硬质合金车刀车削时的单位切削力

工件材料				单位切削力 /MPa	实验条件		
名称	牌号	制造、热处理状态	硬度(HB)		刀具几何参数		切削用量范围
钢	45 钢	热轧或正火	187	1962	$\gamma_o = 15°$ $\kappa_r = 75°$ $\lambda_s = 0°$	前刀面带卷屑槽	$b_{r1} = 0$	$v = 1.5 \sim 1.75\text{m/s}$ (90~105m/min) $a_p = 1 \sim 5\text{mm}$ $f = 0.1 \sim 0.5\text{mm/r}$
		调质(淬火及高温回火)	229	2305			$b_{r1} = 0.1 \sim$ 0.15mm $\gamma_{o1} = -20°$	
		淬硬(淬火及低温回火)	44HRC	2649				
	40Cr	热轧或正火	212	1962			$b_{r1} = 0$	
		调质(淬火及高温回火)	285	2305			$b_{r1} = 0.1 \sim$ 0.15mm $\gamma_{o1} = -20°$	
灰铸铁	HT200	退火	170	1118		$b_{r1} = 0$ 平前刀面，无卷屑槽		$v = 1.17 \sim 1.42\text{m/s}$ (70~85m/min) $a_p = 2 \sim 10\text{mm}$ $f = 0.1 \sim 0.5\text{mm/r}$

$$P_c = \left(F_c v_c + \frac{F_f n_w f}{1000} \right) \times 10^{-3}$$

式中，F_c 为切削力，N；v_c 为切削速度，m/s；F_f 为进给力，N；n_w 为工件转速，r/s；f 为进给量，mm/r。

由于式中第二项进给功率远小于第一项，因此可忽略不计，则切削功率表示为：

$$P_c = F_c v_c \times 10^{-3}$$

在求得切削功率后，还可以计算出机床的电动机功率 P_E。机床的电动机功率 P_E 为：

$$P_E \geqslant P_c / \eta_m$$

式中，η_m 为机床传动效率，一般取 0.75～0.85。

(5) 影响切削力的因素

① 工件材料的影响　工件材料的物理力学性能、加工硬化程度、化学成分、热处理状态等都对切削力大小产生影响。工件材料的强度和硬度越高，切削力越大；冲击韧性和塑性越大，切削力越大；加工硬化程度越高，切削力越大。

② 刀具几何参数的影响　前角对切削力影响最大。加工塑性金属时，前角增大，切削力降低；加工脆性材料时，由于切削变形很小，前角对切削力影响不明显。主偏角对切削力影响较小。刃倾角在一定范围内对切削力没有什么影响，但对进给力和背向力影响较大。

③ 切削用量的影响

a. 切削速度的影响　切削塑性材料时，在无积屑瘤的速度范围内，切削速度增加，切削力减小。在产生积屑瘤的情况下，积屑瘤高度增大，切削力下降，反之，切削力上升。切削铸铁等脆性金属时，切削速度对切削力无显著影响。

b. 进给量的影响　进给量增大，切削力增大。

c. 背吃刀量的影响　背吃刀量增大，切削力增大，但和进给量对切削力的影响程度不同。a_p 增大，F_c 成正比增大；f 增大，F_c 增大与 f 不成正比。

④ 刀具材料的影响　因为刀具材料与工件材料间的摩擦系数影响摩擦力的大小，所以会直接影响切削力的大小。一般按 CBN 刀具、陶瓷刀具、涂层刀具、硬质合金刀具、高速钢刀具的顺序，切削力依次增大。

⑤ 刀具磨损的影响　刀具后刀面磨损增大时，切削力增大。

⑥ 切削液的影响　使用润滑作用强的切削液能使切削力减小，使用以冷却为主的切削液对切削力影响不大。

【案例 3-1】 利用指数经验公式计算车削时的切削力和切削功率。

在车床上粗车 $\phi 68\text{mm} \times 420\text{mm}$ 的圆柱面。已知条件：工件材料为 45 钢，$\sigma_b = 637\text{MPa}$，刀具材料牌号为 YT15；刀具切削部分的几何参数为：$\gamma_o = 15°$，$\alpha_o = 8°$，$\alpha_o' = 6°$，$\lambda_s = 0°$，$\kappa_r = 60°$，$\kappa_r' = 10°$，刀尖圆弧半径 $r_\varepsilon = 0.5\text{mm}$；切削用量要素：$a_p = 3\text{mm}$，$f = 0.56\text{mm/r}$，$v_c = 106.8\text{m/min}$。求切削分力和切削功率。

【解】 根据切削力指数公式（表 3-1），查得相应的系数和指数为：

$$C_{Fc} = 2795, x_{Fc} = 1.0, y_{Fc} = 0.75, n_{Fc} = -0.15$$
$$C_{Fp} = 1940, x_{Fp} = 0.9, y_{Fp} = 0.6, n_{Fp} = -0.3$$
$$C_{Ff} = 2880, x_{Ff} = 1.0, y_{Ff} = 0.5, n_{Ff} = -0.4$$

加工条件中的刀具前角和主偏角与实验条件不符，根据切削用量简明手册查得其相应的修正系数如下。其它加工条件与实验条件相同，取修正系数为 1。

$$k_{\gamma_o F_c}=0.95,\ k_{\gamma_o F_p}=0.85,\ k_{\gamma_o F_f}=0.85$$

$$k_{\kappa_r F_c}=0.94,\ k_{\kappa_r F_p}=0.77,\ k_{\kappa_r F_f}=1.11$$

将所查得的系数和指数代入切削力指数公式，可以求出：

$$F_c=C_{F_c}a_p^{x_{F_c}}f^{y_{F_c}}v^{n_{F_c}}K_{F_c}=2795\times3^{1.0}\times0.56^{0.75}\times106.8^{-0.15}\times0.95\times0.94=2406\ (\text{N})$$

$$F_f=C_{F_f}a_p^{x_{F_f}}f^{y_{F_f}}v^{n_{F_f}}K_{F_f}=2880\times3^{1.0}\times0.56^{0.5}\times106.8^{-0.4}\times0.85\times1.11=942\ (\text{N})$$

$$F_p=C_{F_p}a_p^{x_{F_p}}f^{y_{F_p}}v^{n_{F_p}}K_{F_p}=1940\times3^{0.9}\times0.56^{0.6}\times106.8^{-0.3}\times0.85\times0.77=594\ (\text{N})$$

根据切削功率的计算公式，求得切削功率为：$P_c=2406\times(106.8/60)\times10^{-3}=4.3\ (\text{kW})$

【案例 3-2】 利用单位切削力公式计算车削时的切削力和切削功率。

用硬质合金车刀车削热轧 45 钢（$\sigma_b=650\text{MPa}$），车刀几何角度为 $\gamma_o=15°$，$\kappa_r=75°$，$\alpha_o=8°$，$\alpha_o'=6°$，$\lambda_s=0°$，$\kappa_r'=10°$，刀尖圆弧半径 $r_\varepsilon=0.5\text{mm}$。选用切削用量 $a_p=2\text{mm}$、$f=0.3\text{mm/r}$、$v_c=100\text{m/min}$。利用单位切削力公式计算车削时的切削力和切削效率。

【解】 由表 3-2 查得车削 45 热轧钢时的单位切削力 $k_c=1962\text{MPa}$。

根据单位切削力公式可得切削力为：$F_c=k_cA_D=1962\times2\times0.3=1177.2\ (\text{N})$

根据切削功率公式：$P_c=F_cv_c=1177.2\times100/60=1.962\ (\text{kW})$

3.2　切削热和切削温度

切削热是切削过程中的重要物理现象之一。切削热对刀具的磨损、刀具的使用寿命、加工表面质量和加工精度有重要影响，因此，研究切削热和切削温度具有重要的实际意义。

(1) 切削热的产生与传导

切削热来源于两个方面：一是切削层金属产生弹、塑性变形所消耗的能量；二是切屑与前刀面、工件与后刀面间产生的摩擦热。切削过程中的三个变形区就是三个发热区域。

切削热由切屑、工件、刀具及周围的介质向外传导（图 3-2）。影响散热的主要因素是工件和刀具材料的热导率以及周围介质。工件和刀具材料的热导率高，切削区温度降低；采用性能良好的切削液能有效地降低切削区的温度。

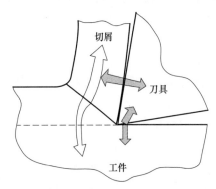

图 3-2　切削热的产生和传导

(2) 切削温度的分布

切削温度场是指工件、切屑和刀具上的温度分布。它对研究刀具的磨损规律、工件材料的性能变化和加工表面质量意义重大。图 3-3 为切削钢料时正交平面内的温度场，图中工件材料：低碳易切钢；刀具：$\gamma_o=30°$，$\alpha_o=7°$；切削用量：$a_p=0.6\text{mm}$，$v_c=0.38\text{m/s}$；切削条件：干切削，预热 611℃。由此可归纳出切削温度的分布规律。

剪切区内沿剪切面方向上各点温度几乎相同，垂直于剪切面上的温度梯度很大。

前、后刀面上的最高温度都不在切削刃上，而是在离切削刃有一定距离的地方。

靠近前刀面的切屑底层上温度梯度大，离前刀面 0.1~0.2mm 温度就可能下降一半。刀面的接触长度较小，工件加工表面上温度的升降是在极短的时间内完成的。

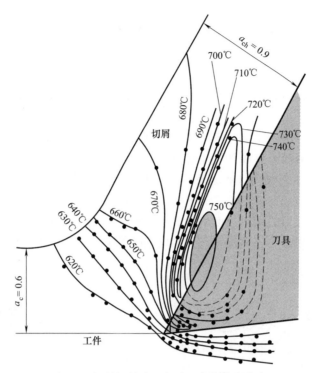

图 3-3　切削钢料时正交平面内的温度分布

(3) 影响切削温度的主要因素

① 切削用量的影响　切削温度的经验公式为：

$$\theta = C_\theta v_c^{z_\theta} f^{y_\theta} a_p^{x_\theta}$$

式中，θ 为刀-屑接触区平均温度，℃；C_θ 为切削温度系数；z_θ、y_θ、x_θ 为切削用量三要素对应的指数。

切削温度的系数和指数可查切削用量手册。

在切削用量三要素中，切削速度对切削温度影响最大；进给量对切削温度的影响比切削速度的影响小；背吃刀量对切削温度的影响很小。

② 刀具几何参数的影响　前角和主偏角对切削温度影响较大。前角增大，切削温度降低，但前角过大，对切削温度的影响减小；主偏角减小将使切削刃工作长度增加，散热条件改善，因而切削温度降低。

③ 工件材料的影响　工件材料的强度、硬度提高，切削温度升高；工件材料的热导率越大，切削温度下降越快。

④ 刀具磨损的影响　刀具磨损增加，切削温度升高；磨损量达到一定值后，对切削温度影响加剧；切削速度越高，刀具磨损对切削温度的影响就越显著。

⑤ 切削液的影响　浇注切削液对降低切削温度、减少刀具磨损和提高已加工表面质量有明显的效果。

【案例 3-3】　比较车削加工和钻削加工的传热途径。

【解】　车削时，切屑带走切削热 50%~86%；车刀传出 40%~10%；工件传出 9%~

3%；周围介质传出 1%。钻削时，切屑带走切削热 28%；刀具传出 14.5%；工件传出 52.5%；周围介质传出 5%。

3.3　刀具磨损

(1) 刀具的磨损形态

刀具的磨损发生在与切屑和工件接触的前刀面和后刀面上，多数二者同时发生，如图 3-4 所示。

① 前刀面磨损　切削塑性材料时，如果刀具材料耐热和耐磨性较差，切削速度和切削厚度较大时，则在前刀面上形成月牙洼磨损。前刀面月牙洼磨损值以其最大深度 KT 表示。

② 后刀面磨损　后刀面与工件表面的接触压力很大，存在弹、塑性变形。后刀面靠近切削刃部位会逐渐地被磨成后角为零的小棱面，这种磨损形式称作后刀面磨损。切削铸铁和以较小的切削厚度、较低的切削速度切削塑性材料时会产生后刀面磨损。后刀面磨损带往往不均匀，在后刀面磨损带的中间位置，其平均宽度以 VB 表示，最大宽度以 VB_{max} 表示。

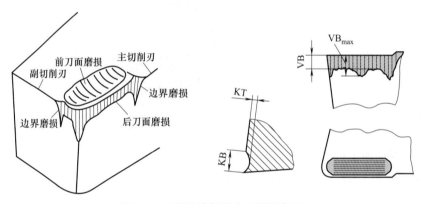

图 3-4　刀具的磨损形态和测量位置

③ 边界磨损　切削钢料时，常在主切削刃靠近工件外皮处和副切削刃靠近刀尖处的后刀面上，磨出较深的沟纹，称为边界磨损。边界磨损是由于工件在边界处的加工硬化层、硬质点和刀具在边界处的较大应力梯度和温度梯度造成的。

(2) 刀具磨损的原因

① 磨料磨损　磨料磨损主要是由机械摩擦作用造成的，也称为机械磨损或硬质点磨损，是工件材料中的杂质、材料基体组织中的碳化物、氮化物、氧化物等硬质点在刀具表面刻划出沟纹而形成的机械磨损。磨料磨损在任何情况下都存在，它是低速刀具磨损的主要原因。高速钢刀具常出现硬质点磨损，硬质合金刀具相对较少，CBN 刀具几乎没有硬质点磨损。

② 黏结磨损　黏结磨损是指在切削过程中，由于刀具与工件材料的摩擦面在足够大的压力和高温作用下，所产生的"冷焊"现象，如切屑和刀具黏结在一起，因相对运动刀具表面层材料被切屑撕裂带走，造成了刀具磨损，其中切削温度是影响黏结磨损的主要原因，切削温度越高，黏结磨损越严重。在中、高切削速度下，切削温度 600～700℃时，黏结磨损最为严重。

③ 扩散磨损（图 3-5）　在切削过程中，由于高温高压作用，刀具与工件表面接触，刀具材料和工件材料中的化学元素相互扩散，改变了刀具和工件材料的化学成分，削弱刀具材

料的性能，加速磨损过程。扩散磨损速度主要与切削温度和刀具的化学成分有关，切削温度越高，刀具的扩散磨损越快。在高温条件下（850～1000℃），刀具材料中的 Ti、W、Co 等元素会逐渐扩散到工件或切屑中，工件材料中的 Fe 元素也会扩散到刀具表层。这样，改变了刀具材料的化学成分，使其硬度、耐磨性下降，从而加剧了刀具的磨损。

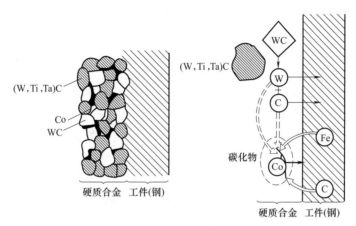

图 3-5 扩散磨损

④ 化学磨损　化学磨损是在一定温度下，刀具材料与某些周围介质起化学作用，在刀具表面形成一层硬度较低的化合物被切屑带走，加速刀具磨损。化学磨损主要发生于较高的切削速度条件下。例如，在高温条件（700～800℃）时，刀具表面材料会与空气中的氧发生氧化作用，生成一层强度较低的氧化膜，氧化膜很容易被工件或切屑擦掉，造成刀具磨损。

⑤ 相变磨损　刀具材料因切削温度升高而达到相变温度时，金相组织会发生改变，使刀具硬度下降，从而造成相变磨损。

刀具磨损的原因是多方面的。在不同的刀具材料、工件材料及切削条件下，刀具磨损的原因是不同的，可能是其中的某一种，也可能是其中几种综合作用的结果。一般情况下，低速切削时，刀具磨损的原因主要是磨料磨损和黏结磨损；在高速切削时，硬质合金刀具会随着切削温度的升高发生氧化磨损和扩散磨损，而高速钢刀具会发生相变磨损。

（3）刀具磨损过程

刀具磨损实验结果表明，刀具磨损过程分为如图 3-6 所示的三个阶段：

① 初期磨损阶段　这个阶段磨损速度较快，磨损量的大小与刀具刃磨质量直接相关，研磨过的刀具初期磨损量较小。

② 正常磨损阶段　这个阶段磨损比较缓慢均匀，后刀面磨损量随切削时间延长而近似地成比例增加，正常切削时，这个阶段时间较长。

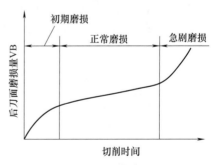

图 3-6 刀具的磨损过程

③ 急剧磨损阶段　当刀具的磨损带增加到一定限度后，切削力与切削温度均迅速增大，磨损速度急剧增加。生产中为了合理使用刀具，保证加工质量，应该在发生急剧磨损之前及时换刀。

（4）刀具的磨钝标准

刀具磨损到一定限度就不能继续使用，这个磨损限度称为磨钝标准。

在实际生产中，常根据切削中发生的一些现象如火花、振动、啸音等来判断刀具是否已经磨钝。在评定刀具材料的切削性能和试验研究时，都是以刀具表面的磨损量作为衡量刀具的磨钝标准。ISO 统一规定以 1/2 背吃刀量处后刀面上测量的磨损带宽度 VB 作为刀具的磨钝标准。磨钝标准的具体数值可参考相关手册。

(5) 刀具的破损

在切削加工中，刀具没有经过正常磨损阶段而在很短时间内突然损坏的情况，称为刀具的破损。刀具的破损形式分为脆性破损和塑性破损。

脆性破损：主要包括崩刃、碎断、剥落和裂纹破损等几种形式。

塑性破损：刀具表面材料因发生塑性流动而丧失切削能力的现象。抗塑性破损能力取决于刀具材料的硬度和耐热性。

可采取以下措施防止刀具破损：合理选择刀具材料；合理选择刀具几何参数；保证刀具的刃磨质量；合理选择切削用量；工艺系统应有较好的刚性。

3.4 刀 具 寿 命

(1) 刀具寿命和刀具总寿命

一把新刀或重新刃磨过的刀具从开始使用直到达到磨钝标准所经历的实际切削时间，称为刀具寿命。从第一次投入使用直至完全报废时所经历的实际切削时间，叫刀具总寿命。对于不重磨刀具，刀具总寿命等于刀具寿命；对于重磨刀具，刀具总寿命等于刀具寿命乘以刃磨次数。应当明确，刀具寿命和刀具总寿命是两个不同的概念。

(2) 刀具寿命的经验公式

试验结果表明，切削速度是影响刀具寿命的最主要因素。提高切削速度，刀具寿命降低，对刀具磨损影响最大。固定其它切削条件，在常用的切削速度范围内，取不同的切削速度进行刀具磨损试验，得到如图 3-6 所示的一组磨损曲线，处理后得到重要的刀具寿命方程式即泰勒（F. W. Taylor）公式：

$$vT^m = C$$

式中，v 为切削速度，m/min；T 为刀具寿命，min；m 为 v 对 T 影响程度的指数；C 为系数，与刀具工件材料和切削条件有关。

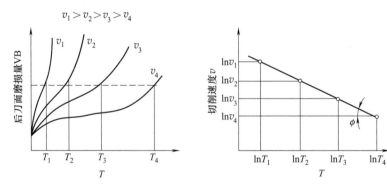

图 3-7 切削速度对刀具寿命的影响曲线

同样按照求 T-v_c 关系式的方法，固定其它切削条件，分别改变进给量和背吃刀量，求

得 $T\text{-}f$ 和 $T\text{-}a_p$ 的关系式：

$$fT^{m_1}=C_1\text{；}a_pT^{m_2}=C_2$$

综合整理后，得刀具使用寿命的实验公式：

$$T=\frac{C_T}{v^{1/m}f^{1/m_1}a_p^{1/m_2}}$$

令 $x=1/m$，$y=1/m_1$，$z=1/m_2$，则有：$T=\dfrac{C_T}{v^xf^ya_p^z}$。

式中，C_T 为与工件、刀具材料和其它切削条件有关的系数。

用硬质合金车刀车削 $\sigma_b=0.75\text{GPa}$ 的碳钢，在进给量 $f>0.75\text{mm/r}$ 时，切削用量和刀具使用寿命之间的关系式为：

$$T=\frac{C_T}{v^5f^{2.25}a_p^{0.75}}$$

由上式可见，切削速度对刀具使用寿命影响最大，进给量次之，背吃刀量最小。这与它们对切削温度的影响顺序一致，说明切削温度对刀具使用寿命有重要影响。在保证刀具使用寿命的前提下，为提高生产率，应首先选取大的背吃刀量，其次选取较大的进给量，最后计算或根据手册选择合适的切削速度。

(3) 刀具寿命的制定

刀具结构复杂、制造和刃磨费用高时，刀具寿命规定得高些。

多刀车床上的车刀，组合机床上的钻头、丝锥和铣刀，自动线上的刀具，因为调整复杂，刀具寿命应规定得高些。

某工序的生产成为生产线上的瓶颈时，刀具寿命应规定得低些；某工序单位时间的生产成本较高时刀具寿命应规定得低些。

精加工大型工件时，刀具寿命应规定高些。

实训练习题

一、填空题

1. 切削热的来源有＿＿＿＿＿＿＿＿＿＿、＿＿＿＿＿＿＿＿＿＿。总切削力可分解为＿＿＿＿＿、＿＿＿＿＿和＿＿＿＿＿三个切削分力。

2. 切削热传出的四条途径是＿＿＿＿、＿＿＿＿、＿＿＿＿和＿＿＿＿。

3. 车削时切削热主要是通过＿＿＿＿和＿＿＿＿进行传导的；钻削时切削热主要是通过＿＿＿＿和＿＿＿＿进行传导的。

4. 刀具的磨损形态有＿＿＿＿、＿＿＿＿和＿＿＿＿三种；刀具磨损过程的三个阶段是＿＿＿＿、＿＿＿＿和＿＿＿＿。

5. 工具钢刀具切削温度超过＿＿＿＿时，金相组织发生变化，硬度明显下降，失去切削能力而使刀具磨损称为＿＿＿＿＿＿。

6. 切削用量中，＿＿＿＿对主切削力的影响最显著，＿＿＿＿次之，＿＿＿＿的影响最小。

7. 切削用量中，＿＿＿＿对切削温度的影响最显著，＿＿＿＿次之，＿＿＿＿的影响最小。

8. 刀具前、后刀面上最高温度都不在切削刃上，而是在离＿＿＿＿有一定距离的地方。

9. 切削用量对刀具寿命影响最大的是＿＿＿＿，其次是＿＿＿＿，最后是＿＿＿＿。

10. 刀具磨损到一定限度就不能使用，这个磨损限度就称为刀具的 _____。

二、判断题

1. 在刀具角度中，对切削力影响最大的是前角和后角。（　　）
2. 在切削用量中，对切削热影响最大的是背吃刀量，其次是进给量。（　　）
3. 在切削用量中，影响切削温度最大的因素是切削速度。（　　）
4. 在刀具角度中，对切削温度有较大影响的是前角和主偏角。（　　）
5. 切削力的三个分力中，进给力愈大，工件愈易弯曲，易引起振动，影响工件的精度和表面粗糙度。（　　）
6. 切削用量三要素对切削力的影响程度是不同的，背吃刀量影响最大，进给量次之，切削速度影响最小。（　　）
7. 在刀具磨损的形式中，前刀面磨损对表面粗糙度影响最大，而后刀面磨损对加工精度影响最大。（　　）
8. 切削脆性材料，最容易出现后刀面磨损。（　　）
9. 加工时的切削温度是指刀尖处的最高温度。（　　）
10. 切削用量、刀具材料、刀具几何角度、工件材料和切削液等因素对刀具使用寿命都有影响，其中切削速度影响最大。（　　）

三、单项选择题

1. 车刀几何参数中，下列哪一个对切削力的影响最大（　　）。
A. 主偏角　　　　　　B. 前角　　　　　　C. 刃倾角　　　　　　D. 后角
2. 下列哪种措施可明显减小切削力（　　）。
A. 减小刀具前角　　　　　　　　B. 增大刀具前角
C. 增大背吃刀量　　　　　　　　D. 减小切削速度
3. 下列哪种情况使切削力增大（　　）。
A. 进给量减小　　　　　　　　　B. 切削速度增大
C. 背吃刀量增大　　　　　　　　D. 刀具前角增大
4. 下列哪种情况使切削力减小（　　）。
A. 加工硬化　　　　　　　　　　B. 进给量增大
C. 背吃刀量减小　　　　　　　　D. 刀具前角减小
5. 刀具主偏角 κ_r 增大对背向力 F_p 和进给力 F_f 的影响表现为（　　）。
A. F_p 增大，F_f 增大　　　　　　B. F_p 增大，F_f 减小
C. F_p 减小，F_f 增大　　　　　　D. F_p 减小，F_f 减小
6. 刃倾角 λ_s 增大对背向力 F_p 和进给力 F_f 的影响表现为（　　）。
A. F_p 增大，F_f 增大　　　　　　B. F_p 增大，F_f 减小
C. F_p 减小，F_f 增大　　　　　　D. F_p 减小，F_f 减小
7. 随着刀具材料与被加工材料间的摩擦系数增大，切削力将（　　）。
A. 增大　　　　　　B. 减小　　　　　　C. 不变　　　　　　D. 不能确定
8. 下列哪种因素对切削温度影响最大（　　）。
A. 切削速度　　　　B. 进给量　　　　C. 背吃刀量　　　　D. 刀具前角
9. 刀具前角增大，切削温度的变化情况一般为（　　）。
A. 升高　　　　　　B. 下降　　　　　　C. 不变　　　　　　D. 不能确定
10. 主偏角减小，切削温度的变化情况为（　　）。

A. 下降 B. 升高 C. 不变 D. 不能确定

11. 工件材料的强度、硬度增大时，切削温度的变化情况为（　　）。

A. 下降 B. 升高 C. 不变 D. 不能确定

12. 刀具后面磨损量增大，切削温度的变化情况为（　　）。

A. 下降 B. 上升 C. 不变 D. 不能确定

13. 使用下列哪种方法可使切削温度下降（　　）。

A. 增大切削速度 B. 增大刀具主偏角

C. 增大背吃刀量 D. 增大前角

14. 切削用量要素对刀具寿命影响最大的是（　　）。

A. 切削速度 B. 背吃刀量 C. 进给量

15. 车削时切削热传出的途径中所占比例最大的是（　　）。

A. 刀具 B. 工件 C. 切屑 D. 空气介质

16. 钻削时，切削热传出的途径中所占比例最大的是（　　）。

A. 刀具 B. 工件 C. 切屑 D. 空气介质

17. 刀具磨钝的标准是规定控制（　　）。

A. 刀尖磨损量 B. 后刀面磨损的高度

C. 前刀面月牙洼的深度 D. 后刀面磨损的深度

18. 高速钢刀具的耐热性较差，容易发生（　　）。

A. 脆性破损 B. 碎断 C. 剥落 D. 塑性破损

19. 切削塑性材料时，切削温度最高点在（　　）。

A. 刀尖处 B. 前刀面上靠近刀刃处

C. 后刀面上靠近刀尖处 D. 主刀刃处

20. 切削铸铁工件时刀具的磨损主要发生在（　　）。

A. 前刀面 B. 后刀面 C. 前、后刀面

21. 粗车碳钢工件时，刀具的磨损主要发生在（　　）。

A. 前刀面 B. 后刀面 C. 前、后刀面

22. 切削用量要素对切削力影响程度由大到小排列是（　　）。

A. $v_c \rightarrow a_p \rightarrow f$ B. $a_p \rightarrow f \rightarrow v_c$ C. $f \rightarrow a_p \rightarrow v_c$

23. 切削用量要素对切削温度的影响程度由大到小排列是（　　）。

A. $v_c \rightarrow a_p \rightarrow f$ B. $a_p \rightarrow f \rightarrow v_c$ C. $f \rightarrow a_p \rightarrow v_c$

24. 切削用量要素对刀具寿命影响程度由大到小排列是（　　）。

A. $v_c \rightarrow a_p \rightarrow f$ B. $a_p \rightarrow f \rightarrow v_c$ C. $f \rightarrow a_p \rightarrow v_c$

25. 普通硬质合金焊接车刀的刀具使用寿命一般为（　　）。

A. 15～30min B. 30～60min C. 90～150min

26. 齿轮滚刀的刀具使用寿命一般为（　　）。

A. 15～30min B. 30～60min C. 90～150min

四、简答题

1. 影响切削力的因素有哪些？简述其影响规律。

2. 切削热是如何产生和传出的？影响热传导的因素有哪些？

3. 影响切削温度的因素有哪些？简述其影响规律。

4. 刀具的磨损形态有几种？各有何特征？

5. 简述刀具磨损的原因。它们在什么条件下产生？

6. 什么是刀具的磨钝标准？如何制定磨钝标准？

7. 什么是刀具的寿命？它和刀具的总寿命有何关系？

8. 简述切削用量要素对刀具寿命的影响规律。

五、计算题

1. 用 YT15 硬质合金车刀车削 $\sigma_b = 650$MPa 的 45 钢外圆，切削用量为 $a_p = 4$mm，$f = 0.6$mm/r，$v_c = 110$m/min；刀具几何参数为 $\gamma_o = 10°$，$\lambda_s = 0°$，$a_o = 8°$，$\kappa_r = 60°$，$\gamma_\varepsilon = 1$mm。分别按切削力指数经验公式和单位切削力公式计算切削力 F_c 和切削功率 P_c。

2. 用硬质合金车刀车削中碳钢，刀具几何参数为 $\gamma_o = 10°$，$\lambda_s = 0°$，$\alpha_o = 8°$，$\kappa_r = 60°$，$\gamma_\varepsilon = 1$mm。选用切削用量 $a_p = 2$mm，$f = 0.3$mm、$v_c = 105$m/min。已知 $C = 2795$，$x = 1$，$y = 0.75$，$n = -0.15$，修正系数为 0.92，按切削力指数公式计算主切削力 F_c 和切削功率 P_c。

3. 用硬质合金车刀 YT15 镗削热轧 45 钢套内孔，刀具角度 $\gamma_o = 15°$，$\kappa_r = 45°$，镗杆的材料为 45 钢（$\sigma_b = 650$MPa），直径为 $\phi = 20$mm，镗削时切削用量为 $a_p = 3$mm、$f = 0.2$mm/r、$v_c = 90$m/min。按切削力指数经验公式计算主切削力 F_c 和切削功率 P_c。

第4章

金属切削理论的应用

● 知识目标

　　掌握工件材料的切削加工性及其指标。
　　掌握影响工件材料切削加工性的因素。
　　掌握刀具几何角度的作用及合理选择。
　　掌握切削用量要素的计算及合理选择。
　　了解切削液的作用、种类及其合理选用。

● 能力目标

　　工件材料切削加工性的理解分析能力。
　　刀具几何角度的分析和合理选择能力。
　　切削用量要素的计算和合理选择能力。
　　根据刀具材料合理选择切削液的能力。

4.1 工件材料的切削加工性

(1) 工件材料切削加工性的衡量指标

　　工件材料的切削加工性是指在一定的切削条件下，对工件材料进行切削加工的难易程度。衡量材料切削加工性的指标很多，可归纳为如下几种情况：

　　① 以刀具使用寿命衡量切削加工性　在相同的切削条件下加工不同材料时，刀具使用寿命长，工件材料的切削加工性好。

　　② 以工件材料允许的切削速度来衡量切削加工性　在刀具使用寿命相同的条件下，切削某种材料允许的切削速度高，切削加工性好；反之，切削加工性差。在切削普通金属材料时，常用刀具使用寿命达到 60min 时允许的切削速度高低来比较材料加工性的好坏，记作 v_{60}。

　　生产中常用相对切削加工性 k_r 来作为衡量指标。即以切削正火状态 45 钢的 v_{60} 作为基准，写作 $(v_{60})_j$，而把其他被切削材料的 v_{60} 与之相比，这个比值 k_r 称为该材料的相对加工性，即：

$$k_r = v_{60}/(v_{60})_j$$

　　根据 k_r 的值，可将常用材料的相对加工性分为八级，见表 4-1。当 $k_r > 1$ 时，材料比

45 钢容易切削；当 $k_r<1$ 时，材料比 45 钢难切削。

表 4-1　材料切削加工性等级

加工性等级	工件材料分类		相对切削加工性 k_r	代表性材料
1	很容易切削的材料	一般有色金属	>3.0	铜铅合金,铝镁合金,铝铜合金
2	容易切削的材料	易切削钢	2.5～3.0	退火 15Cr,自动机钢
3		较易切削钢	1.6～2.5	正火 30 钢
4	普通材料	一般钢和铸铁	1.0～1.6	45 钢,灰铸铁
5		稍难切削的材料	0.65～1.0	2Cr13 调质,85 钢
6	难切削材料	较难切削的材料	0.5～0.65	45Cr 调质,65Mn 调质
7		难切削的材料	0.15～0.5	50CrV 调质,1Cr18Ni9Ti
8		很难切削的材料	<0.15	部分钛合金,铸造镍基高温合金

③ 以切削力和切削温度衡量切削加工性　在相同的切削条件下，凡是使切削力增大、切削温度升高的工件材料，其切削加工性就差；反之，其切削加工性就好。在粗加工或机床动力不足时，常以此指标来评定材料的切削加工性。

④ 以加工表面质量衡量切削加工性　易获得好的加工表面质量，则切削加工性好。精加工时常用此指标。

⑤ 以断屑性能衡量切削加工性　在相同切削条件下，凡切屑易于控制或断屑性能良好的材料，其切削加工性能好，反之，切削加工性差。自动机床、组合机床和自动化程度较高的生产线上常用此指标。

(2) 影响工件材料切削加工性的因素

① 材料的物理力学性能的影响　一般情况下，材料的硬度和强度高，切削力大，切削温度高，切削加工性变差；材料的塑性和韧性好，材料切削加工性也变差。材料的热导率越大，由切屑带走和由工件传导出的热量就越多，越有利于降低切削区温度，切削加工性变好。

② 材料化学成分的影响　材料的化学成分是通过影响材料的物理力学性能而影响切削加工性的。

③ 材料金相组织的影响　成分相同的材料，金相组织不同，其切削加工性也不同。金相组织的形状和大小也影响加工性。

(3) 改善工件材料切削加工性的途径

① 调整材料的化学成分　在不影响材料使用性能的前提下，可在钢中适当添加一种或几种可以明显改进材料切削加工性的化学元素，如 S、Pb、Ca、P 等，获得易切削钢。

② 热处理改变金相组织　生产中常对工件材料进行预先热处理，通过改变工件材料的硬度和塑性等来改善切削加工性。例如：低碳钢经正火处理或冷拔处理，使塑性减小，硬度略有提高，从而改善切削加工性；中碳钢常采用退火处理，以降低硬度来改善切削加工性；高碳钢通过球化退火使硬度降低，从而改善切削加工性。

【案例 4-1】　高强度和超高强度钢的切削加工性分析

【解】　高强度钢、超高强度钢的部分粗加工、半精加工和精加工常在调质状态下进行。调质后的金相组织一般为索氏体或和托氏体，硬度 35～50HRC，抗拉强度 0.981GPa 左右，与切削正火状态下的 45 钢相比，其切削力仍高出 $20\%\sim30\%$，切削温度高，故刀具磨损快，使用寿命低。切削时常采取的措施有：

① 选用耐磨性好的刀具材料，如 YT 类硬质合金中添加钽、铌，提高耐磨性；

② 前角应取得小些，切削 38CrNi3MoVA 时，取 $4°\sim6°$，加工 35CrMnSiA 时，取 $0°\sim-4°$；

③ 在工艺系统刚性允许的情况下，k_r 选得小些，以提高刀尖的强度和改善散热条件；

④ 切削用量应比加工中碳钢正火时适当低些。

【案例 4-2】 高锰钢的切削加工性分析

【解】 Mn12、40Mn18Cr4 等为高锰钢常用牌号。经过水韧处理，硬度不高，塑性特别高，加工硬化特别严重，热导率很小，因此切削温度很高，切削力约比切削 45 钢时增大 60%，高锰钢比高强度钢更难加工。切削时常采取的措施有：

① 选用硬度高，有一定韧性，热导率较大，高温性能好的刀具材料。粗加工时，可选用 YG 类或 YW 类硬质合金。精加工时可选用 YT14 或 YG6X 等硬质合金，若选用复合氧化铝陶瓷高速精车，效果更好。

② 前角不宜选得过大或过小，一般取 $-3°\sim3°$。

③ 切削速度应较低，一般选 $v_c=20\sim40\text{m/min}$。a_p 和 f 不应选得过小，以免难以切下上道工序的加工硬化层。

【案例 4-3】 冷硬铸铁的切削加工性分析

【解】 冷硬铸铁硬度高、塑性低，刀-屑接触长度很小，极易崩刃。切削时常采取的措施有：

① 选用硬度与强度都好的刀具材料。一般采用细晶粒的 YG 类硬质合金刀具或用复合氧化铝陶瓷刀具对其进行半精加工或精加工。

② 为提高刀具和切削刃的强度，取前角 $0°\sim4°$，$\lambda_s=0°\sim-5°$，k_r 适当减小。

【案例 4-4】 不锈钢的切削加工性分析

1Cr18Ni9Ti 和 2Cr13 是不锈钢的典型牌号。切削时常采取的措施有：

① 对 2Cr13 进行调质处理，对 1Cr18Ni9Ti 在 $850\sim950℃$ 退火处理；

② 选用 YG 类硬质合金刀具进行切削加工，以减少黏结；

③ 采用较大的前角，一般取 $25°\sim30°$，以减小加工硬化，采用较小的 k_r，以增强刀具的散热能力；

④ 为减少黏结现象，可采用较高或较低的 v_c。

【案例 4-5】 钛合金的切削加工性分析

【解】 加工钛合金时，刀具磨损快，刀具使用寿命低，其原因如下：

① 因钛的化学性能活泼，在高温时易与空气中的氧、氮等元素化合，使材料变脆，因此刀-屑接触长度很短（只为钢的 $1/3\sim1/4$）；

② 热导率极小，仅为 45 钢的 $1/5\sim1/7$，切削热集中在切削刃附近，切削温度很高，比加工 45 钢高出一倍；

③ 加工表面常出现硬而脆的外皮，给后一道工序加工带来困难。

切削时常采取的措施有：

① 加工钛合金时，应选用 YG 类或 YW 类硬质合金，以避免刀具材料与工件中的钛元素产生亲和作用；

② 为提高切削刃的强度和散热条件，应取较小的前角，$\gamma_o=5°\sim10°$；

③ v_c 不宜选得太高，一般 $v_c = 40 \sim 50 \mathrm{m/min}$，$f$ 适当加大。

4.2 刀具几何参数的选择

(1) 前角的选择

前角是刀具上最重要的几何参数之一，前角主要解决切削刃强度与锋利性的矛盾。

工件材料的强度和硬度高，前角取小值，反之取大值；

粗加工时为保证切削刃强度，前角取小值，精加工时为提高表面质量，前角取大值；

加工塑性材料时宜取较大前角，加工脆性材料宜取较小前角；

刀具材料韧性好时宜取较大前角，反之应取较小前角；

工艺系统刚性差时，应取较大前角。

(2) 后角的选择

后角的主要功用是减小刀具后刀面与加工表面之间的摩擦，因此后角不能为 0° 或负值，一般在 6°～12°之间选取。

精加工时，后角取大值，粗加工时，后角取小值；

工件材料强度和硬度高时，后角取小值，以增强切削刃的强度，反之，后角取大值；

工艺系统刚性差时，后角取小值；

对于尺寸精度要求较高的刀具，后角取小值，以增加刀具的重磨次数。

(3) 主偏角和副偏角的选择

减小主、副偏角，可以减小已加工表面粗糙度值，同时提高刀尖强度，改善散热条件，提高刀具寿命；主偏角的取值还影响各切削分力的大小和比例分配。

工件材料强度和硬度高时，宜取较小主偏角以提高刀具寿命；

工艺系统刚性差时，宜取较大主偏角，反之取较小主偏角以提高刀具寿命；

主偏角一般在 30°～90°之间选取；

工件材料强度和硬度高以及刀具作断续切削时，宜取较小副偏角；

精加工时取较小的副偏角，以减小表面粗糙度值，副偏角一般为正值。

(4) 刃倾角的选择

负刃倾角车刀刀头强度好，散热条件好，工艺系统刚性差时，不宜采用负的刃倾角；

增大刃倾角绝对值，刀具切削刃实际钝圆半径减小，切削刃锋利，可以减小刀具受到的冲击；

刃倾角不为零时，切削过程比较平稳；

改变刃倾角可以改变切屑的流向，达到控制排屑方向的目的（图 4-1），刃倾角大于零时，切屑流向待加工表面，刃倾角小于零时，切屑流向已加工表面，破坏已加工表面质量。

【案例 4-6】 *根据已知加工条件选择刀具的几何参数*

现有大型铸钢件或锻件的粗加工，刀具初步选择为大切深强力车刀，材料为硬质合金 P30，试选择刀具的几何参数，并绘制刀具的几何角度图。

【解】 根据题中条件可知，粗加工时以提高加工效率为主，在机床功率允许的范围内，适当加大背吃刀量和进给量，这就要求刀具刃口锋利；与此同时，因为是粗加工，切削时会有振动冲击，所以要求刀具还应具有一定的强度。针对上述要求，刀具的几何参数选择如下：

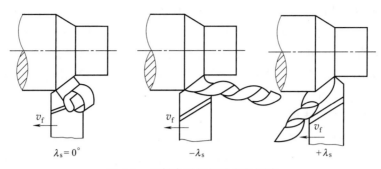

图 4-1 刃倾角对切屑流向的影响

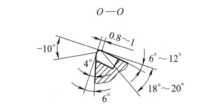

（1）保证锋利

可取大前角 $\gamma_o = 18° \sim 20°$，刀具锋利，减小切削力；为了减小背向力，防止发生振动，取主偏角 $\kappa_r = 75°$。

（2）兼顾强度

① 强化刀具刃口　由于前角较大，且粗加工负荷大，因此必须采取刃口强化措施进行补偿。具体措施可采用：磨出宽度 $b = 0.8 \sim 1\text{mm}$、$\gamma_{o1} = -10°$ 的负倒棱；减小后角，可取刀片后角 $\alpha_o = 4°$；采用负的刃倾角，取 $\lambda_s = -4° \sim -6°$。

② 强化刀尖　由于主偏角过大，会影响刀尖强度，可采取的补偿措施：磨出长度 $l = 2 \sim 4\text{mm}$，$\kappa_r = 45°$ 的直线过渡刃；采用较大的刃口圆弧半径 $r_\varepsilon = 1.5 \sim 2\text{mm}$。

（3）断屑措施

为使切削过程顺利，切屑清理方便，在前刀面上磨出前宽后窄的与主切削刃夹角为 10° 的圆弧形卷屑槽，保证断屑可靠。

粗加工大切深强力车刀的几何参数图如图 4-2 所示。

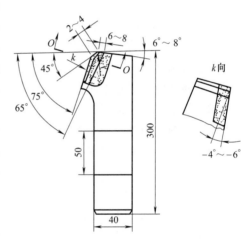

图 4-2 粗加工大切深强力车刀的几何参数图

4.3　切削用量的选择

切削用量的选择就是确定具体工序的背吃刀量、进给量和切削速度。切削用量的选择是否合理，直接影响到生产效率、加工成本、加工精度和表面质量。合理的切削用量是指在保证加工质量的条件下，获得高生产率和低生产成本的切削用量。

（1）切削用量的选用原则

① 粗加工时切削用量的选择原则　粗加工时以提高生产效率和保证刀具的使用寿命为主，选择切削用量时，应首先选取尽可能大的背吃刀量，其次在机床动力和刚度允许的情况下，选用较大的进给量，最后根据公式计算或查表确定合理的切削速度。粗加工的切削速度一般选取中等或更低的数值。

② 精加工时切削用量的选择原则　精加工时切削用量的选择首先要保证加工精度和表面质量，同时兼顾刀具的寿命和生产效率。精加工时往往采取逐渐减小背吃刀量的方法来提高加工精度，进给量的大小主要根据表面粗糙度的要求选取。选择切削速度要避开产生积屑瘤的区域。一般情况下，精加工常选用较小的背吃刀量、进给量和较高的切削速度，这样既可以保证加工质量，又可以提高生产效率。

(2) 切削用量要素的选用

① 背吃刀量的选用　背吃刀量 a_p 应根据加工性质和加工余量确定。粗加工时，在保留精加工余量的前提下，尽可能一次走刀切除全部余量，以减少走刀次数。在中等功率的机床上，粗车时 a_p 可达 $8\sim10\mathrm{mm}$；半精车时，a_p 可取为 $0.5\sim2\mathrm{mm}$；精车时，a_p 可取为 $0.1\sim0.4\mathrm{mm}$。

在加工余量过大、工艺系统刚度不足或刀具强度不够等情况下，应分成两次或多次走刀。采用两次走刀时，第一次走刀的 a_p 取大些，可占全部余量的 $2/3\sim3/4$；第二次走刀的 a_p 取小些，可占全部余量的 $1/3\sim1/4$，以获得较小的表面粗糙度及较高的加工精度。

切削表层有硬皮的铸锻件或不锈钢等冷硬倾向较严重的材料时，应使 a_p 超过硬皮或冷硬层深度，以免刀具过快磨损。

② 进给量的选用　a_p 选定之后，应尽量选择较大的进给量。进给量的合理选择应保证机床、刀具不因切削力太大而损坏，切削力所引起的工件挠度不超出工件精度允许的数值，表面粗糙度值不致太大。粗加工时，进给量的选用主要受切削力的限制；半精加工和精加工时，进给量的选用主要受表面粗糙度和加工精度的限制。

实际生产中，经常采用查表法确定进给量。粗加工时，根据工件材料、车刀刀杆尺寸、工件直径及已确定的背吃刀量等条件，由切削用量手册查得进给量 f 的数值（表 4-2）。半精加工和精加工时，主要根据加工表面粗糙度要求选择进给量（表 4-3）。

表 4-2　硬质合金车刀粗车外圆及断面的进给量

工件材料	车刀刀杆尺寸 $(B\times H)/\mathrm{mm}$	工件直径 /mm	背吃刀量 a_p/mm				
			≤3	>3~5	>5~8	>8~12	12 以上
			进给量 $f/(\mathrm{mm/r})$				
碳素结构钢、合金结构钢、耐热钢	16×25	20	0.3~0.4	—	—	—	—
		40	0.4~0.5	0.3~0.4	—	—	—
		60	0.5~0.7	0.4~0.6	0.3~0.5	—	—
		100	0.6~0.9	0.5~0.7	0.5~0.6	0.4~0.5	—
		400	0.8~1.2	0.7~1.0	0.6~0.8	0.5~0.6	—
	20×30 25×25	20	0.3~0.4	—	—	—	—
		40	0.4~0.5	0.3~0.4	—	—	—
		60	0.6~0.7	0.5~0.7	0.4~0.6	—	—
		100	0.8~1.0	0.7~0.9	0.5~0.7	0.4~0.7	—
		600	1.2~1.4	1.0~1.2	0.8~1.0	0.6~0.9	0.4~0.6
	25×40	60	0.6~0.9	0.5~0.8	0.4~0.7	—	—
		100	0.8~1.2	0.7~1.1	0.6~0.9	0.5~0.8	—
		1000	1.2~1.5	1.1~1.5	0.9~1.2	0.8~1.0	0.7~0.8

续表

工件材料	车刀刀杆尺寸 (B×H)/mm	工件直径 /mm	背吃刀量 a_p/mm ≤3	>3~5	>5~8	>8~12	12 以上
			进给量 f/(mm/r)				
碳素结构钢、合金结构钢、耐热钢	30×45 40×60	500	1.1~1.4	1.1~1.4	1.0~1.2	0.8~1.2	0.7~1.1
		2500	1.3~2.0	1.3~1.8	1.2~1.6	1.1~1.5	1.0~1.5
铸铁及铜合金	16×25	40	0.4~0.5	—			
		60	0.6~0.8	0.5~0.8	0.4~0.6	—	—
		100	0.8~1.2	0.7~1.0	0.6~0.8	0.5~0.7	—
		400	1.0~1.4	1.0~1.2	0.8~1.0	0.6~0.8	
	20×30 25×25	40	0.4~0.5	—			
		60	0.6~0.9	0.5~0.8	0.4~0.7		
		100	0.9~1.3	0.8~1.2	0.7~1.0	0.5~0.8	
		600	1.2~1.8	1.2~1.6	1.0~1.3	0.9~1.1	0.7~0.9
	25×40	60	0.6~0.8	0.5~0.8	0.4~0.7		
		100	1.0~1.4	0.9~1.2	0.8~1.0	0.6~0.9	
		1000	1.5~2.0	1.2~1.8	1.0~1.4	1.0~1.2	0.8~1.0
	30×45 40×60	500	1.4~1.8	1.2~1.6	1.0~1.4	1.0~1.3	0.9~1.2
	30×45 40×60	2500	1.6~2.4	1.6~2.0	1.4~1.8	1.3~1.7	1.2~1.7

注：1. 加工断续表面和有冲击的工件时，表内的进给量应乘系数 0.75~0.85；在无外皮加工时，表内进给量应乘系数 1.1。

2. 加工耐热钢及合金时，进给量不大于 1.0mm/r。

3. 加工淬硬钢时，进给量应减小。当材料硬度为 44~56HRC 时，表内进给量应乘系数 0.8；当材料硬度为 57~62HRC 时，表内进给量应乘系数 0.5。

4. 可转位刀片允许的最大进给量不应超过其刀尖圆弧半径数值的 80%。

表 4-3 按表面粗糙度选择进给量的参考值

工件材料	表面粗糙度 Ra/μm	切削速度 /(m/min)	刀尖圆弧半径/mm 0.5	1.0	2.0
			进给量 f/(mm/r)		
铸铁 青铜 铝合金	10~5	不限	0.25~0.40	0.40~0.50	0.50~0.60
	5~2.5		0.15~0.25	0.25~0.40	0.40~0.60
	2.5~1.25		0.10~0.15	0.15~0.20	0.20~0.35
碳钢 合金钢	10~5	<50	0.30~0.50	0.45~0.60	0.55~0.70
		>50	0.40~0.55	0.55~0.65	0.65~0.70
	5~2.5	<50	0.18~0.25	0.25~0.30	0.30~0.40
		>50	0.25~0.30	0.30~0.35	0.35~0.50
	2.5~1.25	<50	0.10	0.11~0.15	0.15~0.22
		50~100	0.11~0.16	0.16~0.25	0.25~0.35
		>100	0.16~0.20	0.20~0.25	0.25~0.35

③ 切削速度的选用　当背吃刀量 a_p 与进给量 f 选定后，可以根据公式计算或手册查表确定切削速度 v_c。表 4-4 列出了车削加工切削速度的参考值。

表 4-4　车削加工的切削速度参考值

加工材料		硬度(HBS)	背吃刀量 a_p/mm	高速钢刀具 v/(m/min)	高速钢刀具 f/(mm/r)	硬质合金刀具 未涂层 焊接式 v/(m/min)	硬质合金刀具 未涂层 可转位 v/(m/min)	未涂层 f/(mm/r)	涂层 v/(m/min)	涂层 f/(mm/r)	材料	陶瓷(超硬材料)刀具 v/(m/min)	陶瓷 f/(mm/r)	说明
易切碳钢	低碳	100~200	1	55~90	0.18~0.2	185~240	220~275	0.18	320~410	0.18	YT15	550~700	0.13	切削条件较好时可用冷压 Al₂O₃ 陶瓷·切削条件较差时宜用 Al₂O₃+TiC 热压混合陶瓷
			4	41~70	0.40	135~185	160~215	0.50	215~275	0.40	YT14	425~580	0.25	
			8	34~55	0.50	110~145	130~170	0.75	170~220	0.50	YT5	335~490	0.40	
	中碳	175~225	1	52	0.2	165	200	0.18	305	0.18	YT15	520	0.13	
			4	40	0.40	125	150	0.50	200	0.40	YT14	395	0.25	
			8	30	0.50	100	120	0.75	160	0.50	YT5	305	0.40	
碳钢	低碳	125~225	1	43~46	0.18	140~150	170~195	0.18	260~290	0.18	YT15	520~580	0.13	
			4	33~34	0.40	115~125	135~150	0.50	170~190	0.40	YT14	365~425	0.25	
			8	27~30	0.50	88~100	105~120	0.75	135~150	0.50	YT5	275~365	0.40	
	中碳	175~275	1	34~40	0.18	115~130	150~160	0.18	220~240	0.18	YT15	460~520	0.13	
			4	23~30	0.40	90~100	115~125	0.50	145~160	0.40	YT14	290~350	0.25	
			8	20~26	0.50	70~78	90~100	0.75	115~125	0.50	YT5	200~260	0.40	
	高碳	175~275	1	30~37	0.18	115~130	140~155	0.18	215~230	0.18	YT15	460~520	0.13	
			4	24~27	0.40	88~95	105~120	0.50	145~150	0.40	YT14	275~335	0.25	
			8	18~21	0.50	69~76	84~95	0.75	115~120	0.50	YT5	185~245	0.40	
合金钢	低碳	125~225	1	41~46	0.18	135~150	170~185	0.18	220~235	0.18	YT15	520~580	0.13	
			4	32~37	0.40	105~120	135~145	0.50	175~190	0.40	YT14	365~395	0.25	
			8	24~27	0.50	84~95	105~115	0.75	135~145	0.50	YT5	275~335	0.40	
	中碳	175~275	1	34~41	0.18	105~115	130~150	0.18	175~200	0.18	YT15	460~520	0.13	
			4	26~32	0.40	85~90	105~120	0.40~0.50	135~160	0.40	YT14	280~360	0.25	
			8	20~24	0.50	67~73	82~95	0.50~0.75	105~120	0.50	YT5	220~265	0.40	
	高碳	175~275	1	30~37	0.18	105~115	135~145	0.18	175~190	0.18	YT15	460~520	0.13	
			4	24~27	0.40	84~90	105~115	0.50	135~150	0.40	YT14	275~335	0.25	
			8	18~21	0.50	66~72	82~90	0.75	105~120	0.50	YT5	215~245	0.40	
高强度钢		225~350	1	20~26	0.18	90~105	115~135	0.18	150~185	0.18	YT15	380~440	0.13	>300HBS 时宜用 W12Cr4V5Co5 及 W2Mo Cr4VCo8
			4	15~20	0.40	69~84	90~105	0.40	120~135	0.40	YT14	205~265	0.25	
			8	12~15	0.50	53~66	69~84	0.50	90~105	0.50	YT5	145~205	0.40	

【案例4-7】 根据加工要求合理选择切削用量的要素

在 CA6140 车床上车削外圆，已知条件：工件的毛坯尺寸为 $\phi68$mm，加工长度为 350mm；加工后工件的尺寸要求为 $\phi60_{-0.1}^{~0}$mm，表面粗糙度为 $Ra3.2\mu$m；工件材料为 45 钢（$\sigma_b=637$MPa）；采用焊接式硬质合金车刀 YT15；刀杆截面尺寸为 16mm×25mm，刀具切削部分几何参数为：$\gamma_o=10°$，$\alpha_o=6°$，$\lambda_s=0°$，$\kappa_r=45°$，$\kappa_r'=10°$，$\gamma_{o1}=-10°$，$b_{\gamma1}=0.2$mm，$r_\varepsilon=0.5$mm。试为该工序确定切削用量（CA6140 车床纵向进给机构允许的最大作用力为 3500N）。

【解】 为达到工序的加工要求，本工序安排粗车和半精车两次走刀，粗车将外圆从 $\phi68$mm 车至 $\phi62$mm，半精车将外圆从 $\phi62$mm 车至 $\phi60_{-0.1}^{~0}$mm，如图4-3所示。

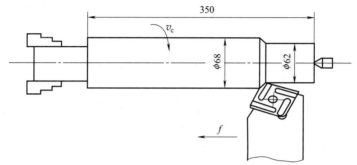

图 4-3 案例 4-7 图

（1）确定粗车的切削用量

① 背吃刀量 $a_p=\dfrac{d_w-d_m}{2}=\dfrac{68-62}{2}=3$（mm）

② 进给量 根据已知条件，从表4-2中查得 $f=0.5\sim0.7$mm/r，根据 CA6140 的技术参数，实际取 $f=0.56$mm/r。

③ 切削速度 切削速度可以根据公式计算，也可以查表4-4确定。根据表查得：$v_c=100$m/min。由切削速度的公式，推导出机床的主轴转速为：

$$n=\frac{1000v}{\pi d}=\frac{1000\times100}{3.14\times68}=468\ (\text{r/min})$$

根据 CA6140 车床的主轴转速数列，取 $n=500$r/min。实际切削速度为：

$$v_c=\frac{\pi dn}{1000}=\frac{3.14\times68\times500}{1000}=106.8\ (\text{m/min})$$

④ 校核机床功率 根据切削力和切削功率的计算案例，计算出的切削功率为 $P_c=4.3$kW。由机床的说明书得知，CA6140 的电动机功率为 $P_E=7.5$kW，取机床传动效率为 $\eta_m=0.8$，则有：

$$P_c/\eta_m=4.3/0.8=5.38<P_E$$

校核结果说明机床功率是足够的。

⑤ 校核机床进给机构的强度 由第3章切削力和切削功率的计算案例，得知：$F_c=2406$N，$F_p=594$N，$F_f=942$N。考虑机床导轨和溜板之间由 F_c 和 F_p 产生的摩擦力，取摩擦系数为 $\mu_s=0.1$，则机床进给机构承受的力为：

$$F_{jg}=F_f+\mu_s(F_c+F_p)=942+0.1\times(2406+594)=1242(\text{N})<3500(\text{N})$$

校核结果表明机床进给机构的强度是足够的。

（2）确定半精车的切削用量

① 背吃刀量　$a_p = \dfrac{d_w - d_m}{2} = \dfrac{62 - 60}{2} = 1$（mm）

② 进给量　根据表面质量的要求，查表 4-3 得 $f = 0.25 \sim 0.30$mm/r，根据 CA6140 车床进给量数列取 $f = 0.26$mm/r。

③ 切削速度　查表 4-4 得 $v_c = 130$m/min。由切削速度的公式，推导出机床的主轴转速为：

$$n = \frac{1000v}{\pi d} = \frac{1000 \times 130}{3.14 \times 62} = 668 \text{（r/min）}$$

根据 CA6140 车床的主轴转速数列，取 $n = 710$r/min。实际切削速度为：

$$v_c = \frac{\pi d n}{1000} = \frac{3.14 \times 62 \times 710}{1000} = 138 \text{（m/min）}$$

在通常条件下，半精车可不校核机床功率和进给机构的强度。

4.4　切削液的选择

（1）切削液的作用

① 冷却作用　把切削过程产生的热量最大限度地带走，从而降低切削区温度，减少工件和刀具的热变形，保持刀具硬度，提高加工精度和刀具使用寿命。

② 润滑作用　减小前刀面与切屑、后刀面与已加工表面间的摩擦，从而减小切削力和功率消耗，降低刀具与工件摩擦部位的表面温度和刀具磨损，改善工件材料的切削加工性能。

③ 清洗作用　在金属切削过程中，要求切削液有良好的清洗作用，以去除生成的切屑、磨屑以及铁粉、油污和砂粒，减少刀具和砂轮的磨损，防止划伤工件已加工表面和机床导轨。

④ 防锈作用　切削液应具备一定的防锈性能，以减小周围介质对机床、刀具、工件的腐蚀。在气候潮湿地区，这一性能尤为重要。

（2）切削液的种类

① 水溶液　水溶液是以水为主要成分并加入防锈剂的切削液，主要起冷却、清洗等作用。广泛应用于粗加工和磨削工序中。

② 乳化液　乳化液是由 95％～98％ 的水加入适量的乳化油形成的乳白色或半透明的切削液，具有良好的冷却性能。按乳化油的含量不同，可配制成不同浓度的乳化液。

③ 切削油　切削油的主要成分是矿物油，特殊情况下采用动植物油和复合油，这类切削液的润滑性能较好。

（3）切削液的选用

合理选用切削液，可以有效地减小切削过程中的摩擦，改善散热条件，降低切削力、切削温度和刀具磨损，提高刀具寿命和切削效率，保证已加工表面质量和降低产品的加工成本。随着难加工材料的广泛应用，除合理选择刀具材料、刀具几何参数、切削用量等切削条件外，合理选用切削液也尤为重要。

水溶液的冷却效果最好，极压切削液的润滑效果最好。一般的切削液，在 200℃ 左右就失去润滑能力；但在切削液中添加极压添加剂（如氯化石蜡、四氯化碳、硫代磷酸盐、二烷基二硫代磷酸锌）后，就成为润滑性能良好的极压切削液，可以在 600～1000℃ 高温和 1470～1960MPa 高压条件下起润滑作用。所以含硫、氯、磷等极压添加剂的乳化液和切削油，特别适合于难切削材料加工过程的冷却与润滑。

一般在下列情况下应选用水基切削液：

① 对油基切削液存在潜在火灾危险的场所。

② 高速和大进给量的切削，使切削区超高温，有火灾危险的场合。

③ 从前后工序的流程上考虑，要求使用水基切削液的场合。

④ 希望减轻由于油的飞溅和扩散而引起机床周围污染和肮脏，从而保持操作环境清洁的场合。

⑤ 从价格上考虑，对一些易加工材料工件表面质量要求不高的切削加工，采用一般水基切削液已能满足使用要求，又可大幅度降低切削液成本的场合。

⑥ 当刀具的寿命对切削的经济性占有较大比重时（如刀具价格昂贵，刃磨刀具困难，装卸辅助时间长等）；机床精密度高，绝对不允许有水混入以免造成腐蚀的场合；机床的润滑系统和冷却系统容易串通的场合以及不具备废液处理设备和条件的场合，均应考虑选用油基切削液。

（4）切削液的使用方法和评定指标

切削液的使用方法主要有浇注法、喷雾法和内冷却法三种。其评定标准可用刀具寿命、工件的表面质量、冷却液的冷却性能以及润滑效率和生理健康等指标来评定。

【案例 4-8】　根据常用刀具材料合理选用切削液

【解】　不同刀具材料选用切削液如下：

工具钢：这种刀具耐热性能差，要求冷却液的冷却效果要好，一般采用乳化液为宜。

高速钢：使用高速钢刀具进行低速和中速切削时，建议采用油基切削液或乳化液；高速切削时，由于发热量大，以采用水基切削液为宜，若使用油基切削液会产生较多油雾，污染环境，而且容易造成工件烧伤，加工质量下降，刀具磨损增大。

硬质合金：在加工一般材料时，可以采用干式切削。但在干式切削时，由于温升较高，工件易产生热变形，影响工件加工精度，而且在没有润滑的条件下进行切削，切削阻力大，功率消耗大，刀具磨损也快；加上硬质合金刀具价格贵，所以从经济性考虑，干式切削也不经济。在选用切削液时，因油基切削液的热传导性能较差，使刀具产生骤冷的危险性要比水基切削液小，所以一般选用含有抗磨添加剂的油基切削液为宜。对于高速切削，要用大流量切削液喷淋切削区，以免造成刀具受热不均匀而产生崩刃，亦可减少由于温度过高产生蒸发而形成的油烟污染。

陶瓷：一般采用干式切削，考虑到均匀冷却和避免温度过高，常使用水基切削液。

金刚石：一般使用干式切削。为避免温度过高，多数情况下也采用水基切削液。

实训练习题

一、填空题

1. 实际生产中常用＿＿＿＿＿＿＿＿＿＿来作为衡量工件材料切削加工性的指标。

2. 影响工件材料切削加工性的因素主要有：材料＿＿＿＿＿＿＿＿＿性能的影响，材料化学成分的影响，材料_____的影响。

3. 改善工件材料切削加工性可从调整材料的化学成分和通过热处理改变_____着手。

4. 刀具前角主要解决切削刃_____和_____矛盾。

5. 后角的功用是减小刀具_____面和_____表面之间的摩擦，因此，后角不能为_____。

6. 通过改变刃倾角方向可以改变_____，从而达到控制排屑的目的。

7. 选择切削用量要素的顺序是：首先应尽可能选大的_____；其次是选用较大的_____；最后根据公式计算或查表确定合理的_____值。

8. 切削液的作用有_____、_____、清洗和防锈。

二、判断题

1. 前角大，刀刃锋利；后角愈大，刀具后刀面与工件摩擦愈小，因而在选择前角和后角时，应采用最大前角和后角。（   ）

2. 刀具前角的大小，可根据加工条件有所改变，可以是正值，也可以是负值，而后角不能是负值。（   ）

3. 刀具主偏角具有影响背向力（切深抗力）、刀尖强度、刀具散热状况及主切削刃平均负荷大小的作用。（   ）

4. 加工塑性材料与加工脆性材料相比，应选用较小的前角和后角。（   ）

5. 精加工与粗加工相比，刀具应选用较大的前角和后角。（   ）

6. 高速钢刀具与硬质合金刀具相比，应选用较小的前角和后角。（   ）

7. 车削工艺系统刚度较差的细长轴时，刀具应选用较大的主偏角。（   ）

8. 车削有硬皮的毛坯件时，为保护刀刃，第一次走刀背吃刀量应小些。（   ）

9. 对低碳钢进行正火处理、对高碳钢进行球化退火处理、对不锈钢进行调质处理等可改善材料的切削加工性。（   ）

10. 主偏角增大，刀具刀尖部分强度与散热条件变差。（   ）

11. 精车时切削速度不应选得过高或过低。（   ）

12. 切削液的主要作用是降低温度和减少摩擦。（   ）

13. 粗加工时，加工余量和切削用量均较大，所以应选用以润滑为主的切削液。（   ）

14. 切削铸铁一般不用切削液。（   ）

三、单项选择题

1. 对下述材料进行相应的热处理时，可改善其切削加工性的方法是（   ）。
A. 对铸件进行时效处理
B. 对高碳钢进行球化退火处理
C. 对中碳钢进行调质处理
D. 对低碳钢进行过冷处理

2. 在我国，工件的切削加工性作为比较标准所采用的参数是（   ）。
A. 标准切削速度60m/min条件下刀具的使用寿命
B. 标准情况下刀具切削60min的磨损量
C. 刀具使用寿命为60min的切削速度
D. 刀具使用寿命为60min的材料切除率

3. 在我国，判别工件材料切削加工性的优劣所采用的基准是（   ）。
A. 正火状态下的45钢，在保证刀具使用寿命为60min时的切削速度值
B. 正火状态下的45钢，标准刀具切削60min的磨损量
C. 退火状态下的45钢，切削速度为60m/min时的刀具使用寿命

D. Q235 钢在保证刀具使用寿命为 60min 时的切削速度值

4. 某种材料的相对切削加工性是指（　　　）。

A. 45 钢的 v_{c60} 与该材料的 v_{c60} 之比值

B. 该材料的 v_{c60} 与 Q235 钢 v_{c60} 之比值

C. 该材料的 v_{c60} 与 45 钢的 v_{c60} 之比值

D. Q235 钢 v_{c60} 与该材料的 v_{c60} 之比值

5. 当某种材料的切削加工性比较好时，其相对加工性 k_r 的值（　　　）。

A. 大于 1　　　　　B. 小于 1　　　　　C. 等于 1

6. 刃倾角的功用之一是控制切屑流向，若刃倾角为负，则切屑流向为（　　　）。

A. 流向已加工表面　　　　　　　　B. 流向待加工表面

C. 沿切削刃的法线方向流出

7. 影响刀尖强度和切屑流动方向的刀具角度是（　　　）。

A. 主偏角　　　　B. 前角　　　　C. 副偏角　　　　D. 刃倾角

8. 车外圆时，能使切屑流向工件待加工表面的几何要素是（　　　）。

A. $\lambda_s > 0°$　　　B. $\lambda_s < 0°$　　　C. $\gamma_o > 0°$　　　D. $\gamma_o < 0°$

9. 影响刀具的锋利程度、减少切削变形、减小切削力的刀具角度是（　　　）。

A. 主偏角　　　　　　　　　　B. 前角

C. 副偏角　　　　　　　　　　D. 刃倾角

E. 后角

10. 影响切削层参数、切削分力的分配、刀尖强度及散热情况的刀具角度是（　　　）。

A. 主偏角　　　　　　　　　　B. 前角

C. 副偏角　　　　　　　　　　D. 刃倾角

E. 后角

11. 刀具上能减小工件已加工表面的表面粗糙度值的几何要素是（　　　）。

A. 增大前角　　　　B. 减小后角　　　　C. 减小偏角　　　　D. 增大刃倾角

12. 切削用量要素对切削温度的影响程度由大到小排列是（　　　）。

A. $v_c \to a_p \to f$　　　B. $a_p \to f \to v_c$　　　C. $f \to a_p \to v_c$

13. 粗车时为了提高生产率，选择切削用量时，应首先取较大的（　　　）。

A. 切削速度　　　　B. 进给量　　　　C. 背吃刀量

14. 切削用量要素对刀具使用寿命影响程度由大到小排列是（　　　）。

A. $v_c \to a_p \to f$　　　B. $a_p \to f \to v_c$　　　C. $f \to a_p \to v_c$

15. 磨削一般采用低浓度的乳化液，这主要是因为（　　　）。

A. 润滑作用强　　　　　　　　B. 冷却、清洗作用强

C. 防锈作用好　　　　　　　　D. 成本低

四、简答题

1. 什么是工件材料的切削加工性？如何衡量工件材料的切削加工性？

2. 简述影响工件材料切削加工性的因素及其影响规律。

3. 简述改善常见难加工材料切削加工性的途径。

4. 简述前角和后角的作用及选择原则。

5. 简述主偏角和副偏角的作用及选择原则。

6. 简述刃倾角的作用及其选择原则。

7. 如何合理选用切削用量三要素？选择顺序是怎样的？

8. 加工灰铸铁和碳钢时，如何合理选择刀具的几何参数？

9. 常用的切削液有哪些？如何在加工时合理选用切削液？

五、计算题

在 CA6140 卧式车床上加工热轧 45 钢棒料，工件材料 σ_b＝0.637GP，毛坯直径 ϕ50mm，装夹在卡盘和顶尖中，装夹长度为 350mm，加工刀具为 YT15 外圆车刀，刀杆尺寸 16mm×25mm，刀尖圆弧半径为 γ_ε＝1mm。加工要求：车外圆至 ϕ44mm，表面粗糙度为 5～2.5μm，加工长度 l＝300mm。试求粗车、半精车削外圆的切削用量。

第5章

金属切削机床的基本知识

● 知识目标

机床的分类方法和型号编制。
工件表面的形成方法和机床的运动。
机床的传动联系和传动原理图。
机床的传动系统图及其计算。

● 能力目标

机床类别和型号的识读能力。
零件表面成形的理解能力。
机床传动原理图的理解能力。
机床传动系统图的计算能力。

金属切削机床是用金属切削的方法将金属毛坯加工成机器零件的机器。因为它是制造机器的机器，所以又称为工具机或工作母机，通常简称为机床。

5.1 机床的分类和型号编制

(1) 机床的分类

机床的分类方法很多，最基本的是按照机床的加工方法和所用刀具及其用途进行分类。

① 按加工方法和所用刀具及其用途分类 根据国家制订的机床型号编制方法（GB/T 15375—2008），将机床分为11大类：车床、钻床、镗床、磨床、齿轮加工机床、螺纹加工机床、铣床、刨插床、拉床、锯床和其它机床。在每一类机床中，又按工艺特点、布局型式和结构特性分为若干组，每一组又分为若干系列。

② 按机床的万能程度分类 分为通用机床、专门化机床和专业机床三类。如卧式车床、升降台铣床、摇臂钻床、外圆磨床等属于通用机床；丝杠车床、凸轮轴车床属于专门化机床；加工机床主轴箱体孔的镗床和加工导轨的导轨磨床等属于专用机床。

③ 按机床的重量和尺寸分类 分为仪表机床、中型机床（一般机床）、大型机床（10～

30t)、重型机床（30～100t）和超重型机床（大于100t）。

④ 按加工精度分类　分为普通精度机床、精密级机床和高精度级机床。

⑤ 按自动化程度分类　分为手动、机动、半自动和自动机床。

⑥ 按机床主要工作部件的数目分类　分为单轴、多轴、单刀和多刀机床等。

随着机床的发展，其分类方法也在不断发展。如镗铣加工中心集中了镗、铣和钻多种机床的功能，某些加工中心的主轴集中了立式和卧式加工中心的功能等。

（2）机床的型号编制

金属切削机床的型号是根据 GB/T 15375—2008《金属切削机床型号编制方法》编制的。国标规定，机床的型号由汉语拼音字母和数字按一定规律组合而成，它适用于新设计的各类通用及专用金属切削机床、自动线，不包括组合机床和特种加工机床。

① 通用机床型号　通用机床的型号由基本部分和辅助部分组成，中间用"/"（读作"之"）隔开。前者需统一管理，后者纳入型号与否由企业自定。型号构成如下：

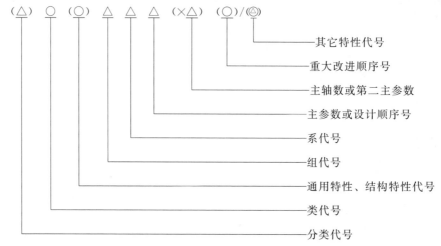

注：1. 有"（　）"的代号或数字，当无内容时，则不表示。若有内容则不带括号。

　　2. 有"○"符号的，为大写的汉语拼音字母。

　　3. 有"△"符号的，为阿拉伯数字。

　　4. 有"◎"符号的，为大写的汉语拼音字母，或阿拉伯数字，或两者兼有之。

a. 机床的类别代号　机床的类别代号用大写的汉语拼音字母表示，按其相对应的汉字字意读音。例如，铣床类别代号为"X"，读作"铣"。必要时，每一类又可分为若干分类，分类代号用数字表示，放在类代号之前，第一分类不予表示。如磨床类又分为 M、2M、3M 三个分类。机床的分类和代号如表 5-1 所示。

表 5-1　机床的分类和代号

类别	车床	钻床	镗床	磨床			齿轮加工机床	螺纹加工机床	铣床	刨插床	拉床	锯床	其它机床
代号	C	Z	T	M	2M	3M	Y	S	X	B	L	G	Q
读音	车	钻	镗	磨	二磨	三磨	牙	丝	铣	刨	拉	割	其

b. 机床的特性代号　当某种类型机床除有普通型外，还有如表 5-2 所示的某种通用特

性时，则在类代号之后加上相应的通用特性代号。如"CK"表示数控车床；如果同时具有两种通用特性时，则可按重要程度排列，用两个代号表示，如"MBG"表示半自动高精度磨床。通用特性代号位于类代号之后，用大写汉语拼音字母表示。

对于主参数相同，而结构和性能不同的机床，在型号中用结构特性区分。结构特性代号在型号中无统一含义，它只是在同类型机床中起区分结构、性能不同的作用。当机床具有通用特性代号时，结构特性代号位于通用特性代号之后，用大写汉语拼音字母表示。如"CA6140"中的"A"和"CY6140"中的"Y"，均为结构特性代号，可理解为在结构上有别于"C6140"。为了避免混淆，通用特性代号已用的字母和"I""O"都不能作为结构特性代号使用。当单个字母不够用时，可将两个字母组合起来使用，如 AD、AE 等，或 DA、EA 等。

表 5-2　机床的通用特性代号

通用特性	高精度	精密	自动	半自动	数控	加工中心（自动换刀）	仿形	轻型	加重型	柔性加工单元	数显	高速
代号	G	M	Z	B	K	H	F	Q	C	R	X	S
读音	高	密	自	半	控	换	仿	轻	重	柔	显	速

c. 机床的组、系代号　机床的组、系代号用两位阿拉伯数字表示，前一位表示组别，后一位表示系别。每类机床按其结构性能及使用范围分为 10 组，在同一组机床中，又按主参数相同、主要结构及布局型式相同分为 10 个系，分别用数字 0～9 表示。同一类机床中，主要布局或使用范围基本相同的机床即为同一组；同一组机床中，其主参数相同、主要结构及布局型式相同的机床即为同一系。机床的组用一位阿拉伯数字表示，位于类代号或通用特性代号、结构特性代号之后；机床的系用一位阿拉伯数字表示，位于组代号之后。机床的组、系代号见附录Ⅰ。

d. 机床主参数、设计顺序号和第二主参数　机床主参数是表示机床规格大小的一种尺寸参数，在机床型号中，用阿拉伯数字给出主参数的折算值，位于系代号之后。当折算值大于 1 时取整数，前面不加"0"；当折算值小于 1 时则取小数点后第一位数，并在前面加"0"。某些通用机床当无法用一个主参数表示时，则在型号中用设计顺序号表示。设计顺序号由 1 起始，当设计顺序号小于 10 时，由 01 开始编号。

折算系数一般是 1/10 或 1/100，也有少数是 1。例如，CA6140 型卧式机床中主参数的折算值为 40（折算系数是 1/10），其主参数表示在床身导轨面上能车削工件的最大回转直径为 400mm。某些通用机床，当无法用一个主参数表示时，则用设计顺序号来表示。第二主参数是对主参数的补充，如最大工件长度、最大跨距、工作台工作面长度等，第二主参数一般不予给出。常用机床的主参数及折算系数见表 5-3。

表 5-3　各类主要机床的主参数及折算系数

机床	主参数名称	折算系数
卧式车床	床身上最大回转直径	1/10
立式车床	最大车削直径	1/100
摇臂钻床	最大钻孔直径	1/1
卧式镗床	镗轴直径	1/10
坐标镗床	工作台面宽度	1/10
外圆磨床	最大磨削直径	1/10
内圆磨床	最大磨削孔径	1/10
矩台平面磨床	工作台面宽度	1/10

续表

机床	主参数名称	折算系数
齿轮加工机床	最大工件直径	1/10
龙门铣床	工作台面宽度	1/100
升降台铣床	工作台面宽度	1/10
龙门刨床	最大刨削宽度	1/100
插床及牛头刨床	最大插削及刨削长度	1/10
拉床	额定拉力(t)	1/1

　　e. 机床的重大改进顺序号　当机床的性能及结构有重大改进，并按新产品重新设计、试制和鉴定时，在原机床型号尾部加重大改进顺序号，按汉语拼音字母 A、B、C……的顺序选用（但"I""O"两个字母不得选用），以区别原机床型号。

　　重大改进设计不同于完全的新设计，它是在原有机床的基础上进行改进设计，因此，重大改进设计后的产品与原型号的产品，是一种取代关系。凡属局部的小改进，或增减某些附件、测量装置及改变装夹工件的方法等，因对原机床的结构、性能没有作重大的改变，故不属于重大改进，其型号不变。

　　f. 其它特性代号　其它特性代号用以反映各类机床的特性，如对数控机床，可用来反映不同的数控系统；对于加工中心，可用以反映控制系统、联动轴数、自动交换主轴头、自动交换工作台等；对于柔性加工单元，可用以反映自动交换主轴箱；对一机多能机床，可用以补充表示某些功能；对于一般机床可用以反映同一型号机床的变型等。

　　其它特性代号可用汉语拼音字母（"I""O"字母除外）表示，如 L 表示联动轴数，F 表示复合，当单个字母不够用时，可将两个字母组合起来使用，如 AB、AC、AD 或 BA、CA、DA 等。

　　其它特性代号也可用阿拉伯数字或字母和数字二者的组合来表示。

　　【案例 5-1】　通用机床型号示例

　　通用机床的型号编制举例：

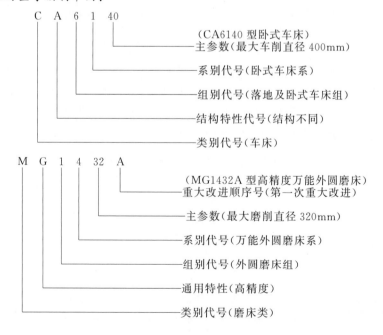

② 专用机床的型号　专用机床的型号一般由设计单位代号和设计顺序号组成。型号构成如下：

设计单位代号包括机床生产厂和机床研究单位代号，位于型号之首。

专用机床的设计顺序号，按该单位的设计顺序号排列，由 001 起始位于设计单位之后，并用"-"隔开。

【案例 5-2】　专用机床的型号示例

示例 1：某单位设计制造的第 1 种专用机床为专用车床，其型号为：×××-001。

示例 2：某单位设计制造的第 15 种专用机床为专用磨床，其型号为：×××-015。

示例 3：某单位设计制造的第 100 种专用机床为专用铣床，其型号为：×××-100。

③ 机床自动线的型号　由通用机床或专用机床组成的机床自动线，其代号为"ZX"，读作"自线"，位于设计单位之后，并用"-"隔开 。

机床自动线设计顺序号的排列与专用机床的设计顺序号相同，位于机床自动线代号之后。机床自动线的型号表示方法如下：

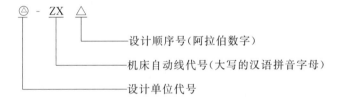

【案例 5-3】　机床自动线示例

某单位以通用机床或专用机床为某厂设计的第一条机床自动线，其型号为：×××-ZX001

5.2　零件表面的成形方法

(1) 零件表面的形状

机床在切削加工过程中，利用刀具和工件按一定规律作相对运动，通过刀具切除毛坯上多余的金属，从而得到所要求的零件表面形状。图 5-1 为机器零件上常见的各种表面。

机械零件的任何表面都可以看作是一条线（称为母线）沿另一条线（称为导线）运动的轨迹。如图 5-2 所示，平面是由一条直线（母线）沿另一条直线（导线）运动而形成的；圆柱面和圆锥面是由一条直线（母线）沿着一个圆（导线）运动而形成的；普通螺纹的螺旋面是由"∧"形线（母线）沿螺旋线（导线）运动而形成的；直齿圆柱齿轮的渐开线齿廓表面是渐开线（母线）沿直线（导线）运动而形成的等。

母线和导线统称为发生线，切削加工中发生线是由刀具的切削刃与工件间的相对运动得到的。一般情况下，由切削刃本身或与工件相对运动配合形成一条发生线（一般是母线），而另一条发生线则完全是由刀具和工件之间的相对运动得到的。这里，刀具和工件之间的相对运动都是由机床来提供。

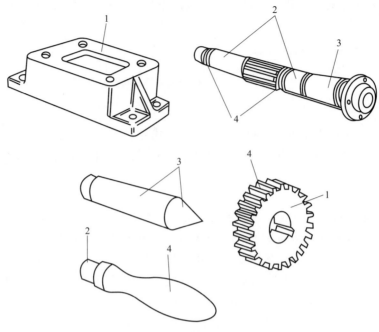

图 5-1　机械零件的常见表面

1—平面；2—圆柱面；3—圆锥面；4—成形表面

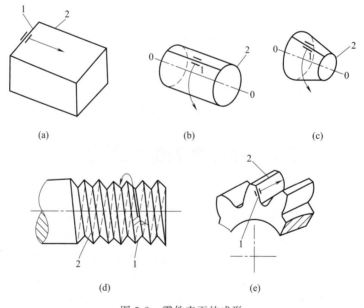

(a)　　　　　　(b)　　　　　　(c)

(d)　　　　　　(e)

图 5-2　零件表面的成形

1—母线；2—导线

（2）零件表面成形方法

① 轨迹法　它是利用刀具作一定规律的轨迹运动对工件进行加工的方法。切削刃与被加工表面为点接触，发生线为接触点的轨迹线。图 5-3（a）中母线 A_1（直线）和导线 A_2，曲线均由刨刀的轨迹运动形成。采用轨迹法形成发生线需要一个独立的成形运动。

② 成形法　它是利用成形刀具对工件进行加工的方法。切削刃的形状和长度与所需形

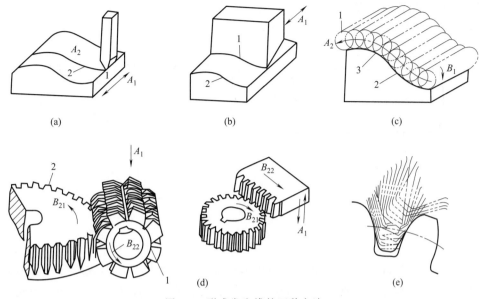

图 5-3 形成发生线的四种方法

成的发生线（母线）完全重合。图 5-3（b）中，曲线形母线由成形刨刀的切削刃直接形成，直线形的导线则由轨迹法形成。

③ 相切法 它是利用刀具边旋转边作轨迹运动对工件进行加工的方法。图 5-3（c）中，采用铣刀、砂轮等旋转刀具加工时，在垂直于刀具旋转轴线的截面内，切削刃可看作是点，当切削点绕着刀具轴线作旋转运动 B_1，同时刀具轴线沿着发生线的等距线作轨迹运动 A_2 时，切削点运动轨迹的包络线，便是所需的发生线。为了用相切法得到发生线，需要两个独立的成形运动，即刀具的旋转运动和刀具中心按一定规律运动。

④ 展成法 它是利用工件和刀具作展成切削运动进行加工的方法。切削加工时，刀具与工件按确定的运动关系作相对运动（展成运动或称范成运动），切削刃与被加工表面相切（点接触），切削刃各瞬时位置的包络线，便是所需的发生线。例如，图 5-3（d）中，用齿条形插齿刀加工圆柱齿轮，刀具沿箭头 A_1 方向所作的直线运动，形成直线形母线（轨迹法），而工件的旋转运动 B_{21} 和直线运动 A_{22}，使刀具能不断地对工件进行切削，其切削刃的一系列瞬时位置的包络线，便是所需要的渐开线形导线，如图 5-3（e）所示。用展成法形成发生线需要一个独立的复合成形运动即展成运动。

5.3 机床的运动

(1) 表面成形运动

表面成形运动是刀具和工件为形成发生线而作的相对运动。在机床上，就其性质而言，有直线运动和旋转运动两种，通常用符号 A 表示直线运动，用符号 B 表示旋转运动。

表面成形运动按组成情况不同，可分为简单成形运动和复合成形运动。如果一个独立的成形运动，是由独立的旋转运动或直线运动构成的，则此成形运动称为简单成形运动；如果一个独立的成形运动，是由两个或两个以上旋转运动或直线运动，按照某种确定的运动关系组合而成，则称此成形运动为复合成形运动。

图 5-4（a）是普通车刀车削外圆时的成形运动。工件的旋转运动 B_1 形成母线，刀具的直线运动 A_1 形成导线，它们是两个独立的成形运动。

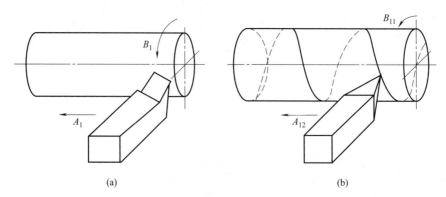

图 5-4 表面成形运动分析

图 5-4（b）是螺纹车刀车削螺纹时的成形运动。车削螺纹时，形成螺旋线所需的是刀具和工件之间的相对运动。通常将其分解为工件的等速旋转运动 B_{11} 和刀具的等速直线移动 A_{12}。B_{11} 和 A_{12} 不能彼此独立，它们之间必须保持严格的运动关系，即工件每转一转时，刀具就均匀地移动一个螺旋线导程。表面成形运动的总数为 1 个（$B_{11}A_{12}$），是复合成形运动。复合运动标注符号的下标含义为：第一位数字表示成形运动的序号（第一个、第二个……成形运动）；第二位数字表示构成同一个复合运动的单独运动的序号。

图 5-5（a）是齿轮滚刀加工直齿圆柱齿轮时的成形运动。母线为渐开线，由展成法形成，需要一个复合成形运动，可分解为滚刀旋转 B_{11} 和工件旋转 B_{12}。B_{11} 和 B_{12} 之间必须保持严格的相对运动关系。导线为直线，由相切法形成，需要两个简单的成形运动，滚刀旋转和滚刀沿工件的轴向移动 A_2。表面成形运动的总数为 2 个，即 1 个复合成形运动 $B_{11}B_{12}$ 和 1 个简单的成形运动 A_2。

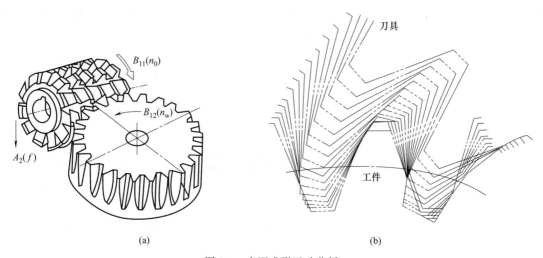

图 5-5 表面成形运动分析

滚刀与齿坯按啮合传动关系作相对运动，在齿坯上切出齿槽，形成了渐开线齿面，如图 5-5（a）所示。在滚切过程中，分布在螺旋线上的滚刀各刀齿相继切出齿槽中一薄层金属，每个齿槽在滚刀旋转中由几个刀齿依次切出，渐开线齿廓则由切削刃一系列瞬时位置包络而成，如图 5-5（b）所示。因此，滚齿加工齿面的成形方法是展成法，成形运动是由滚刀的旋转运动和工件的旋转运动组成的复合运动（$B_{11}B_{12}$），这个复合运动称为展成运动。

(2) 辅助运动

机床的运动除表面成形运动外，还需要一些辅助运动，以实现机床的各种辅助动作，完成零件的切削加工。机床的辅助运动主要有：空行程运动、切入运动、分度运动、操纵及控制运动、校正运动等。

5.4 机床的传动联系和传动原理图

(1) 机床的传动联系

为了实现加工过程中的各种运动，机床必须具有执行件、动力源和传动装置三个基本部分。

执行件是机床上最终实现所需运动的部件。如主轴、刀架及工作台等，其主要任务是带动工件或刀具完成相应的运动并保持准确的运动轨迹。

动力源是为执行件提供运动和动力的装置。如交流异步电动机、直流或交流调速电动机或伺服电动机。

传动装置是传递运动和动力的装置。通过传动装置可以把动力和运动传递给执行件，也可以把有关的执行件联系起来，使执行件之间保持某种确定的相对运动关系。

为得到所需的运动，通常把动力源和执行件或把执行件和执行件联系起来，构成传动联系。

构成传动联系的一系列按顺序排列的传动件称为传动链。传动链分为外联系传动链和内联系传动链两种。

① 外联系传动链　动力源和执行件之间的传动联系称为外联系传动链。外联系传动链的作用是使执行件按预定的速度运动，并传递一定的动力。外联系传动链传动比的变化只影响执行件的速度，不影响发生线的性质，所以，外联系传动链不要求动力源和执行件之间保持严格的比例关系。在车床上用轨迹法车削外圆柱面属于外联系传动链。

② 内联系传动链　执行件和执行件之间的传动联系称为内联系传动链。内联系传动链的作用是将两个或两个以上的独立运动组成复合成形运动，它决定着复合成形运动的轨迹，影响发生线的形状。所以，内联系传动链要求执行件和执行件之间保持严格的比例关系。在车床上用螺纹车刀车削螺纹时，要求主轴每转一转，车刀必须移动一个导程，属于内联系传动链。

(2) 机床的传动原理图

在传动链中，通常包含两类传动机构，一类是定比传动机构，如定比齿轮副、蜗杆副、丝杠副等，其传动比大小和传动方向不变；另一类是换置机构，如滑移齿轮机构、挂轮机构和离合器换向机构等，它可以根据加工要求改变传动比大小和传动方向。

为便于研究机床的传动联系，通常采用简明符号把传动原理和传动路线表示出来，这就是传动原理图。传动原理图仅表示形成某一表面所需的成形运动和与表面成形运动有直接关系的运动及其传动联系。图 5-6 为常用的传动元件符号。

图 5-7 为卧式车床的传动原理图。图中的外联系传动链为 $n_{电机}$-1-2-u_v-3-4-$n_{主轴}$，u_v 为主轴变速和换向的换置机构；内联系传动链为 $n_{主轴}$-4-5-u_f-6-7-丝杠-刀具，调整 u_f 可以得

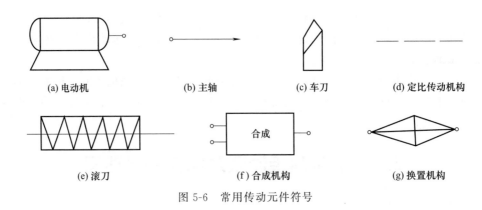

(a) 电动机　　　(b) 主轴　　　(c) 车刀　　　(d) 定比传动机构

(e) 滚刀　　　　(f) 合成机构　　　(g) 换置机构

图 5-6　常用传动元件符号

到不同的螺纹导程。

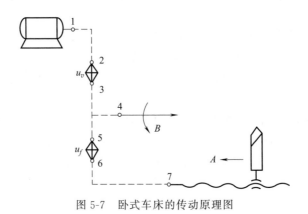

图 5-7　卧式车床的传动原理图

5.5　机床的传动系统

(1) 机床的传动系统图

机床的传动系统图是表示机床全部运动传动关系的示意图，它比传动原理图更准确、更清楚、更全面地反映了机床的传动关系。在图中用简单的规定符号代表各种传动元件（GB/T 4460—2013）。机床的传动系统画在一个能反映机床外形和各主要部件相互位置的投影面上，并尽可能绘制在机床外形的轮廓线内。图中的各传动元件是按照运动传递的先后顺序，以展开图的形式画出来的。该图只表示传动关系，并不代表各传动元件的实际尺寸和空间位置。在图中通常注明齿轮及蜗轮的齿数、带轮直径、丝杠的导程和头数、电动机功率和转速、传动轴的编号等。传动轴的编号，通常从动力源开始，按运动传递顺序，依次用罗马数字 Ⅰ、Ⅱ、Ⅲ、Ⅳ……表示。图 5-8 为中型卧式车床主传动系统图和转速图。

(2) 机床转速图

机床转速图用来表达传动系统中各轴的转速变化规律及传动副的速比关系。图 5-8 （b）所示为车床主传动系统转速图，主轴转速共 12 级：31.5，45，63，90，125，180，250，355，500，710，1000，1400。公比 $\varphi = 1.41$，转速级数 $z = 12$。

距离相等的一组竖线代表各轴，轴号写在竖线上面，从左往右依次标注电动机、Ⅰ、Ⅱ、Ⅲ、Ⅳ轴。

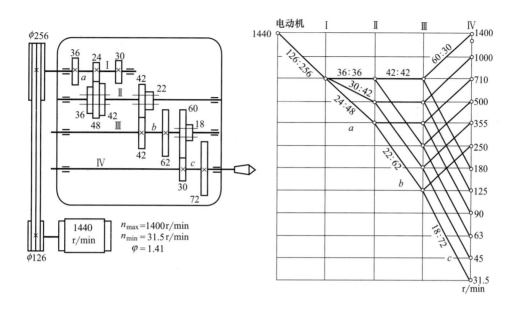

(a) 传动系统图   (b) 转速图

图 5-8　卧式车床的传动系统图和转速图

距离相等的一组横线代表各级转速，相交点代表各轴的转速。由于分级变速机构的转速一般按等比数列排列，所以转速采取对数坐标，相邻横线之间的距离为 $\lg\varphi$，φ 为公比。

各轴之间的连线的倾斜方式表示传动副的传动比，向上倾斜表示升速传动，向下倾斜表示降速传动，水平表示等速传动。

倾斜的格数代表公比的指数。例如，轴Ⅰ和轴Ⅱ间的传动比 $24/48=1/2=\varphi^{-2}$，表现在转速图上为降两格；轴Ⅰ和轴Ⅱ间的传动比 $30/42=1/1.41=\varphi^{-1}$，表现在转速图上为降一格；轴Ⅲ和轴Ⅳ间的传动比 $60/30=2/1=\varphi^{2}$，表现在转速图上为升两格。

（3）机床的传动分析

机床传动分析步骤如下：

确定传动链两端元件，找出传动链的始端元件和末端元件。

根据两端元件的相对运动要求确定计算位移。

列出传动路线表达式。

列出运动平衡方程式。

【案例 5-4】　机床的传动系统分析与计算

根据图 5-8（a）所示的传动系统图，回答以下问题：

① 列出传动路线表达式；

② 计算主轴转速的级数；

③ 计算主轴转速的最大和最小速度。

【解】　①传动路线如下：

$$n_{电机} - \frac{\phi126}{\phi256} - Ⅰ - \begin{bmatrix} 36/36 \\ 24/48 \\ 30/42 \end{bmatrix} - Ⅱ - \begin{bmatrix} 42/42 \\ 22/62 \end{bmatrix} - Ⅲ - \begin{bmatrix} 60/30 \\ 18/72 \end{bmatrix} - Ⅳ \ (n_{主轴})$$

② 主轴转速的级数为：$3 \times 2 \times 2 = 12$ 级，通过电动机实现主轴的正反转。

③ 主轴的最大和最小转速分别为（不考虑效率损失）：

$$n_{max}=1440\times\frac{\phi126}{\phi256}\times\frac{36}{36}\times\frac{42}{42}\times\frac{60}{30}=1417.5\ (r/min)$$

$$n_{min}=1440\times\frac{\phi126}{\phi256}\times\frac{24}{48}\times\frac{22}{62}\times\frac{18}{72}=31.4\ (r/min)$$

【案例5-5】 计算车螺纹时挂轮的齿数

图5-9所示为车螺纹的进给传动链，试确定挂轮的齿数。

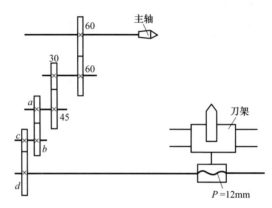

图5-9　螺纹进给传动链

【解】　根据螺纹进给传动链列出工件导程 P 和主轴之间的运动平衡方程式：

$$P_{工件}=1\times\frac{60}{60}\times\frac{30}{45}\times\frac{a}{b}\times\frac{c}{d}\times12(丝杆导程)$$

整理后，可得 $\frac{a}{b}\times\frac{c}{d}=\frac{P_{工件}}{8}$，将要车削的工件导程代入式中，可以计算挂轮机构的传动比以及各齿轮的齿数。若取 $P=9$，可得各配换齿轮的齿数为：

$$\frac{a}{b}\times\frac{c}{d}=\frac{P_{工件}}{8}=\frac{9}{8}=\frac{45}{30}\times\frac{60}{80}$$

则配换齿轮的齿数分别为 $a=45$，$b=30$，$c=60$，$d=80$。

实训练习题

一、填空题

1. 机床型号CM6132中字母C表示_____，字母M表示_____，主参数32的意思是指_____。

2. 机床型号Z3040中Z表示_____，30表示_____，主参数40的意思是指_____。

3. 机床型号M1432中，"M"的含义是_____，"1"的含义是_____，"32"的含义是_____。

4. 零件表面发生线的四种形成方法是：_____、_____、_____和_____。

5. 为实现切削运动，机床必须具有_____、_____和_____三个基本部分。

6. 机床的传动链包括_____和_____两种，其中_____要求执行件之间必须保持严格的比例关系。

7. 机床中最为常见的两种变速机构为 _____ 和 _____。

二、判断题

1. 机床按照加工方式及其用途不同共分为十二大类。（　　　）

2. CA6140 中的 40 表示床身最大回转直径为 400mm。（　　　）

3. CA6140 型机床是最大工件回转直径为 140mm 的卧式车床。（　　　）

4. C6140B 表示第二次改进的床身上最大工件回转直径为 400mm 的卧式车床。（　　　）

5. X6132 立式升降台铣床的工作台面宽度为 320mm。（　　　）

6. CA6140 车床加工螺纹时，应严格保证主轴旋转一转，刀具移动一个螺旋线导程。（　　　）

7. 自动机床只能用于大批大量生产，普通机床只能用于单件小批量生产。（　　　）

8. 组合机床是由多数通用部件和少数专用部件组成的高效专用机床。（　　　）

9. C1312 自动车床适用于大批量生产。（　　　）

10. 主轴转速图能表达传动路线、传动比、传动件布置的位置以及主轴变速范围。（　　　）

三、单项选择题

1. 根据我国机床型号编制方法，最大磨削直径为 320mm，经过第一次重大改进的高精度万能外圆磨床的型号为（　　　）。

A. MG1432A　　　　B. M1432A　　　　C. MG1432　　　　D. MA14321

2. 下列描述正确的是（　　　）。

A. 为实现一个复合运动，必须有多个外联系传动链和多条内联系传动链

B. 为实现一个复合运动，必须有一个外联系传动链和一条或几条内联系传动链

C. 为实现一个复合运动，必须有多个外联系传动链和一条内联系传动链

D. 为实现一个复合运动，只需多个内联系传动链，不需外联系传动链

3. CM1632 型号中的 M 表示（　　　）。

A. 磨床　　　　　　B. 精密　　　　　　C. 机床类别的代号

4. C6140A 车床表示床身上最大工件回转直径为（　　　）mm 的卧式车床。

A. 140　　　　　　B. 400　　　　　　C. 200

5. 下列哪种机床属于专门化机床（　　　）。

A. 卧式车床　　　　B. 凸轮轴车床　　　　C. 万能外圆磨床　　　D. 摇臂钻床

6. 下列对 CM7132 描述正确的是（　　　）。

A. 卧式精密车床，刀架上最大切削直径为 320mm

B. 落地精密车床，刀架上最大切削直径为 320mm

C. 仿形精密车床，刀架上最大切削直径为 320mm

D. 卡盘精密车床，刀架上最大切削直径为 320mm

7. 按照机床在使用中的通用程度分类，CA6140 属于（　　　）。

A. 专门化机床　　　B. 通用机床　　　　C. 专用机床

8. 普通车床主参数代号是用（　　　）折算值表示的。

A. 机床的重量　　　B. 工件的重量　　　C. 加工工件的最大回转直径

四、简答题

1. 解释机床型号的含义：CK7520、CG6125B、X6132、XK5040、Z3040、Y3150E。

2. 常见的工件表面成形方法有哪些？简要说明其原理。

3. 什么是简单运动？什么是复合运动？其本质区别是什么？试举例说明。

4. 什么是内联系传动链和外联系传动链？其本质区别是什么？对这两种传动链有何不同要

求？试举例说明。

5. 什么是传动原理图和传动系统图？各有何作用？

6. 简述机床的转速图及其意义。

7. 机床有哪些基本组成部分？试分析其主要功用。

五、计算题

1. 如图所示为某机床的传动系统图，根据该图回答以下问题：

（1）列出传动路线表达式；

（2）分析主轴的转速级数；

（3）计算主轴的最高和最低转速。

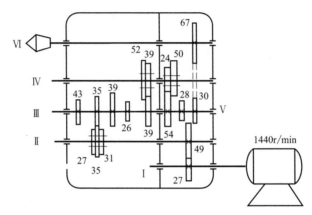

2. 如图所示为某机床的传动系统图，根据该图回答以下问题：

（1）列出传动路线表达式；

（2）分析主轴的转速级数；

（3）计算主轴的最高和最低转速。

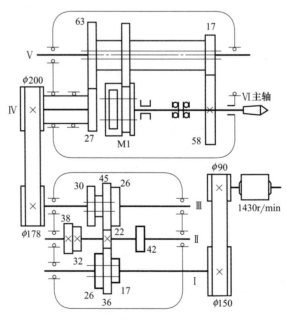

3. 如图所示为某机床的传动系统图，根据该图回答以下问题：

（1）列出传动路线表达式；

（2）分析主轴的转速级数；

（3）计算主轴的最高和最低转速。

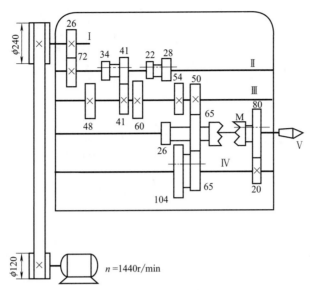

4. 根据下图提供的传动系统，加工 $L=6\text{mm}$ 的螺纹，试分配挂轮 a、b、c、d 的齿数（挂轮齿数应为 5 的倍数）。

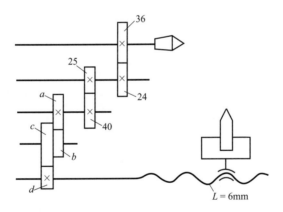

5. 列式计算下面传动系统图中齿条移动速度（mm/min），已知皮带滑动系数为 0.98。

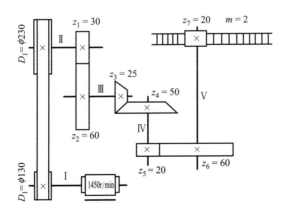

6. 根据下列传动系统表达式，说明主轴具有几种转速，并算出最高和最低转速。

① 电动机 $(n=1450\text{r/min}) - \text{I} - \dfrac{26}{54} - \text{II} - \left\{\begin{array}{c}\dfrac{22}{33}\\[4pt]\dfrac{19}{36}\\[4pt]\dfrac{16}{39}\end{array}\right\} - \text{III} - \left\{\begin{array}{c}\dfrac{38}{26}\\[4pt]\dfrac{28}{37}\end{array}\right\} - 主轴 \text{IV}$

② 电动机 $(n=1450\text{r/min}) - \dfrac{\phi130}{\phi230} - \text{I} - \left\{\begin{array}{c}\text{M} - \left\{\begin{array}{c}\dfrac{56}{38}\\[4pt]\dfrac{51}{43}\end{array}\right\} - \left\{\begin{array}{c}\dfrac{22}{58}\\[4pt]\dfrac{30}{50}\end{array}\right\}\\[20pt]\text{M}' - \dfrac{50}{34}\times\dfrac{34}{40}\end{array}\right\} - 主轴 \text{II}$

第6章

车削加工

6.1 CA6140 卧式车床概述

(1) CA6140 卧式车床的工艺范围

CA6140 型卧床工艺范围很广，它适用于加工各种轴类、套筒类和盘类零件上回转表面，如车削内外圆柱面、圆锥面、环槽及成形回转面；车削端面及各种常用螺纹；还可以进行钻孔、扩孔、铰孔、滚花、攻螺纹和套螺纹等，图 6-1 为 CA6140 卧式车床的工艺范围。CA6140 卧式车床万能性较大，但结构复杂、自动化程度低，加工形状复杂的工件时，加工过程中辅助时间较长，生产率低，适用于单件小批量生产。

(2) CA6140 卧式车床的主要部件及功用（图 6-2）

主轴箱：主轴箱 1 固定在床身 6 的左端，内部装有主轴和传动轴，变速、换向和润滑等机构。电动机经变速机构带动主轴旋转，实现主运动，并获得需要的转速及转向。主轴前端可安装三爪卡盘 2、四爪卡盘等附件，用以装夹工件。

进给箱：进给箱 11 固定在床身 6 的左前侧面，进给箱 11 内装有进给运动的变速机构。进给箱的功用是改变被加工螺纹的导程或机床的进给量。

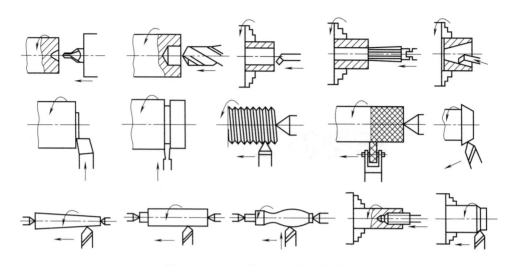

图 6-1 CA6140 卧式车床的工艺范围

溜板箱：溜板箱 9 固定在床鞍的底部，其功用是将进给箱通过光杠 7 或丝杠 8 传来的运动传递给刀架 3，使刀架 3 进行纵向进给、横向进给或车螺纹运动。另外，通过操纵溜板箱上的手柄和按钮，可启动装在溜板箱中的快速电动机，实现刀架 3 的纵、横向快速移动。

床鞍：床鞍位于床身 6 的上部，并可沿床身 6 上的导轨作纵向移动，其上装有中溜板、回转盘、小溜板和刀架 3，可使刀具作纵、横向或斜向进给运动。

尾座：尾座 5 安装于床身的尾座导轨上，可沿导轨作纵向调整移动，然后固定在需要的位置，以适应不同长度的工件。尾座上的套筒可安装顶尖 4 以及各种孔加工刀具，用来支承工件或对工件进行孔加工，摇动手轮使套筒移动可实现刀具的纵向进给。

床身：床身 6 固定在床腿上。床身是车床的基本支承件，车床的各主要部件均安装于床身上，它保证了各部件间具有准确的相对位置，并且承受了切削力和各部件的重量。

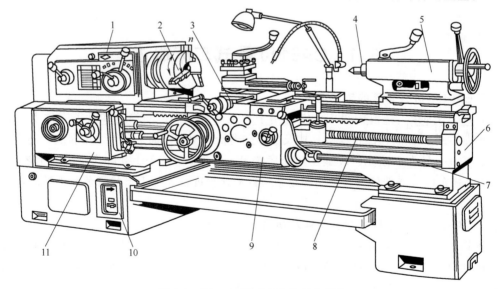

图 6-2 CA6140 卧式车床的组成部分

1—主轴箱；2—卡盘；3—刀架；4—后顶尖；5—尾座；6—床身；

7—光杠；8—丝杠；9—溜板箱；10—底座；11—进给箱

(3) CA6140 卧式车床的技术参数（表 6-1）

表 6-1 CA6140 卧式车床的技术参数

名　　称		技 术 参 数
工件最大直径/mm	床身上	400
	工件上	210
顶尖间最大距离/mm		650、900、1400、1900
加工螺纹范围	公制螺纹/mm	1～12(20 种)
	英制螺纹(tpi)	2～24(20 种)
	模数螺纹/mm	0.25～3(11 种)
	径节螺纹(DP)	7～96(24 种)
主轴	通孔直径/mm	48
	孔锥度	莫氏 6#
	正转转速级数	24
	正转转速范围/(r/min)	10～1400
	反转转速级数	12
	反转转速范围/(r/min)	14～1580

6.2 CA6140 卧式车床的传动系统

为了完成工件所需表面的加工，车床的传动系统必须具备以下传动链：实现主轴旋转的主运动传动链；实现纵向和横向进给运动的进给传动链；实现螺纹进给运动的螺纹进给传动链；实现快速空行程运动的快速移动传动链。图 6-3 为 CA6140 卧式车床的传动系统图。

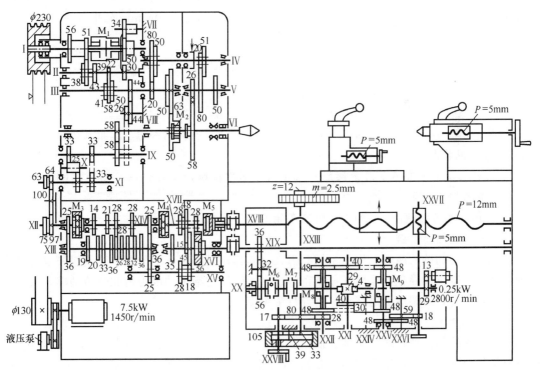

图 6-3 CA6140 卧式车床的传动系统

(1) 主运动传动链

① 主运动传动路线　主运动传动链的两端元件是主电动机和主轴，它的功用是把动力源的运动或动力传递给主轴，使主轴带动工件旋转实现主运动。电动机的旋转运动经 V 带传动传到主轴箱的 I 轴；通过 I 轴上的双向多片摩擦离合器 M_1 实现主轴的正、反转或停止。主运动传动链的传动路线为：

$$n_{\text{电动机}} - \frac{\phi 130}{\phi 230} \left\{ \begin{array}{l} M_{1左} - \left[\begin{array}{c} \frac{56}{38} \\ \frac{51}{43} \end{array} \right] \\ M_{1右} - \frac{50}{34} - \text{VII} - \frac{34}{30} \end{array} \right\} - \text{II} - \left[\begin{array}{c} \frac{39}{41} \\ \frac{22}{58} \\ \frac{30}{50} \end{array} \right] - \text{III} - \left\{ \begin{array}{l} \left[\begin{array}{c} \frac{20}{80} \\ \frac{50}{50} \end{array} \right] - \text{IV} - \left[\begin{array}{c} \frac{20}{80} \\ \frac{51}{50} \end{array} \right] - \text{V} - \frac{26}{58} - M_2 \\ 63/50 \end{array} \right\} - \text{VI}$$

【案例 6-1】　根据 CA6140 的主运动传动链，回答以下问题：

① 计算该传动链主轴的转速级数。

② 指出其高速传动路线和低速传动路线。

③ 计算主传动链的最高转速和最低转速。

④ 指出摩擦离合器 M_1、齿式离合器 M_2 和齿轮 34 的作用。

⑤ 为什么反转的转速要高于正转转速？

【解】　① CA6140 主轴的转速级数共 36 级，其中正转 24 级，反转 12 级。

② 高速传动路线：主轴上的滑移齿轮 50 左移，与轴 III 上的齿轮 63 啮合，轴 III 的运动经齿轮副 63/50 直接传给主轴，得到 $450 \sim 1400 \text{r/min}$ 的高转速。

低速传动路线：主轴上的滑移齿轮 50 右移，与主轴上齿式离合器 M_2 啮合，轴 III 的运动经双联滑移齿轮副 20/80 和 50/50 传给轴 IV，再经双联齿轮副 20/80 和 51/50 传给轴 V，最后通过齿轮副 26/58 和齿式离合器 M_2 传给主轴，获得 $10 \sim 500 \text{r/min}$ 的中低转速。

③ 主轴的最高和最低转速为：

$$n_{\max} = 1450 \times \frac{\phi 130}{\phi 230} \times \frac{50}{34} \times \frac{34}{30} \times \frac{39}{41} \times \frac{63}{50} \times 0.95 \approx 1555 \ (\text{r/min})$$

$$n_{\min} = 1450 \times \frac{\phi 130}{\phi 230} \times \frac{51}{43} \times \frac{22}{58} \times \frac{20}{80} \times \frac{20}{80} \times \frac{26}{58} \times 0.95 \approx 10 \ (\text{r/min})$$

④ 摩擦离合器 M_1 用来实现主轴的正、反转和停止；齿式离合器 M_2 用来实现变速；齿轮 34 用来实现换向。

⑤ 主轴的反转通常不是用于切削，而是用于车螺纹时，使刀架以较高的转速退至起始位置，以节约辅助时间。

② 主传动系统转速图　CA6140 卧式车床的转速图如图 6-4 所示。

(2) 螺纹进给传动链

螺纹进给传动链的两端元件为主轴和刀架，其作用是实现车削公制、英制、模数、径节四种标准螺纹以及大导程、非标准和精密螺纹。因螺纹进给传动链为内联系传动链，所以要求主轴每转 1 转，刀架准确地移动一个导程 P 的距离。

① 车公制螺纹

车公制螺纹的传动路线：车削公制螺纹时，主轴 VI 的运动经齿轮副 58/58、换向机构、挂轮机构传至进给箱，进给箱中的离合器 M_3、M_4 脱开，M_5 接合，再经齿轮副 25/36、换向机构、基本组 $u_{基}$、增倍组 $u_{倍}$ 和离合器 M_5，将运动传给丝杠 XVIII，从而带动刀架完成公

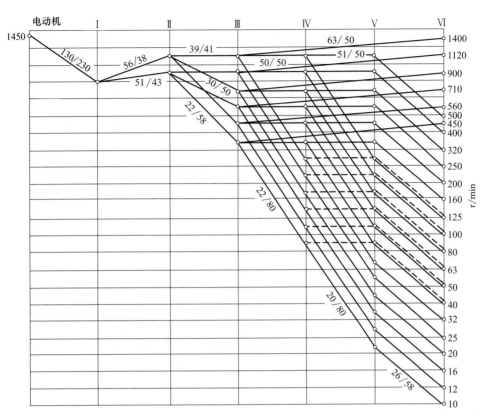

图 6-4 CA6140 卧式车床的转速图

制螺纹的车削加工。车公制螺纹的传动路线为：

$$主轴 VI - \frac{58}{58} - IX - \begin{bmatrix} \frac{33}{33}（右旋） \\ \frac{33}{25} \times \frac{25}{33}（左旋） \end{bmatrix} - XI - \frac{63}{100} \times \frac{100}{75} - XII - \frac{25}{36} - XIII - u_{基} - XIV -$$

$$\frac{25}{36} \times \frac{36}{25} - XV - u_{倍} - XVII - M_5 - XVIII（丝杠）- 刀架$$

基本螺距机构：进给箱中轴 XIII 和 XIV 之间的滑移变速机构，是由轴 XIII 上的 8 个固定齿轮和轴 XIV 上的 4 个滑移齿轮组成，共有 8 种传动比。它们近似按等差数列规律排列，这种变速机构是获得各种螺纹导程的基本机构，称为基本螺距机构，也叫基本组。基本组的传动比如下：

$$u_{基1}=26/28=6.5/7 \quad u_{基2}=28/28=7/7 \quad u_{基3}=32/28=8/7 \quad u_{基4}=36/28=9/7$$
$$u_{基5}=19/14=9.5/7 \quad u_{基6}=20/14=10/7 \quad u_{基7}=33/21=11/7 \quad u_{基8}=36/21=12/7$$

增倍机构：轴 XV 和 XVII 之间的变速机构，可变换 4 种传动比，它们依次相差 2 倍。此变速机构的目的是将基本组的传动比成倍增加或缩小，用于扩大机床车削螺纹的导程，称为增倍机构或增倍组。增倍组的传动比为：

$$u_{倍1}=\frac{28}{35} \times \frac{35}{28}=\frac{1}{1} \quad u_{倍2}=\frac{18}{45} \times \frac{35}{28}=\frac{1}{2} \quad u_{倍3}=\frac{28}{35} \times \frac{15}{48}=\frac{1}{4} \quad u_{倍4}=\frac{18}{45} \times \frac{15}{48}=\frac{1}{8}$$

运动平衡方程式：车削公制螺纹的运动平衡方程式为：

$$L_{\text{工件}} = 1_{\text{主轴}} \times u_{\text{总}} \times P_{\text{丝杠}}$$

【案例 6-2】　根据车公制螺纹的传动路线，计算被加工工件的导程，用表格表示。

【解】　①列出车削螺纹时的运动平衡方程式：

$$L_{\text{工件}} = 1_{\text{主轴}} \times u_{\text{总}} \times P_{\text{丝杠}}$$

$$L_{\text{工件}} = 1 \times \frac{58}{58} \times \frac{33}{33} \times \frac{63}{100} \times \frac{100}{75} \times \frac{25}{36} \times u_{\text{基}} \times \frac{25}{36} \times \frac{36}{25} \times u_{\text{倍}} \times 12$$

$$L_{\text{工件}} = 7 u_{\text{基}} u_{\text{倍}}$$

② 将基本组和增倍组的数值代入上式，可得 32 种螺纹导程，符合标准的导程 20 种。表 6-2 为根据上式计算的 CA6140 卧式车床公制螺纹表。

表 6-2　CA6140 卧式车床公制螺纹表

L/mm ＼ $u_{\text{基}}$ ／ $u_{\text{倍}}$	$\frac{26}{28}$	$\frac{28}{28}$	$\frac{32}{28}$	$\frac{36}{28}$	$\frac{19}{14}$	$\frac{20}{14}$	$\frac{33}{21}$	$\frac{36}{21}$
$\frac{18}{45} \times \frac{15}{48} = \frac{1}{8}$	—	—	1	—	—	1.25	—	1.5
$\frac{28}{35} \times \frac{15}{48} = \frac{1}{4}$	—	1.75	2	2.25	—	2.5	—	3
$\frac{18}{45} \times \frac{35}{28} = \frac{1}{2}$	—	3.5	4	4.5	—	5	5.5	6
$\frac{28}{35} \times \frac{35}{28} = 1$	—	7	8	9	—	10	11	12

【案例 6-3】　根据图 6-3 所示的 CA6140 卧式车床的传动系统，列出车削导程大于 12mm 的公制螺纹的传动路线，并计算公制螺纹的最大导程。

【解】　当需要车削导程大于 12mm 的公制螺纹时，应采用扩大导程的传动路线。首先，应将离合器 M_2 接合，主轴Ⅵ的运动经齿轮副 58/26 传至轴Ⅴ，齿轮副 80/20 和滑移齿轮变速机构传至轴Ⅲ，再经齿轮副 44/44、26/58 传至轴Ⅸ，后面的传动路线和车正常导程螺纹的传动路线相同。

① 车扩大导程螺纹的传动路线：

$$\text{主轴Ⅵ} - \left\{ \frac{58}{26} - \text{Ⅴ} - \frac{80}{20} - \text{Ⅳ} - \begin{bmatrix} 50/50 \\ 80/20 \end{bmatrix} - \text{Ⅲ} - \frac{44}{44} - \text{Ⅷ} - \frac{26}{58} \right\} - \text{Ⅸ} -$$

$$\begin{bmatrix} \frac{33}{33} \text{（右旋）} \\ \frac{33}{25} \times \frac{25}{33} \text{（左旋）} \end{bmatrix} - \text{ⅩⅠ} - \frac{63}{100} \times \frac{100}{75} - \text{ⅩⅡ} - \frac{25}{36} - \text{ⅩⅢ} - u_{\text{基}} - \text{ⅩⅣ} -$$

$$\frac{25}{36} \times \frac{36}{25} - \text{ⅩⅤ} - u_{\text{倍}} - \text{ⅩⅦ} - M_5 - \text{ⅩⅧ（丝杠）} - \text{刀架}$$

② 使用扩大导程的传动路线时，主轴Ⅵ和轴Ⅸ之间的传动比为：

$$u_{\text{扩} 1} = \frac{58}{26} \times \frac{80}{20} \times \frac{50}{50} \times \frac{44}{44} \times \frac{26}{58} = 4$$

$$u_{\text{扩} 2} = \frac{58}{26} \times \frac{80}{20} \times \frac{80}{20} \times \frac{44}{44} \times \frac{26}{58} = 16$$

当主轴转速为 $10\sim32\mathrm{r/min}$ 时，可将正常螺纹导程扩大 16 倍；当主轴转速为 $40\sim125\mathrm{r/min}$ 时，可将正常螺纹导程扩大 4 倍。CA6140 车床车削公制螺纹的最大导程为 192mm。

② 车英制螺纹 英制螺纹在英、美等英寸制国家广泛应用，我国的部分管螺纹也采用英制螺纹。英制螺纹的螺距参数以每英寸长度上的螺纹牙数（牙/in）表示。由于 CA6140 卧式车床的丝杠是公制螺纹，所以应将被加工的英制螺纹导程换算为以毫米为单位的公制螺纹相应导程，即：

$$L_a = \frac{1}{a}(\mathrm{in}) = \frac{25.4}{a}(\mathrm{mm})$$

车英制螺纹时，需要进行以下变动：将车公制螺纹的基本组的主动和从动传动关系对调；将离合器 M_3 和 M_5 接合，M_4 脱开，同时要求轴 XV 上的齿轮 25 左移，和轴 XIII 上的齿轮 36 啮合。

车英制螺纹的传动路线：

$$主轴 \,VI - \frac{58}{58} - IX - \begin{bmatrix} \frac{33}{33}（右旋） \\[2mm] \frac{33}{25} \times \frac{25}{33}（左旋） \end{bmatrix} - XI - \frac{63}{100} \times \frac{100}{75} - XII - M_3 -$$

$$XIV - \frac{1}{u_{基}} - XIII - \frac{36}{25} - XV - u_{倍} - XVII - M_5 - XVIII（丝杠）- 刀架$$

运动平衡方程式：

$$L_a = 1/a\ (\mathrm{in}) = 25.4/a\ (\mathrm{mm})$$

$$L_a = 1 \times \frac{58}{58} \times \frac{33}{33} \times \frac{63}{100} \times \frac{100}{75} \times \frac{1}{u_{基}} \times \frac{36}{25} \times u_{倍} \times 12 = \frac{4}{7} \times 25.4 \times \frac{u_{倍}}{u_{基}}$$

将 L_a 代入运动平衡方程式，可以求出英制螺纹的牙数 $a = \frac{7}{4} \times \frac{u_{基}}{u_{倍}}$。变换基本组和增倍组的传动比，即可得到各种标准的英制螺纹。表 6-3 为 CA6140 卧式车床英制螺纹表。

表 6-3 CA6140 卧式车床英制螺纹表

a/(牙/in) / $u_{基}$ $u_{倍}$	$\frac{26}{28}$	$\frac{28}{28}$	$\frac{32}{28}$	$\frac{36}{28}$	$\frac{19}{14}$	$\frac{20}{14}$	$\frac{33}{21}$	$\frac{36}{21}$
$\frac{18}{45} \times \frac{15}{48} = \frac{1}{8}$	—	14	16	18	19	20	—	24
$\frac{28}{35} \times \frac{15}{48} = \frac{1}{4}$	—	7	8	9	—	10	11	12
$\frac{18}{45} \times \frac{35}{28} = \frac{1}{2}$	$3\frac{1}{4}$	$3\frac{1}{2}$	4	$4\frac{1}{2}$	—	5	—	6
$\frac{28}{35} \times \frac{35}{28} = 1$	—	—	2	—	—	—	—	3

【案例 6-4】 在 CA6140 卧式车床上车削英制螺纹，已知 $a = 4\frac{1}{2}$ 牙/in，试选择基本组和增倍组的传动比，并写出车削英制螺纹的传动路线。

【解】 根据表 6-3 所示，基本组的传动比为 $36/28$；增倍组的传动比为 $\dfrac{18}{45}\times\dfrac{35}{28}$。传动路线请自行列出。

③ 车模数螺纹　模数螺纹主要用在公制蜗杆中，用模数 m 表示螺距的大小。模数螺纹的导程为 $L_m=k\pi m$。

车模数螺纹的传动路线：

$$主轴\ \text{Ⅵ}-\frac{58}{58}-\text{Ⅸ}-\begin{bmatrix}\dfrac{33}{33}(右旋)\\[2mm]\dfrac{33}{25}\times\dfrac{25}{33}(左旋)\end{bmatrix}-\text{Ⅺ}-\frac{64}{100}\times\frac{100}{97}-\text{Ⅻ}-\frac{25}{36}-\text{ⅩⅢ}-u_{基}-\text{ⅩⅣ}-$$

$$\frac{25}{36}\times\frac{36}{25}-\text{ⅩⅤ}-u_{倍}-\text{ⅩⅦ}-\text{M}_5-\text{ⅩⅧ}(丝杠)-刀架$$

运动平衡方程式：

$$L_m=k\pi m$$

$$L_m=1\times\frac{58}{58}\times\frac{33}{33}\times\frac{64}{100}\times\frac{100}{97}\times\frac{25}{36}\times u_{基}\times\frac{25}{36}\times\frac{36}{25}\times u_{倍}\times 12$$

$$L_m=\frac{7\pi}{4}u_{基}\ u_{倍}=k\pi m$$

根据运动平衡方程式，可以求出模数螺纹的模数 $m=\dfrac{7}{4k}u_{基}\ u_{倍}$（$k$ 为螺纹的头数）。变换基本组和增倍组的传动比，即可得到各种标准的模数螺纹。表 6-4 为 CA6140 卧式车床模数螺纹表。

表 6-4　CA6140 车床模数螺纹表

m/mm $u_{基}$ / $u_{倍}$	$\dfrac{26}{28}$	$\dfrac{28}{28}$	$\dfrac{32}{28}$	$\dfrac{36}{28}$	$\dfrac{19}{14}$	$\dfrac{20}{14}$	$\dfrac{33}{21}$	$\dfrac{36}{21}$
$\dfrac{18}{45}\times\dfrac{15}{48}=\dfrac{1}{8}$	—	—	0.25	—	—	—	—	—
$\dfrac{28}{35}\times\dfrac{15}{48}=\dfrac{1}{4}$	—	—	0.5	—	—	—	—	—
$\dfrac{18}{45}\times\dfrac{35}{28}=\dfrac{1}{2}$	—	—	1	—	—	1.25	—	1.5
$\dfrac{28}{35}\times\dfrac{35}{28}=1$	—	1.75	2	2.25	—	2.5	2.75	3

④ 车径节螺纹　径节螺纹主要用在英制蜗杆中，其标准值用径节（DP）表示。径节代表齿轮或蜗轮折算到每英寸分度圆上的齿数，所以，英制蜗杆的轴向齿距为

$$L_{\text{DP}}=\frac{k\pi}{\text{DP}}(\text{in})=\frac{25.4k\pi}{\text{DP}}$$

标准径节也按分段等差数列排列，径节螺纹导程的排列规律与英制螺纹相同，只是含有

特殊因子 25.4π。车削径节螺纹时，可采用车削英制螺纹的传动路线，但挂轮机构需更换为 $\dfrac{64}{100} \times \dfrac{100}{97}$。

径节螺纹的传动路线：

$$主轴 \text{VI} - \frac{58}{58} - \text{IX} - \left[\begin{array}{l} \dfrac{33}{33}(右旋) \\[2mm] \dfrac{33}{25} \times \dfrac{25}{33}(左旋) \end{array} \right] - \text{XI} - \frac{64}{100} \times \frac{100}{97} - \text{XII} - M_3 -$$

$$\text{XIV} - \frac{1}{u_{基}} - \text{XIII} - \frac{36}{25} - \text{XV} - u_{倍} - \text{XVII} - M_5 - \text{XVIII}(丝杠) - 刀架$$

运动平衡方程式：

$$L_{DP} = k\pi/DP(\text{in}) = 25.4k\pi/DP(\text{mm})$$

$$L_{DP} = 1 \times \frac{58}{58} \times \frac{33}{33} \times \frac{64}{100} \times \frac{100}{97} \times \frac{1}{u_{基}} \times \frac{36}{25} \times u_{倍} \times 12$$

根据等式，化简后可以求得：$DP = 7k \dfrac{u_{基}}{u_{倍}}$。变换基本组和增倍组的传动比，可得到常用的 24 种径节螺纹。表 6-5 为 CA6140 卧式车床径节螺纹表。

表 6-5　CA6140 卧式车床径节螺纹表

DP/(牙/in)　$u_{基}$／$u_{倍}$	$\frac{26}{28}$	$\frac{28}{28}$	$\frac{32}{28}$	$\frac{36}{28}$	$\frac{19}{14}$	$\frac{20}{14}$	$\frac{33}{21}$	$\frac{36}{21}$
$\frac{18}{45} \times \frac{15}{48} = \frac{1}{8}$	—	56	64	72	—	80	88	96
$\frac{28}{35} \times \frac{15}{48} = \frac{1}{4}$	—	28	32	36	—	40	44	48
$\frac{18}{45} \times \frac{35}{28} = \frac{1}{2}$	—	14	16	18	—	20	22	24
$\frac{28}{35} \times \frac{35}{28} = 1$	—	7	8	9	—	10	11	12

⑤ 车非标准螺纹和精密螺纹　将进给箱中的齿式离合器 M_3、M_4、M_5 全部接合，被加工工件的导程依靠挂轮机构的传动比来实现，其运动平衡方程式为：

$$L_{工件} = 1 \times \frac{58}{58} \times \frac{33}{33} \times u_{挂} \times 12$$

$$u_{挂} = \frac{a}{b} \times \frac{c}{d} = \frac{L_{工件}}{12}$$

只要给出被加工螺纹的导程，适当地选择挂轮的齿数，就可车出所需的非标准螺纹。同时，由于螺纹传动链不经过进给箱中的任何齿轮传动，减少了传动件制造误差和装配误差对非标准螺纹导程的影响，如果提高挂轮的制造精度，则可加工精密螺纹。

综上可见，CA6140 卧式车床通过改变挂轮机构、基本组、增倍组以及轴 XII 和轴 XV 之间移换机构的传动比，可以车削四种不同的标准螺纹。

【案例 6-5】 比较 CA6140 卧式车床车削四种标准螺纹的传动特征。

【解】 CA6140 卧式车床车削四种标准螺纹的传动特征见表 6-6。

表 6-6　CA6140 卧式车床车削四种标准螺纹的传动特征

螺纹种类	螺距/mm	挂轮机构	离合器状态	移换机构	基本组传动方向
米制螺纹	$L_{工件}$	$\dfrac{63}{100}\times\dfrac{100}{75}$	M_3、M_4 脱开 M_5 接合	轴 XV 齿轮 25 右移	轴 XIII—轴 XIV
模数螺纹	$L_m = k\pi m$	$\dfrac{64}{100}\times\dfrac{100}{97}$			
英制螺纹	$L_a = \dfrac{25.4}{a}$	$\dfrac{63}{100}\times\dfrac{100}{75}$	M_3、M_5 接合 M_4 脱开	轴 XV 齿轮 25 左移	轴 XIV—轴 XIII
径节螺纹	$L_{DP} = \dfrac{k\pi}{DP}$	$\dfrac{64}{100}\times\dfrac{100}{97}$			

(3) 纵向和横向进给传动链

为了减少丝杠的磨损和便于操纵，实现一般车削时刀架的机动进给是由光杠经溜板箱传动。传动路线由主轴 VI 到进给箱 XVII 的路线和车削公制、英制螺纹的传动路线相同，将离合器 M_5 脱开，再经齿轮副 28/56 传动至光杠，最后经溜板箱中的传动机构传至齿轮齿条机构和横向进给丝杠，实现刀架的纵向和横向机动进给。

① 纵向进给传动链

$$主轴 \text{VI} - \begin{bmatrix} 公制螺纹路线 \\ 英制螺纹路线 \end{bmatrix} - \text{XVII} - \frac{28}{56} - \text{XIX} - \frac{36}{32}\times\frac{32}{56} - M_6 - M_7 - \text{XX} - \frac{4}{29} -$$

$$\text{XXI} - \begin{bmatrix} \dfrac{40}{48} - M_8 \\ \dfrac{40}{30}\times\dfrac{30}{48} - M_8 \end{bmatrix} - \text{XXII} - \frac{28}{80} - \text{XXIII} - 齿轮齿条机构（z_{12}）- 刀架$$

② 横向进给传动链

$$主轴 \text{VI} - \begin{bmatrix} 公制螺纹路线 \\ 英制螺纹路线 \end{bmatrix} - \text{XVII} - \frac{28}{56} - \text{XIX} - \frac{36}{32}\times\frac{32}{56} - M_6 - M_7 - \text{XX} - \frac{4}{29} -$$

$$\text{XXI} - \begin{bmatrix} \dfrac{40}{48} - M_9 \\ \dfrac{40}{30}\times\dfrac{30}{48} - M_9 \end{bmatrix} - \text{XXV} - \frac{48}{48}\times\frac{59}{18} - \text{XXVII}（丝杠）- 刀架$$

(4) 刀架的快速移动

刀架的纵向和横向快速移动是由快速移动电动机带动实现的。其传动路线为：

$$n_{快移电动机} - \frac{13}{29} - \text{XX} - \frac{4}{29} - \text{XXI} - \begin{bmatrix} \dfrac{40}{48} - M_8 \\ \dfrac{40}{30}\times\dfrac{30}{48} - M_8 \end{bmatrix} -$$

$$\text{XXII} - \frac{28}{80} - \text{XXIII} - 齿轮齿条机构（z_{12}）- 刀架$$

刀架快速纵向右移的速度为：

$$v_{纵右}=2800\times\frac{13}{29}\times\frac{4}{29}\times\frac{40}{30}\times\frac{30}{48}\times\frac{28}{80}\times12\times\pi\times2.5=4.76\ (\text{m/min})$$

6.3 CA6140卧式车床的主要机构

(1) 主轴箱的主要机构

图6-5为CA6140卧式车床主轴箱的展开图。展开图是按照传动轴的传动顺序，沿其轴心线剖切，并展开在一个平面上的装配图。展开图主要表示各传动件的传动关系，各传动轴及主轴上相关零件的结构形状、装配关系和尺寸，和箱体有关部分的轴向尺寸和结构。要完整地表示主轴箱的全部结构，仅有展开图是不够的，还需要加上若干剖面图、向视图和外形图。图6-6为CA6140卧式车床主轴箱展开图的剖切面。

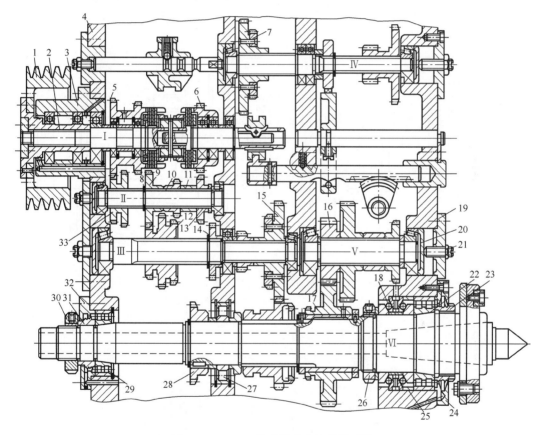

图6-5 CA6140卧式车床主轴箱展开图

1—带轮；2—花键套；3—法兰；4—主轴箱体；5—双联空套齿轮；6—空套齿轮；7,33—双联滑移齿轮；

8—半圆环；9,10,13,14,28—固定齿轮；11,25—隔套；12—三联滑移齿轮；15—双联固定齿轮；

16,17—斜齿轮；18—双向推力角接触球轴承；19—盖板；20—轴承压盖；21—调整螺钉；

22,29—双列圆柱滚子轴承；23,26,30—螺母；24,32—轴承端盖；27—圆柱滚子轴承；31—套筒

① 主轴组件 图6-7为CA6140卧式车床的主轴组件结构图，主轴前端锥孔用于安装顶尖或芯轴。主轴采用前、后双支承结构，前支承为双列圆柱滚子轴承，用于承受径向力。该轴承内圈与主轴的配合面带有1:12的锥度，拧紧螺母5通过套筒4推动轴承3在主轴锥面

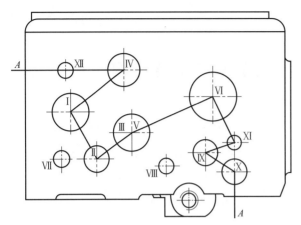

图 6-6　CA6140 卧式车床主轴箱展开图的剖面图

上从左向右移动，使轴承内圈在径向膨胀从而减小轴承间隙，轴承间隙调整好后须将螺母 5 锁紧。主轴的后支承由推力球轴承 7 和角接触球轴承 8 组成，推力球轴承 7 承受自右向左的轴向力，角接触球轴承 8 承受自左向右的轴向力，还同时承受径向力。轴承 7 和 8 的间隙和预紧通过主轴后端的螺母 10 调整，调整好后须将螺母 10 锁紧。

主轴前端采用短圆锥和法兰结构，用来安装卡盘或拨盘。图 6-8 为卡盘与主轴前端的连接图。安装时，先让卡盘

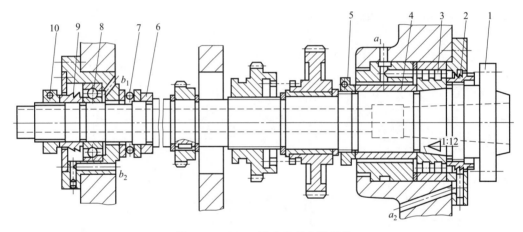

图 6-7　CA6140 卧式车床主轴组件

1—主轴；2,9—调整螺母；3—圆柱滚子轴承；4,6—套筒；

5,10—锁紧螺母；7—推力球轴承；8—角接触球轴承

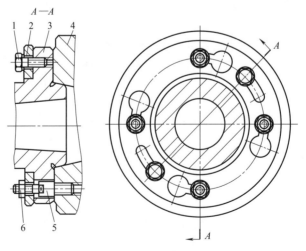

图 6-8　卡盘与主轴前端的连接图

1—螺钉；2—锁紧盘；3—主轴；4—卡盘座；5—螺栓；6—螺母

座 4 在主轴 3 的短圆锥面上定位，将四个螺栓 5 通过主轴轴肩及锁紧盘 2 上的孔拧入卡盘座 4 的螺孔中，再将锁紧盘 2 沿顺时针方向相对主轴转过一个角度，使螺栓 5 进入锁紧盘 2 的沟槽内，然后拧紧螺钉 1 和螺母 6，即可将卡盘牢牢地安装在主轴前端。这种结构因装卸卡盘方便、工作可靠、定心精度高，而且主轴前端悬伸长度较短，有利于提高主轴组件的刚度，故目前应用较广泛。

② 卸荷带轮　电动机的运动经 V 带传至轴 I 左端的带轮 1（图 6-5），带轮 1 与花键套 2 用螺钉固定在一起，由两个深沟球轴承支承在法兰 3 的内孔中，法兰 3 固定在主轴箱箱体上。带轮 1 通过花键套 2 带动轴 I 旋转时，V 带拉力产生的径向载荷通过轴承和法兰 3 直接传给箱体，轴 I 不承受传动带拉力，只传递扭矩。故称带轮 1 为卸荷带轮。

③ 双向多片摩擦离合器及其操纵机构　图 6-9（a）为双向多片摩擦离合器的结构。摩擦离合器装在轴 I 上，其作用是控制主轴的正、反转或停止，它由内摩擦片 2、外摩擦片 3 [图 6-9（b）]、压套 5 及双联齿轮 1 等组成。离合器的左、右部分结构相同，左离合器用来控制主轴正转，切削时传递扭矩较大，因此片数较多；右离合器用来控制主轴反转，主要用于退刀，故片数较少。内摩擦片 2 以花键和轴 I 相连，外摩擦片 3 以四个凸齿与双联齿轮 1 相连，外片空套在轴 I 上，内、外摩擦片相间排列安装。

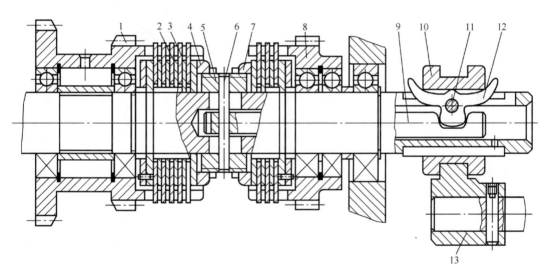

图 6-9（a）　双向式多片摩擦离合器

1—双联齿轮；2—内摩擦片；3—外摩擦片；4,7—螺母；5—压套；6—长销；
8—齿轮；9—拉杆；10—滑套；11—圆柱销；12—元宝形摆块；13—拨叉

当拨叉 13 拨动滑套 10 右移时，元宝形摆块 12 顺时针转动，其尾部推动拉杆 9 向左移动；拉杆 9 通过固定在其上的长销 6，带动压套 5 和螺母 4 将左离合器的内、外摩擦片压紧，从而将轴 I 的运动传给双联齿轮 1，使主轴正转。

当拨叉 13 拨动滑套 10 左移时，元宝形摆块 12 逆时针转动，其尾部推动拉杆 9 向右移动；拉杆 9 通过固定在其上的长销 6，带动压套 5 和螺母 7 将右离合器的内、外摩擦片压紧，从而将轴 I 的运动传给空套齿轮 8，使主轴反转。

当滑套 10 处于中间位置时，左、右离合器的内、外摩擦片均松开，主轴停止转动。

制动器安装在轴 IV 上，其作用是在离合器脱开时制动主轴，使主轴迅速停止转动，以缩短辅助时间并保证操作安全［图 6-9（b）］。制动轮 16 是一钢制圆盘，它与轴Ⅳ用花键连接；制动带 15 是一条钢带，内侧有一层酚醛石棉以增加摩擦。制动轮 16 的一端与杠杆 14 连接，另一端通过调节螺钉 23 与箱体相连。

当离合器接通，主轴正、反转时，制动轮 16 随轴Ⅳ一起转动；当离合器脱开时，齿条轴 22 的凸起部分使杠杆 14 逆时针摆动，制动带 15 被拉紧，制动器工作，轴Ⅳ迅速停止转动，主轴也就迅速停止转动。

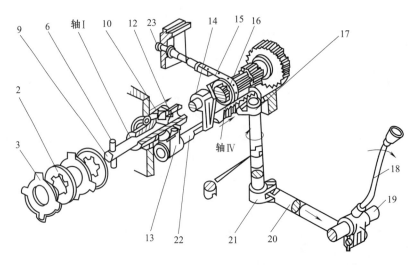

图 6-9（b）　离合器和制动器的操纵机构

2—内摩擦片；3—外摩擦片；6—长销；9，20—拉杆；10—滑套；12—元宝形摆块；13—拨叉；14—杠杆；

15—制动带；16—制动轮；17—齿轮；18—手柄；19—转轴；21—曲柄；

22—齿条轴；23—调节螺钉

为操纵方便和避免出错，摩擦离合器和制动器共用一套操纵机构，由手柄 18 联合操纵［图 6-9（b）］。向上扳动手柄 18，通过杆 20、曲柄 21、扇形齿轮 17 使齿条轴 22 右移；齿条轴 22 左端有拨叉 13，它卡在滑套 10 的环槽内，齿条轴 22 右移，滑套 10 也随之右移，从而带动摆动销 12 顺时针转动，摆动销 12 下端的凸缘推动拉杆 9 向左移动；拉杆 9 通过固定在其上的长销 6，带动压套 5 和螺母 4 将左离合器的内、外摩擦片压紧，从而将轴Ⅰ的运动传给双联齿轮 1，使主轴正转［图 6-9（a）］；与此同时，齿条轴 22 左面的凹槽正对杠杆 14，制动带 15 松开。

同理，向下扳动手柄 18，齿条轴 22 左移，主轴反转，制动带 15 松开。当手柄处于中间位置时，离合器脱开，制动带拉紧，主轴停止转动。

④ 变速操纵机构　根据主轴的传动系统可知，主轴的 24 级转速是通过四个滑移齿轮变速组和离合器 M_2 组合实现的。图 6-10 为轴Ⅱ和轴Ⅲ上滑移齿轮的操纵机构。

变速手柄装在主轴箱前壁上，通过链条传动轴 4，轴 4 上装有盘形凸轮 3 和曲柄 2。凸轮 3 上有一条封闭的曲线槽，由两段不同半径的圆弧和直线组成，凸轮上有 1～6 个变速位置。位置 1、2、3 使杠杆 5 上端的滚子处于凸轮槽曲线的大半径圆弧处，杠杆经拨叉 6 将轴Ⅰ上的双联齿轮移向左端位置；位置 4、5、6 则将双联齿轮移向右端位置。曲柄 2 随轴 4 转动，带动拨叉 1 拨动轴Ⅲ上的三联齿轮，使其处于左、中、右三个位置。依次转动手柄，就可使两个滑移齿轮的位置实现 6 种组合，使轴Ⅲ得到 6 种转速。滑移齿轮到位后，通过拨叉

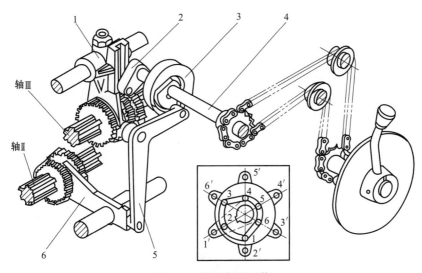

图 6-10　变速操纵机构

1,6—拨叉；2—曲柄；3—盘形凸轮；4—传动轴；5—杠杆

的定位钢球实现定位。

（2）溜板箱的主要机构

溜板箱的主要作用是将进给运动或快速移动由进给箱或快速移动电动机传给溜板或刀架，使刀架实现纵、横向和正、反向机动走刀或快速移动。溜板箱内的主要机构有接通丝杠传动的开合螺母机构、纵横向机动进给机构、互锁机构、安全离合器机构和手动操纵机构等。

① 开合螺母机构　图 6-11 为溜板箱中的开合螺母机构。

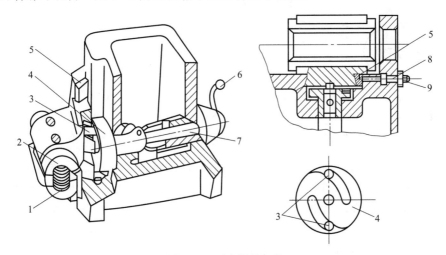

图 6-11　开合螺母机构

1,2—半螺母；3—圆柱销；4—槽盘；5—镶条；6—手柄；7—轴；8—螺钉；9—螺母

开合螺母机构由上、下两半螺母 1 和 2 组成，装在箱壁的燕尾形导轨中，螺母导轨底面各装有一个圆柱销 3，圆柱销 3 的另一端嵌在槽盘 4 的曲线槽中，槽盘经轴 7 与手柄 6 相连。扳动手柄 6，经轴 7 使槽盘 4 逆时针转动时，槽盘 4 上的曲线将迫使两圆柱销 3 靠近，带动上、下半螺母合上与丝杠啮合，从而实现加工螺纹的进给运动；反向扳动手柄 6 时，上、下

两半螺母分开，与丝杠分离。

开合螺母与燕尾导轨的配合间隙要调整合适，否则会影响螺纹的加工精度，通常利用螺钉8支紧或放松镶条5来调节其配合间隙，调整后用螺母9锁紧。

② 纵、横向机动进给操纵机构　图6-12所示为CA6140车床的纵、横向机动进给操纵机构。它是利用溜板箱右侧的集中操纵手柄1来控制纵、横向机动进给运动的接通、断开和换向，而且手柄1的扳动方向和刀架的运动方向一致，操作直观方便。

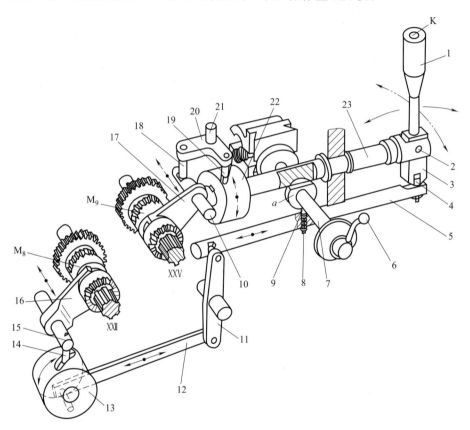

图6-12　CA6140车床纵、横向机动进给操纵机构

1,6—手柄；2,21—销轴；3—手柄座；4,9—球头销；5,7,23—轴；8—弹簧销；10,15—拨叉轴；11,20—杠杆；12—连杆；13—圆柱形凸轮；14,18,19—圆销；16,17—拨叉；22—凸轮；K—按钮

当手柄1向左或向右扳动时，手柄1下端的缺口带动轴5、杠杆11、连杆12使凸轮13转动，凸轮上的螺旋槽通过圆销14带动轴15和拨叉16移动，拨叉16带动控制纵向进给运动的牙嵌离合器M_8接合，从而使刀架实现向左或向右的纵向机动进给运动。

当手柄1向前或向后扳动时，手柄1的方块嵌在转轴23的右端缺口，于是转轴23向前或向后转动一个角度，带动凸轮22也转动一个角度，凸轮22上的螺旋槽通过圆销19带动杠杆20绕销轴21摆动，再通过圆销18带动拨叉轴10拨动拨叉17向前或向后移动，拨叉17带动控制横向进给运动的牙嵌离合器M_9接合，从而使刀架实现向前或向后的横向机动进给运动。

手柄1的顶端装有快速移动按钮，当手柄1扳到左、右或前、后任一位置时，点动快速电动机，刀架即在相应方向实现快速移动。

当手柄1处在中间位置时，离合器 M_8、M_9 脱开，此时机动进给运动和快速移动断开。

③ 互锁机构　CA6140 车床的纵、横向机动进给运动是互锁的，也就是说离合器 M_8、M_9 不能同时接合。操纵手柄1上开有十字形槽，手柄每次只能处于一个位置，因此，手柄1的结构能够保证纵、横向机动进给运动互锁。机床工作时，纵、横向机动进给机构和丝杠传动不能同时接通。丝杠传动是由溜板箱的开合螺母机构来控制的，溜板箱中的互锁机构保证车螺纹开合螺母合上时，机动进给运动不能接通；反之，当机动进给运动接通时，车螺纹的开合螺母不能合上。

图 6-13 为互锁机构的工作原理图。当互锁机构处于中间位置时 [图 6-13（a）]，纵、横向机动进给和丝杠传动均未接通，此时操纵手柄1可扳至左、右、前、后任意位置，以接通纵、横向机动进给，或者扳动开合螺母手柄使开合螺母合上实现丝杠进给。

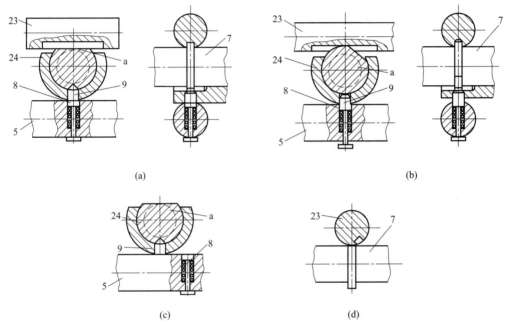

图 6-13　互锁机构的工作原理图

5,23—轴；7—手柄轴；8—弹簧销；9—球头销；24—支承套

当向下扳动手柄使开合螺母合上时，则轴7顺时针转过一个角度，其上面的凸肩 a 嵌入轴 23 的槽中，将轴 23 卡住使其不能转动；同时凸肩又将装在支承套 24 横向孔中的球头销 9 压下，使其下端插入轴 5 的孔中，将轴 5 锁住使其不能左、右移动 [图 6-13（b）]，这时，纵、横向机动进给均不能接通。

当接通纵向机动进给时，因轴 5 沿轴线方向移动一定距离，其上的横孔与球头销 9 错位，球头销 9 不能向下移动，因而轴 7 被锁住无法转动 [图 6-13（c）]。

当接通横向进给机构时，因轴 23 转动了位置，其上面的沟槽不再对准轴 7 的凸肩 a，故轴 7 无法转动 [图 6-13（d）]。

因此，纵向或横向机动进给运动接通时，开合螺母不能合上，互锁是能保证的。

④ 安全离合器　为避免因进给力过大或刀架移动受阻导致机床损坏，CA6140 机床安装了起过载保护作用的安全离合器，当过载消失后，机床可自动恢复正常工作。图 6-14 为安全离合器的结构图。它由端面带螺旋形齿爪的左、右两半部组成，其左半部 5 用键装在超越

离合器 M_6 的星形轮上，与轴 XX 空套；右半部 6 与轴 XX 用花键连接。正常情况下，在弹簧 7 的压力作用下，离合器左、右两半部相互啮合，由光杠传来的运动，经齿轮 z_{56}、超越离合器 M_6 和安全离合器 M_7，传至轴 XX 和蜗杆 10。

当进给系统过载时，离合器右半部 6 将压缩弹簧 7 向右移动，与左半部 5 脱开，导致安全离合器 M_7 打滑，于是机动进给运动传动链断开，刀架停止进给。过载现象消除后，弹簧 7 使安全离合器重新自动接合，机床恢复正常工作。机床允许的最大进给力由弹簧 7 的调定压力决定。通过调整螺母 3，带动装在轴 XX 内孔中的拉杆 1 和圆销 8 来调整弹簧座 9 的轴向位置，从而改变弹簧 7 的压缩量来调整安全离合器传递的扭矩大小。调整完毕，用锁紧螺母锁紧。

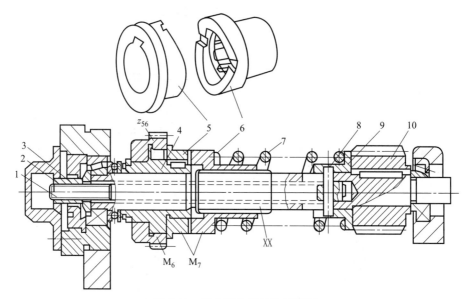

图 6-14　安全离合器工作原理图

1—拉杆；2—螺杆；3—螺母；4—星形轮；5—安全离合器左半部分；

6—安全离合器右半部分；7—弹簧；8—圆销；9—弹簧座；10—蜗杆

6.4　车刀及其选用

(1) 车刀的类型和用途

车刀是指在车床上使用的刀具，它的应用广泛。按照加工表面特征可分为外圆车刀、端面车刀、切断车刀、螺纹车刀和内孔车刀等，如图 6-15 所示。

① 直头外圆车刀　这种车刀只用来车削外圆柱面，分左、右偏刀两种。一般直头外圆车刀的主偏角为 45°～75°，副偏角为 10°～15°。如图 6-16 所示为粗车用 75°硬质合金右偏刀。

② 45°弯头车刀　这种车刀既可以车削圆柱面和端面，也可以内、外倒角。加工时，无需转刀架和换刀操作，生产效率高。它可分为左、右弯刀两种，常用于粗车和半精车，如图 6-17 所示。

③ 90°偏刀　这种车刀主要用来车削外圆柱面和阶梯轴的台阶端面。因主偏角大，切削时产生的背向力小，常用于车削细长的轴类工件。90°偏刀的结构如图 6-18 所示。

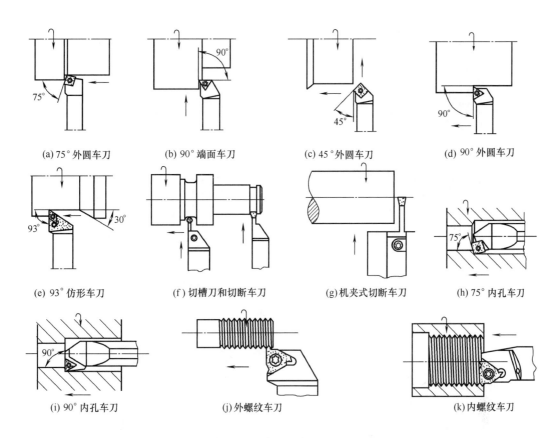

图 6-15 车刀的类型和用途

(a) 75°外圆车刀 (b) 90°端面车刀 (c) 45°外圆车刀 (d) 90°外圆车刀

(e) 93°仿形车刀 (f) 切槽刀和切断车刀 (g)机夹式切断车刀 (h) 75°内孔车刀

(i) 90°内孔车刀 (j) 外螺纹车刀 (k) 内螺纹车刀

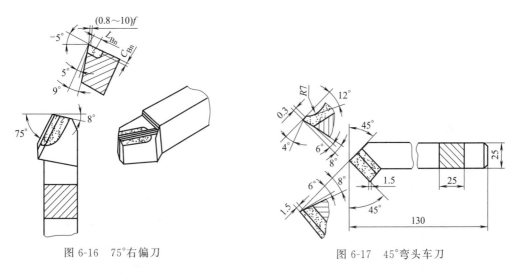

图 6-16 75°右偏刀

图 6-17 45°弯头车刀

④ 螺纹车刀 螺纹车刀刀刃的廓形与被加工螺纹的廓形相同,其刀尖角等于螺纹的牙型角。螺纹车刀的角度根据工件材料、螺纹精度及刀具材料等因素确定。其结构如图 6-19 所示。

⑤ 端面车刀 这种车刀只用于车削端面,主切削刃与工件轴线成 5°角,副切削刃与工件端面成 15°~20°角。其结构如图 6-20 所示。

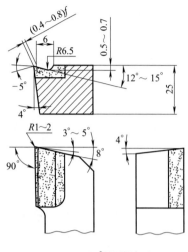

(a) 90°外圆粗车刀

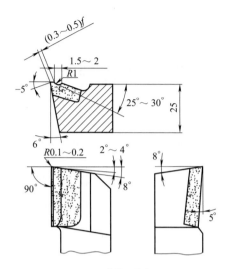

(b) 90°外圆精车刀

图 6-18 90°偏刀

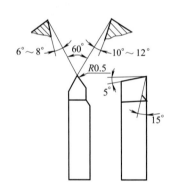

(a) 高速钢螺纹粗车刀

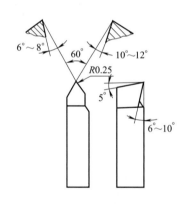

(b) 高速钢螺纹精车刀

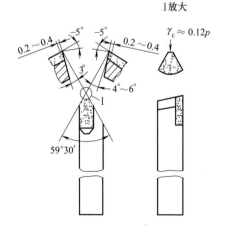

(c) 硬质合金螺纹精车刀

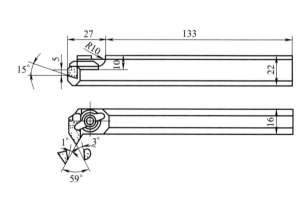

(d) 硬质合金内螺纹车刀

图 6-19 螺纹车刀

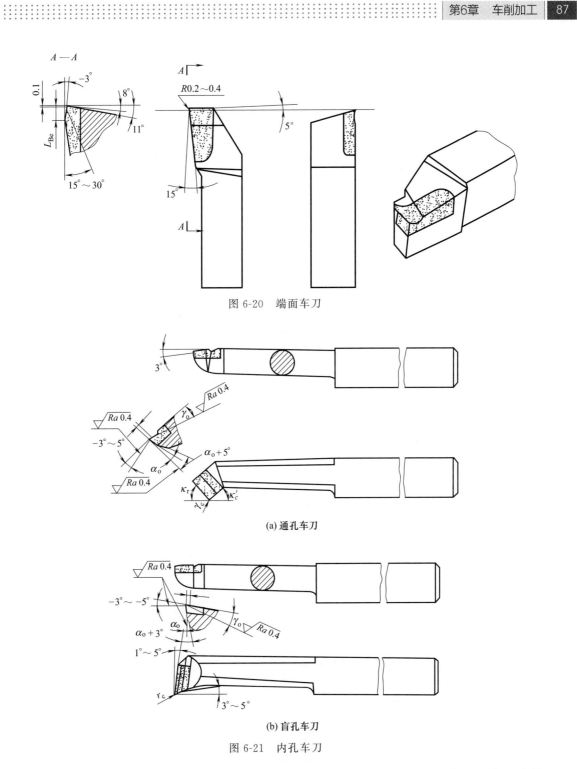

图 6-20 端面车刀

(a) 通孔车刀

(b) 盲孔车刀

图 6-21 内孔车刀

⑥ 内孔车刀 内孔车刀分为通孔车刀、盲孔车刀和内槽车刀三种。一般通孔车刀主偏角为 45°～75°，副偏角为 20°～45°；盲孔车刀的主偏角大于 90°。内孔车刀的后角要大于外圆车刀的后角。内孔车刀的结构如图 6-21 所示。

⑦ 切断（切槽）刀 切断刀主要用来切断或车外圆表面上的环形沟槽。切断刀有一条主刃、两条副刃，其结构和主要几何角度如图 6-22 所示。

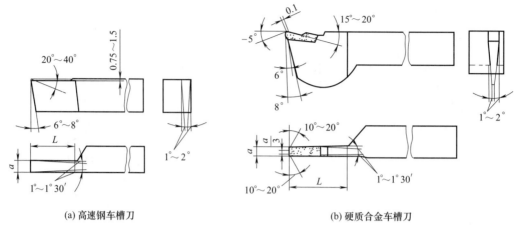

(a) 高速钢车槽刀　　　　　　　　(b) 硬质合金车槽刀

图 6-22　切断（切槽）刀

　　按照车刀的结构可分为整体式车刀、焊接式车刀、机夹式车刀和可转位车刀，如图 6-23 所示。

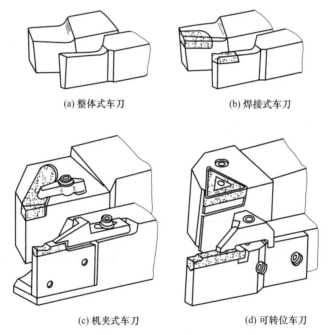

(a) 整体式车刀　　　　　　　　(b) 焊接式车刀

(c) 机夹式车刀　　　　　　　　(d) 可转位车刀

图 6-23　车刀的结构类型

(2) 焊接式车刀

　　焊接式车刀是将刀片钎焊在刀杆槽内后经刃磨而成的车刀。刀片通常选用硬质合金，刀杆一般选用 45 钢和 40Cr 合金钢。焊接车刀的使用寿命和质量取决于刀片选择、刀槽形式、刀具几何参数、焊接工艺和刃磨质量等因素。

　　① 刀片的型号　合理地选择焊接式车刀的刀片，除正确选择刀片的材料外，还应合理选择刀片的型号，我国目前采用的硬质合金刀片分为 A、B、C、D、E 五种。刀片的型号由字母和数字组成，第一个字母和第一位数字表示刀片形状，第二、三位数字表示刀片的主要尺寸，数字后面的字母用来区别同一型号刀片的不同结构。常用硬质合金刀片的型号见表 6-7。

表 6-7 常用硬质合金刀片的型号

型号示例	刀片简图	主要尺寸/mm	主要用途
A108		$L=8$	制造外圆车刀,镗刀和切槽刀
A116		$L=16$	
A208		$L=8$	制造端面车刀、镗刀
A225Z		$L=25$(左)	
A312Z		$L=12$	制造外圆车刀、端面车刀
A340		$L=40$(左)	
A406		$L=6$	制造外圆车刀,镗刀和端面车刀
A430Z		$L=30$(左)	
C110		$L=10$	制造螺纹车刀
C122		$L=22$	
C304		$B=4.5$	制造切断刀和切槽刀
C312		$B=12.5$	

【案例 6-6】 解释刀片型号 A118A、A430Z 的含义。

【解】 刀片型号 A118A 中 A1 表示 A1 型刀片,18 表示长度为 18mm,数字后面的字母 A 表示厚度不同。A430Z 中 A4 表示 A4 型刀片,30 表示长度为 30mm,数字后面的字母 Z 表示左切刀片。

刀片的形状主要根据车刀的用途和主、副偏角的大小来选择。刀片的长度根据背吃刀量和主偏角选择,其长度一般应为切削刃工作长度的 1.6～2 倍;切槽刀的宽度根据工件的槽宽选择,切断刀的宽度根据经验公式进行估算;刀片的厚度根据切削力的大小来确定,当工件材料的强度高、切削层横截面积大时,刀片厚度应大些。

② 刀槽的选择 合理选择刀槽的原则是在保证焊接强度的条件下,尽量减少焊接面数及焊接面积,减小焊接应力。焊接式车刀刀槽的形式有开口槽、半封闭槽、封闭槽和嵌入槽几种形式。开口槽制造简单,选用刀片型号为 A1、C3 等,常用于外圆车刀、弯头车刀和切槽刀;半封闭槽刀片焊接牢固,制造复杂,选用刀片型号为 A2、A3 和 A4 等,常用于 90°外圆车刀、内孔车刀;封闭槽和嵌入槽刀片焊接牢靠,但制造困难,选用刀片型号为 E 型和 D 型。

常用刀槽的形式如图 6-24 所示。

③ 刀杆截面形状和尺寸选择 车刀外形尺寸主要是高度、宽度和长度,刀杆的截面形状有矩形、正方形和圆形三种。矩形和正方形刀杆主要用于外圆车刀、端面车刀和切断刀,其高度 H 按机床中心高选取,如表 6-8 所示;当刀杆高度受限制时,可加宽为正方形,以提高刚性,刀杆的长度一般为高度的 6 倍,并选用标准尺寸系列值;切断刀工作部分的长度

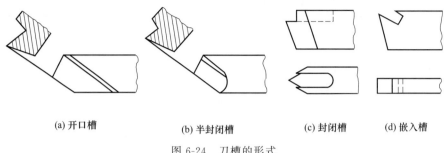

(a) 开口槽   (b) 半封闭槽   (c) 封闭槽   (d) 嵌入槽

图 6-24 刀槽的形式

应大于工件的半径。圆形刀杆主要用于内孔车刀，其截面形状一般制成圆形，长度大于工件孔深。

表 6-8 常用车刀刀杆的截面尺寸   mm

机床中心高	150	180~200	260~300	350~400
正方形截面 $H \times H$	16×16	20×20	25×25	30×30
矩形截面 $B \times H$	12×20	16×25	20×30	25×40

(3) 机夹式车刀

机夹式车刀是采用机械夹固方法，将预先加工好的但不能转位使用的刀片夹紧在刀杆上的车刀，机夹式车刀刀刃磨损后可进行多次重磨继续使用。机夹式车刀主要用于加工外圆、端面和内孔，目前常用的机夹车刀有切断刀、切槽刀、螺纹车刀、大型车刀和金刚石车刀等。

机夹式车刀要求刀片夹紧可靠，重磨后能调整刀刃位置，结构简单和断屑可靠。机夹式车刀的夹紧结构主要有上压式、自锁式和弹性压紧式三种（图 6-25）。

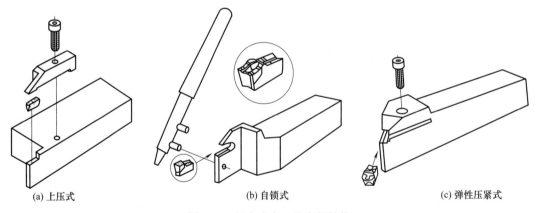

(a) 上压式   (b) 自锁式   (c) 弹性压紧式

图 6-25 机夹式车刀的夹紧结构

① 上压式 图 6-26 所示为上压式机夹切断刀。它采用底面为 120°凸 V 形的 Q 型刀片，通过螺钉和压板从上往下压紧刀片，压板前端镶焊硬质合金作为断屑器。刀片重磨后，旋动螺钉 8 推动推杆 6 移动来调节刀刃位置。其缺点是刀刃是直的，前刀面为平面，不能使切屑横向产生收缩变形，容易和已加工表面产生摩擦，切屑卡在槽内而引起打刀。

② 自锁式 图 6-25（b）为自锁式切断车刀。刀片上定位面或上下定位面为 120°内凹 V 形面，上下定位面不平行，形成楔形，安装时用橡皮锤将刀片敲入刀槽内。切断时，在径向

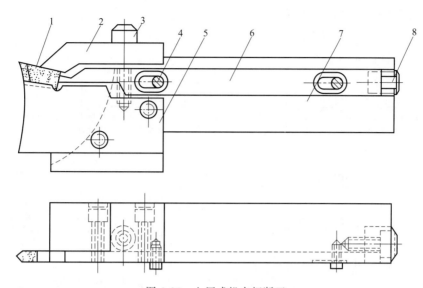

图 6-26　上压式机夹切断刀
1—刀片；2—压板；3,4,8—螺钉；5—刀板；6—推杆；7—刀杆

力作用下，可靠地楔紧在刀槽内，径向切削时推荐采用自锁式夹紧方式。

这种新型结构的切断车刀，刀片直接压制出断屑槽，它能使切屑横向产生收缩变形，不会将切屑卡在刀槽内引起打刀；同时，这种车刀切削轻快，断削可靠，其副偏角和副后角较大，产生的切削热少，刀具使用寿命较长。

③ 弹性压紧式　图 6-25（c）为弹性压紧式切槽车刀。它是利用螺钉向下旋入时弹性压板产生的变形将刀片夹紧在刀槽中。刀片定位面为 120°内凹 V 形面，可防止刀片受轴向力产生位移，轴向切削时推荐采用弹性压紧式车刀。加工时，可根据具体加工要求选择合适的刀片，以进行切断、切槽和仿形加工等。

（4）可转位车刀

可转位车刀是用机械夹固的方法，将可转位刀片夹紧在刀杆上的车刀。如图 6-27 所示，可转位车刀主要由刀片、刀垫、杠杆、螺钉和刀柄等元件组成。可转位刀片上压制出断屑槽，周边经过精磨，刀刃磨钝后可方便地转位或更换刀片，无需重磨可继续使用。

可转位车刀与焊接车刀相比，具有以下特点：刀片不经焊接和刃磨，刀具的使用寿命高；可迅速更换刀刃或刀片，减少停机换刀时间，提高了生产效率；刀片更换方便，便于使用各种涂层和陶瓷等新型刀具材料，有利于推广新技术和新工艺；在烧结刀片前可在刀片上压制各种形状的断屑槽，以实现可靠断屑；可转位车刀和刀片已实现标准化，能实现一刀多用，简化刀具管理。目前，由于在刃形、几何参数方面还受到刀具

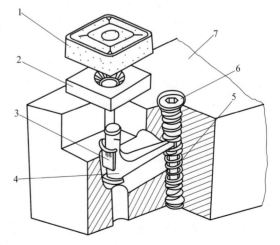

图 6-27　可转位车刀
1—刀片；2—刀垫；3—卡簧；4—杠杆；
5—弹簧；6—螺钉；7—刀柄

结构和工艺的限制，可转位车刀尚不能完全取代焊接式和机夹式车刀。

① 刀片形状、代号及其选择　可转位车刀刀片形状、尺寸、精度、结构等参数用10个代号来表示，其标注如图6-28所示。

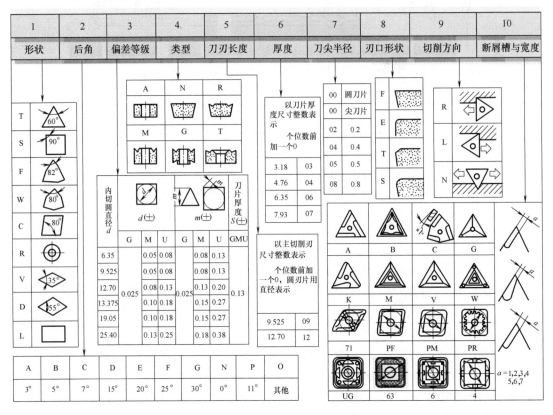

图 6-28　可转位车刀刀片的标记

1号位：表示刀片形状，主要根据加工工件的廓形与刀具的寿命来选择。刀片的边数多，刀尖角大，耐冲击，且切削刃多，刀具的寿命长；但刀片边数多，切削刃短，切削时径向力大，易引起振动。在机床、工件刚度足够的情况下，粗加工时应尽量选用刀尖角大的刀片；反之，应选用刀尖角小的刀片。刀片的形状主要有以下几种：

• 正三角形（T）：刀尖强度差，宜选用较小的切削用量。常用于刀尖角小于90°的外圆、端面车刀以及加工不通孔、台阶孔的内孔车刀。

• 正方形（S）：刀刃较短，刀尖强度高。主要用于45°、75°车刀和加工通孔的内孔车刀。

• 80°菱形（C）：100°刀尖角的刀尖强度高，一般用于粗车外圆和端面；80°刀尖角刀刃强度较高，用于加工外圆和端面，也可用于加工台阶孔的内孔车刀。

• 凸三边形（W）：有三个刀刃较短的80°刀尖角，刀尖强度高。主要用于加工外圆、台阶面的93°外圆车刀以及加工台阶孔的内孔车刀。

• 55°菱形（D）：刀尖强度较低，主要用于仿形加工。

• 35°菱形（V）：刀尖强度低，用于仿形加工。

• 圆形（R）：用于加工成形曲面或精车刀具，径向力大。

2号位：表示刀片后角。其中N型刀片后角为0°，一般用于粗车和半精车；B（5°）、

C（7°）、P（11°）型刀片一般用于半精车、精车、仿形加工和内孔加工。

3 号位：表示刀片尺寸公差等级。可转位车刀共有 16 种精度等级，其中 6 种精度等级适用于车刀，代号为 H、E、G、M、N、U，H 级最高，U 级最低。普通车床粗车和半精车选用 U 级，对刀尖位置要求较高的或数控用车刀选用 M 级，要求更高时选用 G 级。

4 号位：表示刀片固定方式及有无断屑槽。刀片固定方式的选择实际上是对刀片夹紧结构的选择。

A—有圆形固定孔，无断屑槽；N—无孔平面型；R—无固定孔，单面有断屑槽；M—有圆形固定孔，单面有断屑槽；G—有圆形固定孔，双面有断屑槽；T—单面有 40°～60°固定沉孔，单面有断屑槽。

5 号位：表示切削刃长度，根据背吃刀量进行选择。一般通的槽型刀片切削刃长度应为背吃刀量的 1.5 倍以上；封闭槽型刀片的切削刃长度应为背吃刀量的 2 倍以上。

6 号位：表示刀片厚度，根据背吃刀量和进给量来选择。

7 号位：表示刀尖圆弧半径。粗车时应尽量选用大的圆弧半径；精车时根据工件的表面粗糙度和进给量大小来选取。

8 号位：表示刃口形式，刃口形式有 F、E、T、S 四种。

F—尖锐刀刃；E—倒圆刀刃；T—倒棱刀刃；S—倒圆倒棱刀刃。

9 号位：表示切削方向。R—右切；L—左切；N—左、右皆切。

10 号位：表示断屑槽型和槽宽。

国家标准规定：可转位车刀的型号由代表一组给定意义的字母和数字代号按一定顺序位置排列组成，共 10 位代号。不管哪一个型号的刀片，都必须使用前 7 位代号，后 3 位代号在必要时才使用，若第 8、9 位代号中只使用其中一位时，则无论是第 8 还是第 9 都写在第 8 位上；此外，无论有无第 8、9 位，第 10 位代号都必须用短横线"-"与前面的代号隔开，并且其字母不得使用第 8、9 位上已经使用的字母。

【案例 6-7】 解释可转位车刀 SNUM150612-V4 所表示的意义。

【解】 可转位车刀表示的意义：正方形、零后角、U 级精度、带孔单面 V 形槽刀片，刀刃长 15.875mm，厚度 6.35mm，刀尖圆弧半径 1.2mm，断屑槽宽 4mm。

② 刀片断屑槽型与适用场合 刀片槽型一共有 16 种，其中常用的槽型为 A、K、V、W、C、B、G、M 型。常用断屑槽型的特点及适用场合见表 6-9。

表 6-9 常用断屑槽型特点及适用场合

槽型代号	槽型特点及适用场合	切削用量	
		f/(mm/r)	a_p/mm
A	槽宽前、后相等。断屑范围比较窄。用于切削用量变化不大的外圆，端面车削与内孔车削	0.15～0.6	1.0～6.0
K	槽前窄后宽，断屑范围较宽，主要用于半精车和精车	0.1～0.6	0.5～6.0
V	槽前后等宽，切削刃强度较好，断屑范围较宽。用于外圆、端面、内孔的精车、半精车和粗车	0.05～1.2	0.5～10.0
W	三级断屑槽型，断屑范围较宽，粗、精车都能断屑，但切削力较大。主要用于半精车和精车。要求系统刚性好	0.08～0.6	0.5～0.6
C	加大刃倾角，切削径向力小。用于系统刚性较差的情况	0.08～0.5	1.0～5.0

槽型代号	槽型特点及适用场合	切削用量	
		f/(mm/r)	a_p/mm
B	圆弧变截面全封闭式槽型,断屑范围广。用于硬材料、各种材料半精加工,精加工以及耐热钢的半精加工	0.1~0.6	1.0~6.0
G	无反屑面、前面呈内孔下凹的盆形,前角较小。用于车削铸铁等脆性材料	0.15~0.6	1.0~6.0
M	为两级封闭式断屑槽,刀尖角为82°,用于吃刀量变化较大的仿形车削	0.2~0.6	1.5~6.0
71	波状刀刃,切屑流向好,易离开工件。正切削作用产生小的切削力。用于粗加工	—	
PF	切削力小,刀刃强度高,精加工时可获得小的表面粗糙度值	0.15~2.3	0.5~2.0
PM	具有宽的断屑范围。对各种材料的加工,都具有优良性能,用于半精加工	0.2~0.6	1.0~7.0
PR	在功率不足时仍有较高生产率,有宽的应用范围,用于粗加工	0.4~1.5	3.0~12
UG	圆点凸台组合式断屑结构。大前角,曲线切削刃,是泛用型刀片。切削力小,适用于中小余量加工,通用性强,还可用来切削铝合金	—	
63	前面密布小凹坑,刀尖有一级断屑槽,直线切削刃,刀刃强度高。用于各种钢、铸件粗加工	(0.3~0.8)r_ε	1.0~2L/3[①]
4	有11°刃倾角,变槽宽,切削力小、三维槽型。正前角设计,切屑远离工件,断屑性能好。适用于钢材精加工	0.16~0.6	0.5~L/2
6	多用途槽型设计,双正前角,切削力小。适于a_p、f变化较大的轻、中、重型切削。用于加工合金钢、不锈钢、铸钢	0.2~1.0	1~3/4L

① L—切削刃长度。

③ 可转位车刀夹紧结构的选择 可转位车刀刀片的夹紧结构很多,常用的夹紧结构及其特点如表 6-10 所示。

表 6-10 可转位车刀刀片的夹紧结构

名称	结构示意图	定位面	夹紧件	主要特点和使用场合
杠杆式		底面周边	杠杆螺钉	定位精度高,调节余量大,夹紧可靠,拆卸方便。卧式车床,数控车床均能使用
楔钩式		底面孔周边	楔形压板螺钉	是楔压和上压的组合式。夹紧可靠,装卸方便。重复定位精度低。适用于卧式车床断续切削车刀
楔销式			楔块螺钉	刀片尺寸变化较大时也可夹紧,装卸方便,适用于卧式车床进行连续车削车刀

续表

名称	结构示意图	定位面	夹紧件	主要特点和使用场合
上压式			压板螺钉	夹紧元件小,夹紧可靠,装卸容易,排屑受一定影响。卧式车床、数控车床均能使用
偏心式		底面周边	偏心螺钉	夹紧元件小,结构紧凑,刀片尺寸误差对夹紧影响较大,夹紧可靠性差。适用于轻、中型连续切削车刀
螺销上压式			压板螺钉偏心螺销	是偏心和上压式的组合式。螺销旋入时上端圆柱将刀片推向定位面,压板从上面压紧刀片。夹紧可靠,重复定位精度高。用于数控车床的车刀
压孔式			锥形螺钉	结构简单,零件少,定位精度高,容屑空间大,对螺钉质量要求高,适用于数控车床上使用的内孔车刀和仿形车刀

6.5 车床附件及车削加工方法

(1) 车床附件

① 三爪自定心卡盘　三爪卡盘的结构如图 6-29 所示,它是通过法兰盘安装在车床主轴上的。卡盘中的大锥齿轮 3 与三个均布且带有扳手孔 1 的小锥齿轮 2 啮合。使用时,将扳手插入孔 1 中使小锥齿轮转动,可带动大锥齿轮旋转,大锥齿轮背面的平面螺纹与三个卡爪背面的平面螺纹啮合。卡爪随着大锥齿轮的转动作同步径向移动,从而使工件夹紧或松开。

三爪卡盘能实现自动定心,夹紧工件无需找正,特别适合装夹圆形、正三角形、正六边形等工件。但三爪卡盘夹紧力小,传递扭矩不大,只适用于装夹中小型工件。

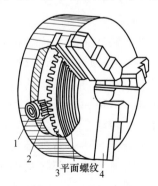

图 6-29　三爪卡盘

1—扳手孔;2—小锥齿轮;3—大锥齿轮;

4—卡爪

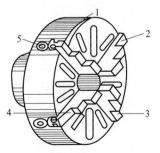

图 6-30　四爪卡盘

1~4—卡爪;5—丝杠

②　四爪单动卡盘　四爪单动卡盘的结构如图 6-30 所示。它有四个互不相关的卡爪，每个卡爪的背面有半瓣内螺纹与丝杠啮合，可独立进行调整。四爪卡盘不但能夹持圆形的工件，还能夹持矩形、椭圆形和其它不规则形状的工件。四爪卡盘夹紧力大，但校正和找正麻烦，对工人的技术水平要求较高，适用于单件、小批生产中安装较重或不规则的工件。

③　花盘　花盘的结构及其使用如图 6-31 所示。花盘是安装在车床主轴上的一个大圆盘，其端面有许多长槽，用以穿放螺栓、压紧工件；花盘的端面应平整，且应与主轴中心线垂直。花盘适用于单件、小批生产中形状不规则或大而薄的工件。

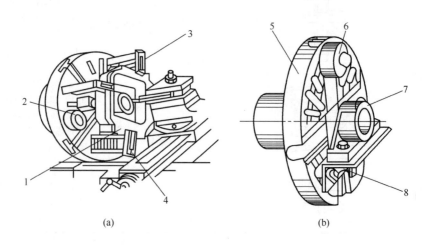

(a)　　　　　　　　　　　　　(b)

图 6-31　用花盘装夹工件
1,7—工件；2,6—平衡块；3—螺栓；4—压板；5—花盘；8—弯板

当零件上需加工的平面相对于安装平面有平行度要求或加工的孔和外圆的轴线相对于安装平面有垂直度要求时，则可以把工件用压板、螺栓安装在花盘上加工 [图 6-31 (a)]。当零件上需加工的平面相对于安装平面有垂直度要求或需加工的孔和外圆的轴线相对于安装平面有平行度要求时，则可以用花盘、角铁（弯板）安装工件 [图 6-31 (b)]。角铁要有一定的刚度，用于贴靠花盘及安放工件的两个平面，应有较高的垂直度。

当使用花盘安装工件时，往往重心偏向一边，因此需要在另一边安装平衡块，以减小旋转时的离心力，并且主轴的转速应选得低一些。

④　顶尖、鸡心夹头和拨盘　车削轴类工件时，常用顶尖和鸡心夹头装夹工件，如图 6-32 所示。

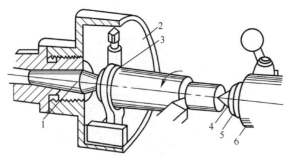

图 6-32　顶尖和鸡心夹头装夹工件
1—顶尖；2—拨盘；3—鸡心夹头；
4—尾顶尖；5—尾座套筒；6—尾座

工件由装在主轴孔内的前顶尖和装在尾座内的后顶尖支承工件，由拨盘、鸡心夹头带动工件旋转。前顶尖随主轴一起转动；后顶尖不随工件一起转动或随工件一起转动。

顶尖分死顶尖（普通顶尖）和活顶尖两种。不随工件一起转动的顶尖称为死顶尖，随工件一起转动的顶尖称为活顶尖。死顶尖和活顶尖的结构如图 6-33 所示。

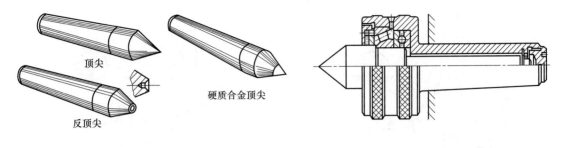

(a) 死顶尖　　　　　　　　　　　　(b) 活顶尖

图 6-33　死顶尖和活顶尖

死顶尖刚性好，定心准确，但与工件中心孔之间因滑动摩擦而产生高温，容易将中心孔或顶尖"烧坏"，死顶尖适用于切削速度低、精度要求高的工件。活顶尖将顶尖与工件中心孔间的滑动摩擦变成顶尖内部轴承的滚动摩擦，能在高速下工作；但活顶尖存在一定的装配累积误差，而且当滚动轴承磨损后，会使顶尖产生径向摆动，降低加工精度，一般用于轴的粗车或半精车。

顶尖尾端锥面的圆锥角较小，所以前、后顶尖是利用尾部锥面分别与主轴锥孔和尾架套筒锥孔的配合而装紧的。因此，安装顶尖时必须先擦净顶尖锥面和锥孔，然后用力推紧。

校正时，将尾架移向主轴箱，使前、后两顶尖接近，检查其轴线是否重合。如不重合，需将尾架体作横向调节，使之符合要求。否则，车削的外圆将成锥面。

在两顶尖上安装轴件，因两端是锥面定位，安装工件方便，不需校正，定位精度较高；经过多次调头或装卸，工件的旋转轴线不变，仍是两端 60° 锥孔的连线。因此，可保证在多次调头或安装中所加工的外圆有较高的同轴度。

⑤ 中心架和跟刀架　加工细长轴（长径比 $L/D>10$）时，为了防止工件受径向切削力的作用而产生弯曲变形，常用中心架或跟刀架作为辅助支承，以增加工件刚性。

中心架固定在床身导轨上，中心架上有三个可独立调整的支承爪支承工件，并可用调节螺钉固定。使用时，将工件安装在前、后顶尖上，先在工件支承部位精车一段光滑表面，再将中心架固紧于导轨的适当位置，最后调整三个支承爪，使之与工件支承面接触，并调整至松紧适宜（图 6-34）。

跟刀架固定在车床的床鞍上，随刀架纵向运动。跟刀架有两个支承柱，紧跟在车刀后面起辅助支承作用。因此，跟刀架主要用于细长光轴的加工。使用跟刀架需先在工件右端车削一段外圆，根据外圆调整两支承爪的位置和松紧，然后就可以车削光轴的全长（图 6-35）。

使用中心架和跟刀架时，工件转速不宜过高，并需对支承爪处加注机油润滑。

(2) 车削加工方法

① 车外圆　车外圆常用的基本刀具有 90° 偏刀、45° 偏刀和 75° 直头外圆车刀。车削加工时，车刀在方刀架上伸出的长度应尽量短些，以提高刀具的刚度；车刀的刀尖应与机床主轴中心等高。

车削外圆时，工件的装夹通常有以下几种形式：

形状不规则、尺寸较大的单件或小批量毛坯工件，采用四爪卡盘装夹；四爪卡盘装夹不便时，可考虑在花盘上装夹；中批以上生产时，应采用专用夹具装夹。

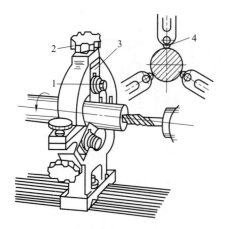 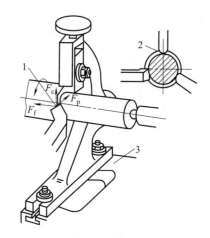

图 6-34　中心架
1—固定螺母；2—调节螺钉；
3—支承爪；4—支承辊

图 6-35　跟刀架
1—刀具对工件的作用力；
2—硬质合金支承块；3—床鞍

对于车外圆后，需要磨削、铣削等工序加工较长的轴类或丝杠类零件时，应采用拨盘、鸡心夹头和双顶尖装夹。

对于较重的长轴类工件，粗车外圆时应采用"一夹一顶"的装夹方式。

对内孔已加工且内孔和外圆有同轴度要求的短轴类零件，可采用芯轴进行装夹。

对于长径比较大、需要掉头的轴类零件，可采用中心架装夹。

精车切削余量小且不允许掉头的细长光轴零件，可采用跟刀架装夹。

② 车圆锥面　车床上车削圆锥面通常有以下三种方法。

a. 小滑板转位法　当内、外圆锥面的锥角为 α 时，将小刀架转位 $\alpha/2$ 即可车削锥面。这种方法操作简单，可加工任意锥角的内、外圆锥面，但只能手动进给，加工长度较短。小滑板转位法如图 6-36 所示。

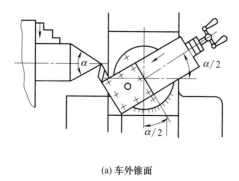 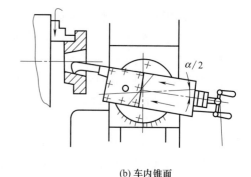

(a) 车外锥面

(b) 车内锥面

图 6-36　小滑板转位法

b. 尾座偏移法　尾座偏移法只能加工轴类工件或安装在芯轴上的盘套类工件的锥面。如图 6-37 所示，将工件或芯轴装夹在前、后顶尖之间，把后顶尖向前或向后偏移一定距离 s，使工件回转轴线与车床主轴回转轴线的夹角等于圆锥半角 $\alpha/2$，即可自动走刀车削圆锥面。这种方法适宜加工锥度较小、长度较长和精度要求不高的工件，而且不能加工内锥面。

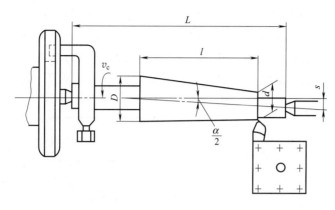

图 6-37　尾座偏移法

c. 靠模法　图 6-38 为靠模法加工锥面的结构，将靠模上的靠模板绕中心转到与工件成 $\alpha/2$ 角，用螺钉固定。当床鞍作纵向进给时，通过靠模装置使中滑板横向进给，即可车削锥面。

靠模法车削锥面的优点是准确方便，中心孔接触良好，质量较高。这种方法可实现机动进给车削外圆锥面，斜角一般在 12°以下，适合成批生产。

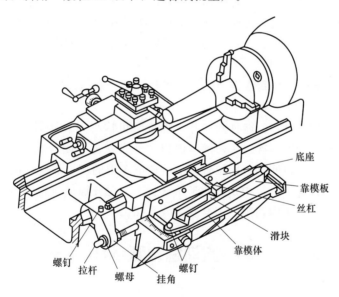

图 6-38　靠模的结构

③ 车螺纹（图 6-39）

a. 直进法　直进法是指车刀在每次纵向进给后再横向进刀，通过多次纵向进给和横向进给来完成螺纹的车削加工。直进法车削螺纹时，车刀两侧刃同时切削，容易产生扎刀现象，常用于小螺距三角形螺纹的车削。

b. 左、右车削法　左右车削法是指车刀除横向进刀外，还利用小滑板把车刀向左或向右微量进给，重复几次后将螺纹车削完成。这种方法是利用车刀单刃切削，受力较好，螺纹的表面质量好。粗车时，小滑板可向一个方向移动；精车时，必须使小滑板向左和向右各移动一次以修光两侧面，精车最后 1~2 刀时可采用直进法以保证牙型正确。

c. 斜向切削法　将小刀架扳转一角度，使车刀沿平行于所车螺纹右侧方向进刀，使得车刀两刀刃中，基本上只有一个刀刃切削。这种方法切削力小，散热和排屑条件较好，切削用量大，生产率较高，但牙型误差较大。一般适用于较大螺距螺纹的粗车。

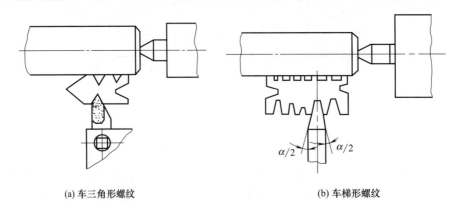

(a) 车三角形螺纹　　　　　　　　　(b) 车梯形螺纹

图 6-39　车削外螺纹

车螺纹时，车刀的移动是靠开合螺母与丝杠的啮合来带动的，一条螺纹需经过多次走刀才能完成。当车完一刀再车另一刀时，必须保证车刀总是落在已切出的螺纹槽中，否则就叫"乱扣"，导致工件报废。产生"乱扣"的主要原因是车床丝杠的螺距 $P_{丝}$ 与工件的螺距 $P_{工}$ 不是整数倍而造成的。

当 $P_{丝}/P_{工}$＝整数倍时，每次走刀之后，可打开"开合螺母"机构将车刀横向退出，纵向摇回刀架，此时不会发生"乱扣"。

若 $P_{丝}/P_{工} \neq$ 整数倍时，不能打开"开合螺母"机构将刀具摇回刀架，而是采用开正、反车的方法。即在车刀走刀一次之后，继续保持"开合螺母"闭合状态，沿径向退出车刀，开倒车将工件反转，使车刀回到起始位置；然后调节车刀的切入深度，使主轴正转，进行下一次走刀。由于"开合螺母"机构始终处于闭合状态，对开螺母与丝杠始终啮合，车刀刀尖也就会准确地在固定螺旋槽内切削，不会发生"乱扣"。

实训练习题

一、填空题

1. 车床主要加工_____表面，安装工件时要使加工表面的中心与车床主轴中心_____。

2. 车床光杠的作用是_____，丝杠的作用是_____；作为传动件的丝杠，其牙型一般为_____螺纹。

3. CA6140 车床上控制主轴的开停和换向采用了_____。

4. CA6140 车床可加工_____、_____、_____和_____四种螺纹。

5. CA6140 车床车螺纹属于_____联系传动链，车圆柱面和端面属于____联系传动链。

6. 在 CA6140 车床的螺纹进给传动系统中，加工标准公制螺纹的传动链采用_____的变速机构，以实现螺距的等差排列要求。

7. 加工细长轴时，为防止因径向力作用使工件产生弯曲变形，车刀宜用_____的主偏角。

8. 车刀安装在车床的_____上，刀尖应与车床的_____等高；刀杆中心线应与_____垂直。

9. 主偏角为90°的偏刀，通常用来加工轴类零件的_____表面和_____面。

10. 请举出车外圆时常用的三种车刀_____、_____和_____。

11. 车床上安装轴类零件时，常用的顶尖有_____顶尖和_____顶尖。

12. 三爪卡盘的三个卡爪可同时向中心_____，因此具有自动_____的作用。

13. 车削细长轴时为防止切削力使轴变形，常用的机床附件是_____和_____。

二、判断题

1. 车床的主轴转速就是车削时的切削速度。（　　）

2. 在车床上主轴转速提高，刀架纵向移动加快，则纵向进给量增大。（　　）

3. 在车床上车螺纹时，任何情况下都不能脱开对开螺母。（　　）

4. 车床附件中心架和跟刀架在使用时都是安装在车床床身导轨上。（　　）

5. 为车削空心轴的外围表面，只能用卡盘夹持而不能用顶尖支承。（　　）

6. 车削加工中，背吃刀量 a_p 越小，表面粗糙度值越小。（　　）

7. 在普通车床上加工工件的尺寸精度可以达到IT3。（　　）

8. 车床是直线进给的车刀对旋转运动的工件进行切削加工的机床。（　　）

9. 车床的主轴箱是主轴的进给机构。（　　）

10. 在CA6140型车床上主要为了提高车削螺纹传动链的传动精度和减小螺纹传动链中丝杠螺母副的磨损以长期保持其传动精度，所以车削螺纹与机动进给分别采用丝杠和光杠传动。（　　）

11. 车床上可以加工螺纹、钻孔、加工圆锥体。（　　）

12. 主轴部件是机床的执行件。（　　）

13. 机床加工某一具体表面时，至少有一个主运动和一个进给运动。（　　）

三、单项选择题

1. 普通车床的传动系统中，属于内联系传动链的是（　　）。

A. 主运动传动链　B. 机动进给传动链　　C. 车螺纹传动链　D. 快速进给传动链

2. 车单线螺纹时，为获得准确的螺距必须（　　）。

A. 正确调整主轴与丝杠间的换向机构　　B. 正确安装车刀

C. 保证工件转一圈车刀准确移动一个螺距　D. 正确刃磨车刀

3. 某传动系统中，电动机经 V 带副带动 I 轴，I 轴通过一对双联滑移齿轮副传至 II 轴，II 轴与 III 轴之间为三联滑移齿轮副传动，则 III 轴可以获得（　　）不同的转速。

A. 3 种　　　　　B. 5 种　　　　　C. 6 种　　　　　D. 8 种

4. 在CA6140车床上用纵向丝杠带动溜板箱及刀架的移动，仅用于进行（　　）的车削。

A. 外圆柱面　　　B. 螺纹　　　　　C. 内圆柱面　　　D. 圆锥面

5. 普通车床主轴前端的锥孔为（　　）锥度。

A. 米制　　　　　B. 英制　　　　　C. 莫氏　　　　　D. 公制

6. 车床的开合螺母机构主要是用来（　　）。

A. 防止过载　　B. 自动断开走刀运动　C. 接通或断开螺纹运动　D. 自锁

7. 在车床上安装工件时，能自动定心并夹紧工件的夹具是（　　）。

A. 三爪卡盘　　　　B. 四爪卡盘　　　　　C. 中心架

8. 用一把车刀车削外圆、端面和倒角，主偏角应选用（　　）。

A. 45°　　　　　　B. 60°　　　　　　C. 75°　　　　　D. 90°

9. 车削细长轴时，为了减少工件弯曲变形，所用右偏刀的主偏角最好选用（　　）。

A. 30°　　　　B. 45°　　　　C. 60°　　　　D. 75°　　　　E. 90°

10. 变换（　　）外的手柄，可以使光杠得到各种不同的转速。

A. 主轴箱　　　　B. 溜板箱　　　　C. 交换齿轮箱　　　　D. 进给箱

11. CA6140 型车床主传动系统采用了（　　）传动系统。

A. 多公比　　　　B. 多速电动机　　　　C. 分支传动　　　　D. 交换齿轮

12. 关于英制螺纹，下列（　　）说法不正确。

A. 英制螺纹的螺距参数是每英寸长度上的牙数

B. 英制螺纹的导程按近似于调和数列的规律排列

C. 英制螺纹的导程换算成以毫米表示时，应乘以 25.4mm

D. 在 CA6140 车床上车英制螺纹时，进给箱中的传动路线与车削公制螺纹时不同

13. 下列不属于机床执行件的是（　　）。

A. 主轴　　　　B. 刀架　　　　　C. 步进电动机　　　　D. 工作台

四、简答题

1. 简述车削加工的特点及应用范围。

2. 简述 CA6140 卧式车床的主要部件及其作用。

3. 简述 CA6140 卧式车床螺纹进给传动链的异同。

4. CA6140 型卧式车床纵向进给量分为哪几种？它们各自的用途是什么？

5. 列出 CA6140 传动系统图中细进给量的传动路线。

6. 请简要说明 CA6140 传动系统中各离合器 $M_1 \sim M_9$ 的功用。

7. 为什么卧式车床主轴箱的运动输入轴（Ⅰ轴）常采用卸荷式带轮结构？对照传动系统图说明转矩是如何传递到轴Ⅰ的。

8. 试分析 CA6140 型卧式车床的主轴组件在主轴箱内怎样定位？其径向和轴向间隙怎样调整？

9. 为什么通过配换挂轮可以车削精密螺纹？能否在 CA6140 车床上，用车大导程螺纹传动链车削较精密的非标螺纹？

10. 在车床溜板箱中，开合螺母操纵机构与机动纵向和横向进给操纵机构之间为什么需要互锁？试分析互锁机构的工作原理。

11. 简述常用车刀的种类及用途。

12. 简述车床上的常用附件及其用途。

五、计算题

1. 在 CA6140 车床上车削螺距 $P_h = 10$mm 的公制螺纹，试指出能够加工这一螺纹的传动路线有哪几条？并列出其传动路线表达式。

2. 在 CA6140 型卧式车床上车削下列螺纹：

(1) 米制螺纹 $P = 3$mm，$k = 2$；$P = 8$mm，$k = 2$。

(2) 英制螺纹 $a = 4$ 牙/in。

(3) 模数制螺纹 $m=3.5\text{mm}$，$k=2$。

(4) 径节制螺纹 $DP=48$ 齿/in。

试列出其传动路线表达式，并说明车削这些螺纹时可采用的主轴转速范围及其理由。

3. 当 CA6140 型卧式车床上的主轴转速为 $450\sim1400\text{r/min}$（其中 500r/min 除外），为什么能够获得细进给量？在进给箱传动路线一定的情况下，细进给量与常用进给量的比值是多少？

六、分析题

1. 分析 CA6140 型卧式车床出现下列现象的原因，并指出解决办法：

(1) 车削过程中产生闷车现象。

(2) 扳动主轴开、停和换向操纵手柄十分费力，甚至不能稳定地停留在终点位置上。

(3) 将操纵手柄扳至停车位置时，主轴不能迅速停止。

(4) 安全离合器打滑，刀架不进给。

2. 已知溜板箱传动件完好无损，开动 CA6140 型卧式车床，当主轴正转时，光杠已转动，通过操纵进给机构使 M_6 或 M_7 接合，刀架却没有进给运动，试分析原因。

3. 在 CA6140 型卧式车床的进给传动系统中，主轴箱和溜板箱中各有一套换向机构，它们的作用有何不同？能否用主轴箱中的换向机构来变换纵、横向机动进给的方向？为什么？

4. 在 CA6140 型卧式车床主传动链中，能否用双向牙嵌式离合器或双向齿轮式离合器代替双向多片式摩擦离合器以实现主轴的开停及换向？在进给传动链中，能否用单向多片式摩擦离合器或电磁离合器代替齿轮式离合器 M_3、M_4、M_5？为什么？

5. 为什么 CA6140 型卧式车床主轴转速在 $450\sim1450\text{r/min}$ 条件下，并采用扩大螺距机构，刀具获得微小进给量，而主轴转速为 $10\sim125\text{r/min}$ 条件下，使用扩大螺距机构，刀具却获得大进给量？

6. 试分析 CA6140 型卧式车床的传动系统：

(1) 这台车床的传动系统有几条传动链？指出各传动链的首端件和末端件。

(2) 分析车削模数螺纹和径节螺纹的传动路线，并列出其运动平衡式。

(3) 为什么车削螺纹时用丝杠承担纵向进给，而车削其他表面时，用光杠传动纵向和横向进给？能否用一根丝杠承担纵向进给又承担车削其他表面的进给运动？

7. 在 CA6140 型卧式车床的主运动、车削螺纹运动、纵向和横向进给运动和快速运动等传动链中，哪条传动链的两端件之间具有严格的传动比？哪条传动链是内联系传动链？

8. 判断下列结论是否正确，并说明理由。

(1) 车米制螺纹转换为车英制螺纹，用同一组（螺纹）交换齿轮，但要转换传动路线。

(2) 车模数螺纹转换为车径节螺纹，用同一组（模数）交换齿轮，但要转换传动路线。

(3) 车米制螺纹转换为车径节螺纹，用英制传动路线，但要改变交换齿轮。

(4) 车英制螺纹转换为车径节螺纹，用英制传动路线，但要改变交换齿轮。

9. 下图所示为 CA6140 型车床主轴箱支承结构，1 是螺母，2 是锁紧螺钉，3 是后轴承，4 是螺母，5 是锁紧螺钉，6 是轴承，7 是前轴承，8 是螺母。试分析：

(1) 主轴上的径向载荷和轴向载荷分别由哪个轴承承受？

(2) 简述前端径向支承轴承间隙的调整方法。

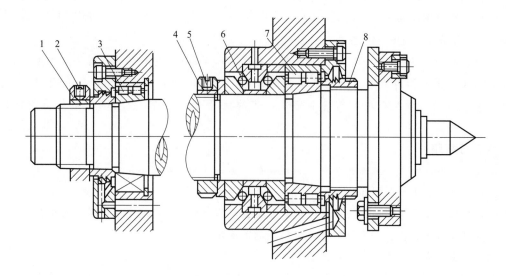

第7章

铣削加工

●知识目标

　　铣削加工的工艺特征及应用范围。
　　X6132 铣床的结构和传动系统。
　　X6132 铣床分度头的分度方法。
　　铣刀的种类、结构及其选用。

●能力目标

　　X6132 铣床结构的认知能力。
　　X6132 铣床传动系统的分析能力。
　　FW250 分度头的原理及其分度计算。
　　常用铣刀的种类、结构及其选用。

7.1　铣削加工概述

(1) 铣削加工工艺

　　铣削加工是将工件用虎钳或夹具固定在铣床工作台上，将铣刀安装在主轴前端刀杆或主轴上，通过铣刀的旋转与工件或铣刀的进给运动相配合，实现平面或成形面加工的方法。

　　铣床的加工范围很广，使用不同规格的铣刀可以加工平面、键槽、V 形槽、T 形槽、燕尾槽、螺旋槽、齿轮、成形表面及切断工件等。铣削加工的工艺范围见图 7-1。

(2) 铣削加工的运动

　　铣削加工的运动有主运动、进给运动和辅助运动。

　　铣削加工的主运动是铣床主轴带动刀具的旋转运动；铣削加工的进给运动是铣床工作台带动工件的直线运动［图 7-1 (a)～(f)］和铣床工作台带动工件的平面回转运动或曲线运动［图 7-1 (o)、(p)］；铣削加工的辅助运动是指铣床工作台带动工件快速接近铣刀的运动；对有螺旋槽和齿轮表面的零件的加工，还要将零件装夹在分度头等附件上实现螺旋进给和分齿运动［图 7-1 (m)、(n)］。

(3) 工件的安装方式

　　在铣床上加工工件时，工件的安装方式主要有三种。

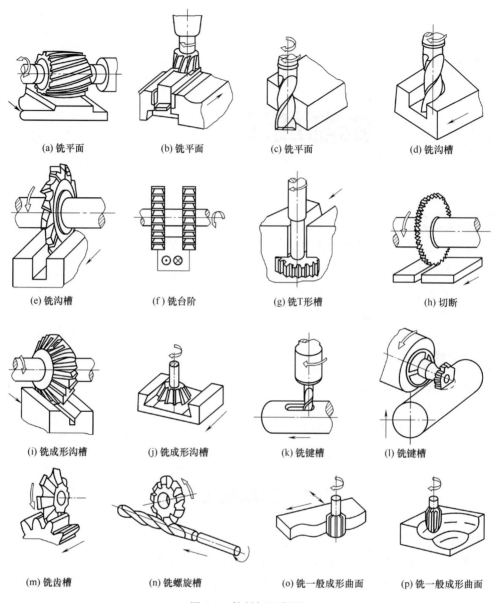

(a) 铣平面　　　　(b) 铣平面　　　　(c) 铣平面　　　　(d) 铣沟槽

(e) 铣沟槽　　　　(f) 铣台阶　　　　(g) 铣T形槽　　　　(h) 切断

(i) 铣成形沟槽　　　(j) 铣成形沟槽　　　(k) 铣键槽　　　　(l) 铣键槽

(m) 铣齿槽　　　　(n) 铣螺旋槽　　　(o) 铣一般成形曲面　　(p) 铣一般成形曲面

图 7-1　铣削加工范围

利用螺栓和压板直接将工件安装在铣床工作台上，并用百分表、划针等工具找正工件，常用于大型工件的安装。

采用平口钳、V 形架和分度头等通用夹具装夹工件，常用于形状简单的中、小型工件的安装。

采用专用夹具进行装夹工件。常用于精度要求较高的表面和批量生产的情况。工件的安装方式如图 7-2 所示。

（4）铣削运动方式

铣削运动方式分为圆周铣削和端面铣削两种方式（图 7-3）。利用铣刀圆周齿进行切削的铣削方式称为周铣，利用铣刀端部齿进行铣削的方式称为端铣。

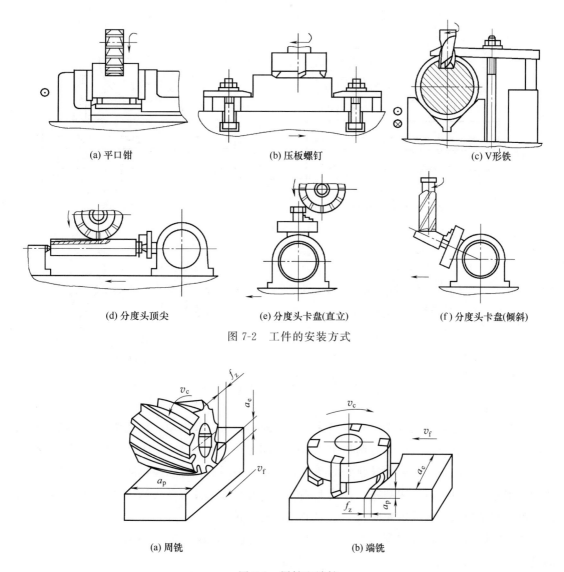

(a) 平口钳　　　　　　(b) 压板螺钉　　　　　　(c) V形铁

(d) 分度头顶尖　　　　(e) 分度头卡盘(直立)　　　(f) 分度头卡盘(倾斜)

图 7-2　工件的安装方式

(a) 周铣　　　　　　　　　(b) 端铣

图 7-3　周铣和端铣

① 圆周铣削　圆周铣削包括逆铣和顺铣两种方式（图 7-4）。铣刀的旋转方向和工件的进给方向相反的称为逆铣，反之则称为顺铣。

逆铣时，每齿切削厚度由零到最大；切削刃开始时不易切入工件，会在工件已加工表面上滑行一小段距离，故工件表面冷硬程度加重，表面粗糙度变大，刀具磨损加剧；铣削力作用在垂直方向的分力向上，不利于工件的夹紧；但水平分力的方向与进给方向相反，有利于工作台的平稳运动。

顺铣时，每齿切削厚度由最大到零，刀齿和工件间无相对滑动，故加工面上没有因摩擦造成的硬化层，工件切削容易，表面粗糙度值小，刀具寿命长；顺铣时，铣削力在垂直方向的分力始终向下，有利于工件夹紧；但铣削力作用在水平方向的分力与进给方向相同，当其大于工作台和导轨之间的摩擦力时，就会把工作台连同丝杠向前拉动一段距离，这段距离等于丝杠和螺母间的间隙，因而将影响工件的表面质量，严重时还会损坏刀具，造成事故。

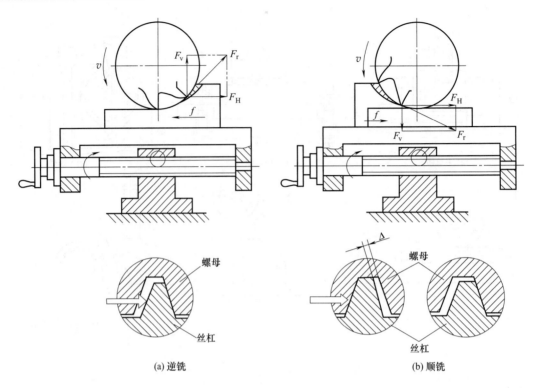

图 7-4　逆铣和顺铣

　　综上所述，尽管顺铣较逆铣有很多优点，但因其容易引起振动，仅能对表面无硬皮的工件进行加工，并且要求铣床装有调整丝杠和螺母间隙的顺铣装置，所以只在铣削余量较小，产生的切削力不超过工作台和导轨间的摩擦力时，才采用顺铣；如果机床上有顺铣装置，在消除间隙之后，也可以采用顺铣。在其他情况下，尤其加工具有硬皮的铸件、锻件毛坯时和使用没有间隙调整装置的铣床时，一般都采用逆铣方式。

　　② 端面铣削　端面铣削（图 7-5）有三种方式：对称铣削、不对称逆铣和不对称顺铣。

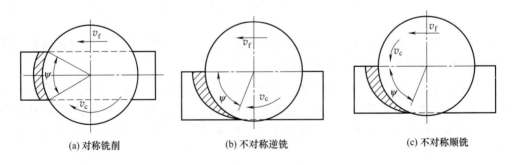

图 7-5　端面铣削

　　铣刀处于工件对称位置的铣削称为对称铣削。对称铣削时铣刀切入和切出的厚度相同，平均厚度较大，工件的前半部分为顺铣，后半部分为逆铣。对称铣削适用于工件宽度接近铣刀直径且铣刀齿数较多的情况，铣削淬硬钢时常采用对称铣削方式。

工件的铣削宽度偏于铣刀回转中心一侧的铣削方式称为不对称铣削。不对称逆铣时，切入厚度较小，切出厚度较大。铣削碳钢和合金钢时，采用这种方式可减小切入冲击，提高刀具使用寿命。不对称顺铣时，切入厚度较大，切出厚度较小，这种切削方式一般很少采用。但不对称顺铣用于铣削不锈钢和耐热合金钢时，可减少硬质合金刀具剥落破损，切削速度可提高 $40\%\sim60\%$。

(5) 铣削加工的特点

铣刀是多刃刀具，铣削时每个刀齿周期性地断续切削，刀齿散热条件好，铣削效率高。

铣削加工范围广，可以加工某些切削方法无法加工或难以加工的表面。例如可铣削四周封闭的凹平面、圆弧形沟槽、具有分度要求的小平面和沟槽等。

铣削加工中，每个刀齿是周期性地切入切出，形成断续切削，铣削过程不平稳；加工中会产生冲击和振动，会影响刀具的使用寿命和工件的表面质量。

铣刀结构复杂，铣刀的制造与刃磨较困难，所以铣削成本高。

铣削加工可以对工件进行粗加工和半精加工，加工精度可达 IT7~IT9，精铣表面粗糙度值 Ra 在 $3.2\sim1.6\mu m$。

铣削加工适用于单件小批量生产，也适用于大批量生产。

7.2　铣削加工设备

(1) 铣床的分类

铣床的种类很多，根据铣床的结构和用途不同，分为卧式铣床、立式铣床、龙门铣床、仿形铣床和工具铣床等。图 7-6 为常用的铣床类型。

立式和卧式升降台铣床主要用于单件、小批量生产中的平面、沟槽和台阶面加工；龙门铣床主要用于成批和大量生产中大、中型工件的平面和沟槽加工；万能工具铣床主要用于工具、刀具和各种模具的加工，也可用于仪器仪表行业具有复杂表面的零件加工；圆台铣床主要用于成批和大量生产中小零件的加工。

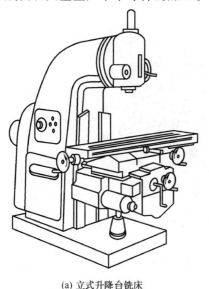

(a) 立式升降台铣床　　　　　　　　　　　(b) 龙门铣床

图 7-6

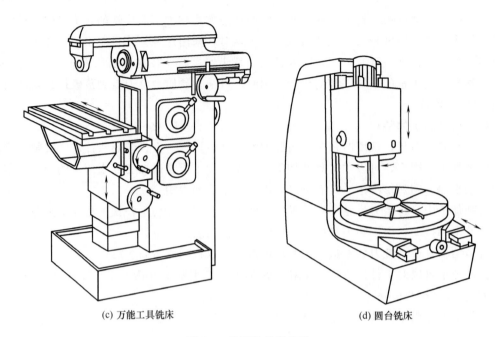

(c) 万能工具铣床　　　　　　　　(d) 圆台铣床

图 7-6　常用的铣床类型

(2) X6132 型万能升降台铣床

万能升降台铣床与一般升降台铣床的主要区别在于工作台除了具有纵向、横向和垂直方向的进给运动外，还能绕垂直轴线在±45°范围内回转，从而扩大了铣床的工艺范围。

X6132 型万能升降台铣床的结构主要包括以下部分，如图 7-7 所示。

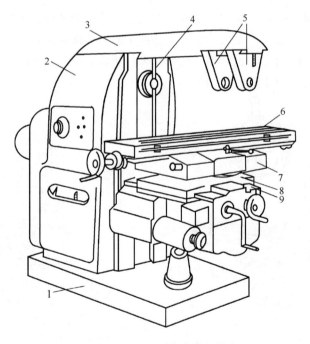

图 7-7　X6132 型万能升降台铣床

1—底座；2—床身；3—悬梁；4—主轴；5—刀轴支架；

6—工作台；7—回转盘；8—床鞍；9—升降台

底座：用来支撑铣床的全部重量和盛放冷却润滑液，底座上装有冷却润滑电动机。

床身：用来安装和连接机床其它部件，床身的前面有燕尾形垂直导轨，供升降台上下移动，床身后装有电动机。

悬梁：用来支承安装铣刀和芯轴，以加强刀杆的刚度。悬梁可以在床身顶部水平导轨中移动，调整其伸出长度。

主轴：用来安装铣刀，由主轴带动铣刀刀杆旋转。

工作台：用来安装机床附件或工件，并带动它们作纵向移动。台面上有3个T形槽，用来安装T形螺钉或定位键。

回转盘：使纵向工作台绕回转盘轴线作±45°转动，用来铣削螺旋表面。

床鞍：装在升降台的水平导轨上，带动工作台一起作横向移动。

升降台：支承工作台，并带动工作台垂直移动。

(3) X6132型万能升降台铣床的技术参数（表7-1）

表7-1 X6132型万能升降台铣床的技术参数

名　称		技　术　参　数
工作台尺寸(宽×长)/mm		320×1250
主轴	转速级数	18
	转速范围/(r/min)	30～1500
	锥孔锥度	7:24
工作台最大行程/mm	纵向	800
	横向	300
	垂直	400
进给量(21级)/(mm/min)	纵向	10～1000
	横向	10～1000
	垂直	3.3～333
快速进给量/(mm/min)	纵向与横向	2300
	垂直	766.6
电动机功率	主电动机	7.5kW,1450r/min

7.3 X6132型万能升降台铣床

(1) 主运动传动系统

X6132型万能升降台铣床的传动系统如图7-8所示。

X6132型万能升降台铣床的主运动传动路线表达式为：

$$n_{主电动机} - I - \frac{\phi150}{\phi290} - II - \begin{bmatrix} 19/36 \\ 22/33 \\ 16/38 \end{bmatrix} - III - \begin{bmatrix} 27/37 \\ 17/46 \\ 38/26 \end{bmatrix} - IV - \begin{bmatrix} 80/40 \\ 18/71 \end{bmatrix} - 主轴 V$$

主传动系统共获得18级转速，主轴的旋转方向由电动机改变正、反转实现变向，主轴的制动是通过安装在轴Ⅱ上的电磁离合器M进行控制。

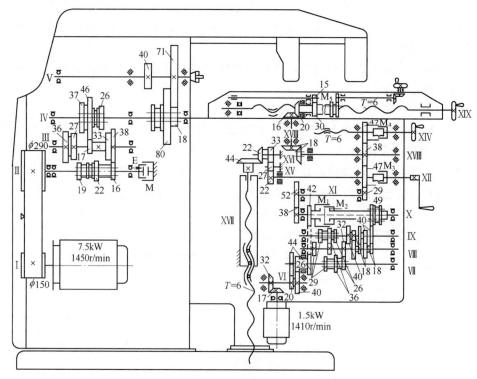

图 7-8　X6132 型万能升降台铣床的传动系统

(2) 进给运动传动系统

X6132 型万能升降台铣床的工作台可以实现纵向、横向和垂直三个方向的进给运动和快速移动，进给运动由进给电动机驱动。其传动路线表达式为：

$$n_{进给电动机}-\frac{17}{32}-VI-\left[\begin{array}{c}\frac{20}{44}-VII-\begin{bmatrix}29/29\\36/22\\26/32\end{bmatrix}-VIII-\begin{bmatrix}32/26\\22/36\\29/29\end{bmatrix}-IX-u_{曲回机构}-M_{2合}-\\ \frac{40}{26}\times\frac{44}{22}-M_{1合}\quad(快速进给路线)\end{array}\right]-X-\frac{38}{52}-$$

$$XI-\frac{29}{47}-XII-\left[\begin{array}{c}\frac{47}{38}-XIII-\begin{bmatrix}18/18-XVIII-16/20-M_{5合}-XIX\quad(纵向进给)-\\ 38/47-M_{4合}-XIV\quad(横向进给)\end{bmatrix}\\ M_{3合}-XII-22/27-XV-27/33-XVI-22/44-XVII\quad(垂直进给)\end{array}\right]$$

理论上，铣床在三个进给方向上均可获得 3×3×3＝27 种不同的进给量，但实际上一共可以获得 21 种不同的进给量，其中纵向和横向进给速度范围为 10～1000mm/min，垂直方向进给速度范围为 3.3～333mm/min。

(3) X6132 型万能升降台铣床的典型结构

① 主轴部件　铣床的主轴部件如图 7-9 所示。X6132 型铣床的主轴用于安装铣刀并带动其旋转，主轴采用三支承结构提高其刚性以减少振动；前支承采用 D 级精度的圆锥滚子轴承，承受径向力和向左的轴向力，中间支承采用 E 级圆锥滚子轴承，承受径向力和向右的轴向力，后支承采用 G 级的单列深沟球轴承，只承受径向力，主轴的回转精度由前支承

和中间支承保证；主轴轴承间隙的调整是通过调整螺母 10 和旋紧螺钉 3 完成的。

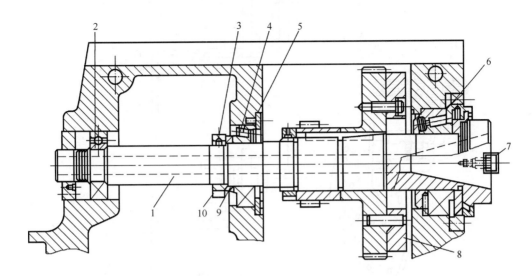

图 7-9　X6132 型铣床的主轴部件

1—主轴；2—后支承；3—旋紧螺钉；4—中间支承；5—轴承盖；

6—前支承；7—端面键；8—飞轮；9—隔套；10—调整螺母

在靠近主轴前端安装的齿轮上连接有一个大飞轮，以增加主轴旋转的平稳性和抗振性；空心主轴前端有 7：24 精密锥孔和精密定心外圆柱面，用于安装铣刀刀杆或带尾柄的铣刀，并可通过拉杆将铣刀或刀杆拉紧；主轴前端镶有两个端面键 7，铣刀锥柄上开有与端面键 7 相配的缺口，使端面键 7 嵌入铣刀柄部传递扭矩。

② 孔盘变速机构　X6132 型铣床的主运动和进给运动的变速都采用孔盘变速操纵机构进行控制，图 7-10 为孔盘变速操纵机构原理图。孔盘变速操纵机构主要由孔盘 4、齿条轴 2 和 2'、齿轮 3 和拨叉 1 等组成，如图 7-10（a）所示。

孔盘 4 上划分了几组直径不同的圆周，每个圆周又划分为相互错开的 18 等分，这 18 个位置分为钻有大孔、小孔或无孔三种状态。在齿条轴 2 和 2' 上加工出直径分别为 D 和 d 的两段台肩，直径为 d 的台肩只穿过孔盘上的小孔，直径为 D 的台肩只穿过孔盘上的大孔。

变速时，先将孔盘右移，使其退离齿条轴，然后根据变速要求，孔盘转动一定角度，最后将孔盘左移复位。孔盘在复位时，可通过孔盘上对应齿条轴之处为大孔、小孔或无孔的不同状态，使滑移齿轮获得三种不同位置，得到三种不同速度，从而达到变速的目的。

三种工作状态分别为：

a. 孔盘上对应齿条轴 2 的位置无孔，齿条轴 2' 的位置为大孔：孔盘复位时，左顶齿条轴 2，并通过拨叉 1 将三联滑移齿轮推到左位；齿条轴 2' 则在齿条轴 2 和齿轮 3 的作用下右移，台肩 D 穿过孔盘上的大孔，如图 7-10（b）所示。

b. 孔盘上对应齿条轴 2 和 2' 的位置均为小孔：两齿条轴上的台肩 d 均穿过孔盘上小孔，齿条轴 2 和 2' 处于中间位置，从而带动拨叉使滑移齿轮处于中间位置，如图 7-10（c）所示。

c. 孔盘上对应齿条轴 2 的位置为大孔，齿条轴 2' 的位置为无孔：孔盘复位时，左顶齿条轴 2'，通过齿轮 3 使齿条轴 2 的台肩穿过大孔右移，并将三联滑移齿轮推到右位，如图 7-10（d）所示。

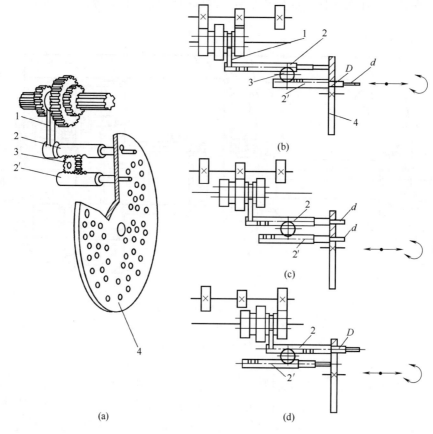

图 7-10　孔盘变速原理图

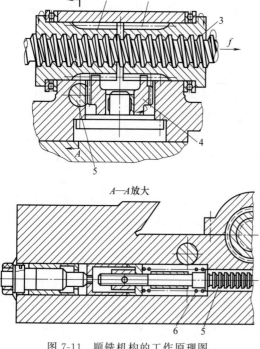

图 7-11　顺铣机构的工作原理图

③ 顺铣机构　X6132 型铣床设有顺铣机构，其工作原理如图 7-11 所示。齿条 5 在弹簧 6 作用下右移，使冠状齿轮 4 按图示箭头方向旋转，并通过左、右螺母外圆的齿轮使二者作相反方向转动，从而使螺母 1 的螺纹左侧与丝杠 3 的螺纹右侧靠紧，螺母 2 的螺纹右侧与丝杠 3 的螺纹左侧靠紧。

顺铣时，丝杠 3 的轴向力由螺母 1 承受，由于丝杠 3 和螺母 1 之间摩擦力的作用，使螺母 1 有随丝杠 3 转动的趋势，并通过冠状齿轮 4 使螺母 2 产生与丝杠 3 反向旋转的趋势，从而消除了螺母 2 与丝杠 3 之间的间隙，不会产生轴向窜动。

逆铣时，丝杠 3 的轴向力由螺母 2 承受，由于二者之间产生较大的摩擦力，因而使螺母 2 随丝杠 3 一起转动，并通过冠状齿轮 4 使螺母 1 产生与丝杠 3 反向旋转的趋势，使螺母 1 螺纹左侧与丝杠 3 螺纹右侧间产生间隙，从而减少丝杠 3 的磨损。

7.4 万能分度头及分度方法

(1) FW250 万能分度头

万能分度头是铣床附件之一，它安装在铣床工作台上用来支撑工件，并利用分度头完成工件的分度、回转等一系列动作，从而在工件上加工出方头、六角头、花键、齿轮、斜面、螺旋槽、凸轮等多种表面，扩大了铣床的工艺范围。

目前常用的万能分度头型号有 FW63、FW80、FW100、FW125、FW200、FW250 等，FW250 是铣床上最常用的一种分度头。图 7-12 为 FW250 万能分度头的结构，其中 "F" "W" 分别为万能分度头 "分" "万" 的汉语拼音首字母，"250" 为夹持工件的最大直径毫米数。

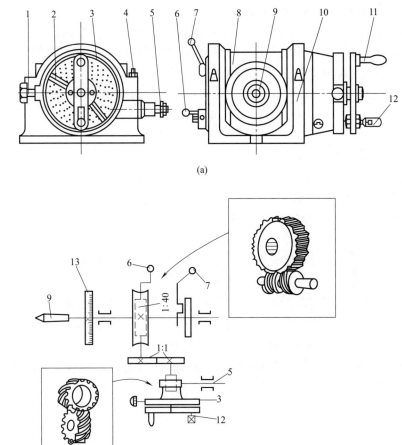

(a)

(b)

图 7-12 万能分度头的外形和传动系统

1—分度盘紧固螺钉；2—分度叉；3—分度盘；4—螺母；5—交换齿轮轴；

6—蜗杆脱落手柄；7—主轴锁紧手柄；8—回转壳体；9—主轴；10—基座；

11—分度手柄 K；12—分度定位销 J；13—刻度盘

主轴 9 是空心的，两端均为莫氏 4 号内锥孔，前锥孔可装入顶尖或锥柄芯轴，后锥孔用来装交换齿轮芯轴，作为差动分度及加工螺旋槽时安装交换齿轮；主轴前端外部有螺纹，用来安装三爪卡盘。主轴的运动传给交换齿轮轴 5，带动分度盘 3 旋转。

松开壳体 8 上部的两个螺母 4，主轴 9 可以随回转体在壳体 8 的环形导轨内转动，因此主轴除安装成水平外，还可在 $-6°\sim90°$ 范围内任意倾斜（向下倾斜最大至 $6°$，向上倾斜最大至 $90°$），主轴倾斜的角度可以从刻度上看出，调整后将螺母 4 紧固。在壳体 8 下面，固定有两个定位块，以便与铣床工作台面的 T 形槽相配合，用来保证主轴轴线准确地平行于工作台的纵向进给方向。

分度盘 3 上面有若干圈圆周均布的定位孔，分度盘左侧有分度盘紧固螺钉 1，用来紧固或微量调整分度盘。分度头左侧有两个手柄，主轴锁紧手柄 7 用于紧固或松开主轴，分度时松开，分度后紧固，以防在铣削时主轴松动；蜗杆脱落手柄 6 是控制蜗杆的手柄，可以使蜗杆和蜗轮啮合或脱开，蜗轮与蜗杆之间的间隙可用螺母调整。在切断传动时，可用手转动分度头的主轴。

（2）FW250 万能分度头的传动系统

分度时转动手柄 11，通过传动比 1∶1 的螺旋齿轮副和 1∶40 的蜗杆副，带动主轴旋转对工件分度。分度盘右侧有一根安装交换齿轮用的交换齿轮轴 5，它通过 1∶1 的交错轴斜齿轮副和空套在分度手柄轴上的分度盘相联系。

根据图 7-12（b）所示，FW250 万能分度头的运动平衡方程式为：

$$n = n_K \times \frac{1}{1} \times \frac{1}{1} \times \frac{1}{40} \tag{7-1}$$

式中　n_K——分度手柄的转数；

　　　n——分度头主轴转数。

（3）万能分度头的分度方法

① 直接分度法　在加工分度数目不多（如 2、4、6 等分）或分度精度要求不高时可采用直接分度法。

分度时，松开手柄 6，脱开蜗轮蜗杆，用手直接转动主轴，所需转角由刻度盘 13 读出。分度完毕后，锁紧手柄 6，以免加工时转动。

② 简单分度法　分度数较多时，可用简单分度法。分度前，使蜗轮蜗杆啮合，并用紧固螺钉 1 锁紧分度盘 3；选择分度盘的孔圈，调整分度定位销 12 对准所选孔圈；顺时针转动手柄至所需位置，然后重新将定位销插入对应孔中。

如图 7-12（b）所示，设工件每次所需分度数为 z，则每次分度时主轴应转 $1/z$ 转，手柄应转 n_K 转，根据传动系统图可知分度时手柄转数 n_K 为：

$$n = \frac{1}{z} = n_K \times \frac{1}{1} \times \frac{1}{1} \times \frac{1}{40}$$

$$n_K = \frac{40}{z} = a + \frac{p}{q} \quad (r) \tag{7-2}$$

式中　n_K——分度手柄的转数；

　　　a——每次分度时，手柄 K 应转的整转数；

　　　q——所选用孔盘的孔圈数；

　　　p——分度定位销 J 在 q 个孔的孔圈上应转过的孔距数。

FW250 型万能分度盘有正反两面，其正面的孔圈数为：24、25、28、30、34、37、38、39、41、42、43；其反面的孔圈数为：46、47、49、51、53、54、57、58、59、62、66。

【案例 7-1】　在 FW250 型分度头上铣削六角形螺母，求每铣完一面以后，如果用简单分度法分度，手柄应摇多少转再铣下一个表面？

【解】　分度手柄的转数为：

$$n_K = \frac{40}{z} = \frac{40}{6} = 6 + \frac{4}{6} = 6 + \frac{16}{24}\ (\text{r})$$

即每铣完一面后，分度手柄应在 24 孔圈上转过 6 转又 16 个孔距，插入第 17 个孔。由上例可知，当分度手柄转数带分数时，可使分子分母同时缩小或扩大一个整倍数，使最后得到的分母值为分度盘上所具有的孔圈数。

【案例 7-2】　在铣床上用 FW250 型万能分度头加工齿数为 33 的直齿圆柱齿轮，求分度手柄的转数。

【解】　分度手柄的转数为：

$$n_K = \frac{40}{33} = 1 + \frac{14}{66}\ (\text{r})$$

本例可选择分度盘反面为 66 的孔圈，使手柄转过 1 圈又 14 个孔距，插入第 15 个孔。为使分度正确，分度叉 2 可事先调整至在所选孔圈 66 上包含所需孔距数 14，即包含 14+1=15 个孔。分度开始时，定位销紧靠其左叉，然后转动手柄一整转，再继续转动手柄，使定位销正好靠紧其右叉插入即可。最后，顺时针转动分度叉，使其左叉紧靠定位销，为下次分度做好准备。

③ 差动分度法　由于分度盘孔圈有限，有些分度数如 61、73、87、113 等不能与 40 约分，选不到合适的孔圈，就需采用差动分度法。

差动分度法就是在万能分度头主轴后面，装上交换齿轮轴Ⅰ，用交换齿轮 a、b、c、d 把主轴和侧轴Ⅱ联系起来，如图 7-13（a）所示。

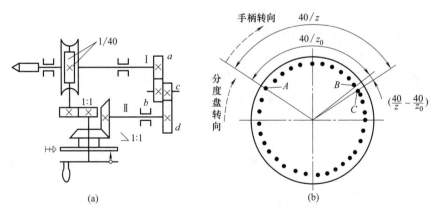

图 7-13　差动分度法

差动分度的原理如下：设工件要求的分度数 z，且 $z > 40$，则分度手柄每次应转过 $40/z$ 转，即插销 J 应由 A 点转到 C 点，用 C 点定位，见图 7-13（b）。但 C 点没有相应的孔位可供定位，故不能由简单分度实现。

为借用分度盘上的孔圈，选取与 z 接近的 z_0，使 z_0 能从分度盘上直接选到孔圈，或能在约简后选到相应的孔圈。z_0 选定后手柄的转数为 $40/z_0$ 转，即定位销从 A 点转到 B 点，

用 B 点定位。这时，如果分度盘固定不动，手柄转数就会产生误差。为补偿这一误差，在分度盘尾端插入一根芯轴，并配一组挂轮，使手柄在转动的同时，通过挂轮和 1：1 的螺旋齿轮（或圆锥齿轮）带动分度盘作相应转动，使 B 点的小孔在分度的同时转到 C 点，供插销 J 插入定位，补偿上述误差。当插销 J 自 A 点转 $40/z$ 至 C 点时，分度盘应转动（$40/z - 40/z_0$）转，使孔恰好与插销 J 对准。

此时，手柄与分度盘之间的运动关系为：手柄转 $40/z$ 转，分度盘转（$40/z - 40/z_0$）转。

差动分度的运动平衡方程式为：

$$\frac{40}{z} \times \frac{1}{1} \times \frac{1}{40} \times \frac{a}{b} \times \frac{c}{d} \times \frac{1}{1} = \frac{40(z_0 - z)}{z_0 z}$$

化简后的换置公式为：

$$\frac{a}{b} \times \frac{c}{d} = \frac{40(z_0 - z)}{z_0} \tag{7-3}$$

差动分度法的应用如下：

a. 选取一个能用简单分度法实现的假定齿数 z_0，z_0 应与分度数 z 相接近；

b. 尽量选 $z_0 < z$，这样可使分度盘与分度手柄转向相反，避免传动中的间隙影响分度精度；

c. FW250 型分度头备有交换齿轮 12 个，齿数是 20、25、30、35、40、50、55、60、70、80、90、100；

d. 确定交换齿轮齿数的根本依据是挂轮组的传动比，常用的方法有因子分解法和直接查表法；

e. 分度盘的旋转方向与 z_0 的大小有关，当 $z_0 > z$ 时，分度手柄与分度盘的转动方向相同，当 $z_0 < z$ 时，分度手柄与分度盘的转动方向相反，换向可通过增加中间齿轮完成。

差动分度时应注意事项：

a. 使用差动分度时，必须将分度盘紧固螺钉松开；

b. 差动分度不能用来铣削主轴倾斜的工件；

c. 考虑齿轮的应力情况，交换齿轮传动比 $ac/bd = 1/6 \sim 6$；

d. 保证因交换齿轮传动比误差引起的工件误差在允许范围内；

e. 考虑挂轮架结构限制，交换齿轮齿数应符合：

$$a + b > c + 15$$
$$c + d > b + 15$$

【案例 7-3】　在铣床上利用 FW250 型分度头加工 $z = 103$ 的直齿圆柱齿轮，试确定分度方法并进行适当的调整计算。

【解】　$z = 103$ 无法进行简单分度，所以采用差动分度。取 $z_0 = 100$，计算分度手柄应转的圈数：

$$n_K = \frac{40}{100} = \frac{10}{25} \text{（r）}$$

（分度手柄 K 应转过的整圈数为 0，即每次分度，分度手柄带动插销 J 在孔盘孔数为 25 的孔圈上转过 10 个孔距）

根据式（7-3）计算交换齿轮齿数：

$$\frac{a}{b} \times \frac{c}{d} = \frac{40(z_0 - z)}{z_0} = \frac{40 \times (100 - 103)}{100}$$

$$= -\frac{120}{100} = -\frac{6}{5} = -\frac{6}{8} \times \frac{8}{5} = -\frac{30}{40} \times \frac{80}{50}$$

因此，交换齿轮的齿数为 $a=30$，$b=40$，$c=80$，$d=50$。由于 $z_0 < z$，分度手柄应与分度盘旋转方向相反；交换齿轮的总传动比为负值，应在中间增加一挂轮。

④ 铣削螺旋槽 在机器制造中，经常会碰到带螺旋线的零件，如斜齿轮、麻花钻沟槽、螺旋齿铣刀等。尽管其作用不同，但螺旋线形成原理都相同。

如图 7-14 所示，假设将一张底边为 $AC = \pi D$ 的直角三角形纸片 ABC，在直径为 D 的圆柱上环绕一周时，斜边 AB 在圆柱体上形成的曲线就是螺旋线。沿螺旋线一周在轴线方向所移动的距离叫导程 L；螺旋线的切线和圆柱体轴线所夹的角叫螺旋角 β；螺旋线的切线和圆柱端面所夹的角叫导程角或螺旋升角 λ。它们之间的关系为：

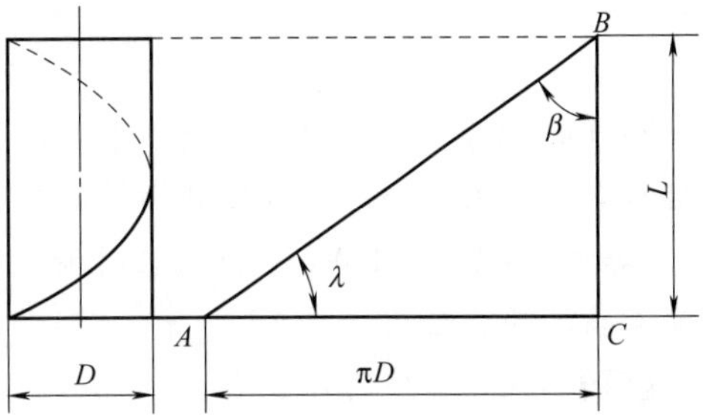

图 7-14 螺旋线的概念
D—直径；L—导程；β—螺旋角；λ—导程角

$$\lambda + \beta = 90°; \quad L = \pi D / \tan\beta$$

有时在圆柱体上有两条或更多的螺旋线，通常将螺旋线的线数叫头数 k。多头螺旋线除了有单头螺旋线的导程 L、螺旋角 β 和导程角 λ 外，还有相邻螺旋线沿圆周轴向的距离即螺距 t，并且 $L = kt$。螺旋线有左、右旋之分，可根据左、右手来判断。

在铣床上铣削螺旋槽时，必须使装夹在分度头顶尖间的工件作匀速转动的同时，还要使工件随工作台纵向进给作匀速直线移动。为此，要实现工件每转 1 转时，工作台必须纵向移动 1 个导程 L，如图 7-15 所示。如果铣削多线螺旋槽，在铣完一条槽后，还必须把工件转过 $1/z$ 转进行分度，再铣削下一条槽。

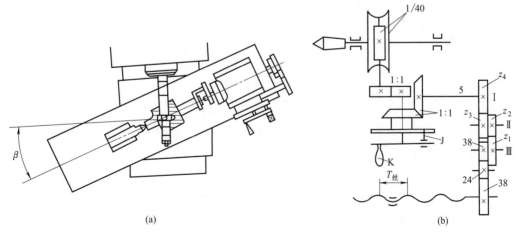

图 7-15 铣螺旋槽工作台的调整和传动系统

为了能获得规定的螺旋槽的截面形状，还必须使铣床纵向工作台在水平面内转过一个角度，使铣刀的旋转平面和螺旋槽切线方向一致，万能铣床工作台转过的角度应等于螺旋角

β，可通过扳动转台或立铣头实现。工作台转动的方向由螺旋槽的方向决定，铣左旋槽时，工作台顺时针转动一个螺旋角；铣右旋槽时，工作台逆时针转动一个螺旋角。可用左、右手来记忆，即操作者面向工作台，铣右旋槽时用右手转工作台；铣左旋槽时用左手转工作台。

铣螺旋槽时，机床纵向工作台和分度头的传动系统应按图 7-15（b）所示进行调整。

铣螺旋槽的运动平衡方程式为：

$$\frac{L}{T_{丝}} \times \frac{38}{24} \times \frac{24}{38} \times \frac{z_1}{z_2} \times \frac{z_3}{z_4} \times \frac{1}{1} \times \frac{1}{1} \times \frac{1}{40} = 1_{主轴}$$

交换齿轮的换置公式为：

$$\frac{z_1}{z_2} \times \frac{z_3}{z_4} = \frac{40T_{丝}}{L} \qquad\qquad (7\text{-}4)$$

在实际操作中，可通过查铣工手册的相关表格选取交换齿轮。根据计算出来的工件螺旋槽导程，在相关表格中选取交换齿轮。采用近似的查表法在一般情况下可以满足精度要求。

【案例 7-4】　用 FW250 铣削右螺旋槽，其螺旋角 β 为 $32°$，工件外径 D 为 $75mm$，试确定交换齿轮的齿数。

【解】　计算工件的导程 L

$$L = \pi D/\tan\beta = 3.1416 \times 75/\tan32° = 377 \text{（mm）}$$

计算交换齿轮的齿数

$$\frac{z_1}{z_2} \times \frac{z_3}{z_4} = \frac{40T_{丝}}{L} = \frac{40 \times 6}{377} = 0.6366$$

$$\frac{z_1}{z_2} \times \frac{z_3}{z_4} = \frac{7}{11} = \frac{7}{5.5} \times \frac{1}{2} = \frac{70}{55} \times \frac{30}{60}$$

也可直接查铣工手册表，选择交换齿轮的齿数为 $z_1 = 70$，$z_2 = 55$，$z_3 = 30$，$z_4 = 60$。

【案例 7-5】　在 X6132 铣床上铣削右旋螺旋槽，已知螺旋角 β 为 $30°$，工件外径 D 为 $63mm$，齿数为 $z = 14$，已知丝杠的导程为 $T_{丝} = 6mm$，试进行铣螺旋槽的调整计算。

【解】　计算工件的导程 L

$$L = \pi D/\tan\beta = 3.14 \times 63/\tan30° = 343 \text{（mm）}$$

计算交换齿轮的齿数

$$\frac{z_1}{z_2} \times \frac{z_3}{z_4} = \frac{40T_{丝}}{L} = \frac{40 \times 6}{343} \approx \frac{7}{10}$$

$$\frac{z_1}{z_2} \times \frac{z_3}{z_4} = \frac{7}{10} = \frac{7}{5} \times \frac{1}{2} = \frac{56}{40} \times \frac{24}{48}$$

故选择交换齿轮的齿数为 $z_1 = 56$，$z_2 = 40$，$z_3 = 24$，$z_4 = 48$。

计算分度手柄的转数 n_K

$$n_K = \frac{40}{z} = \frac{40}{14} = 2\frac{6}{7} = 2 + \frac{24}{28} \text{（r）}$$

确定铣床工作台旋转角度：根据题中条件，将工作台逆时针旋转 $30°$ 即可铣削右螺旋槽。

⑤ 角度分度法　按角度的读数进行分度的方法，即角度分度法，当工件的分度用角度值表示时，就要采用角度分度法。设万能分度头的定数为 40，当分度手柄转 40 转时，工件转 1 转，用角度表示就是回转 $360°$，所以分度手柄转 1 转时，工件就转过 $360°/40 = 9°$。

角度分度法手柄的转数，可以用下述公式表示：

$$n_K = \frac{40}{z} = \frac{40}{360°/\theta°} = \frac{\theta°}{9°} \quad (工件角度以"度"为单位时)$$

$$n_K = \frac{\theta'}{9 \times 60'} = \frac{\theta'}{540'} \quad (工件角度以"分"为单位时) \qquad (7-5)$$

$$n_K = \frac{\theta''}{9 \times 60 \times 60''} = \frac{\theta''}{32400''} \quad (工件角度以"秒"为单位时)$$

用上述公式计算出来的整数部分就是分度手柄的整转数；其小数部分的手柄转数，可查铣工手册中的相应表格。

【案例 7-6】 在一轴上铣两个键槽，其夹角为 77°，求分度时手柄的转数。

【解】 手柄的转数为：

$$n_K = \frac{\theta°}{9°} = \frac{77}{9} = 8.555556 = 8 + \frac{30}{54}$$

7.5 铣刀的种类、几何角度及其结构

(1) 铣刀的种类

铣刀的种类很多，分类方法也很多。

① 按铣刀的用途分类 可将铣刀分为圆柱铣刀、端铣刀、盘形铣刀、锯片铣刀、立铣刀、键槽铣刀、角度铣刀和成形铣刀等（图 7-16）。

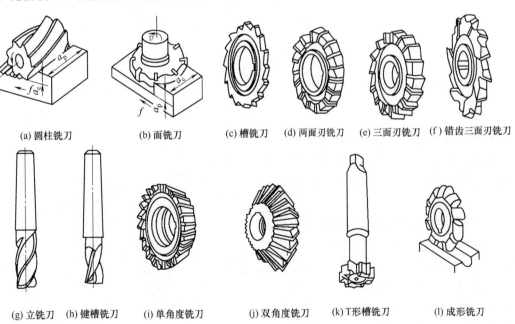

(a) 圆柱铣刀　(b) 面铣刀　(c) 槽铣刀　(d) 两面刃铣刀　(e) 三面刃铣刀　(f) 错齿三面刃铣刀

(g) 立铣刀　(h) 键槽铣刀　(i) 单角度铣刀　(j) 双角度铣刀　(k) T形槽铣刀　(l) 成形铣刀

图 7-16　铣刀的类型

② 按齿背形式分类 可将铣刀分为尖齿铣刀和铲齿铣刀（图 7-17）。

(2) 铣刀的几何角度

① 圆柱铣刀的几何角度（图 7-18）

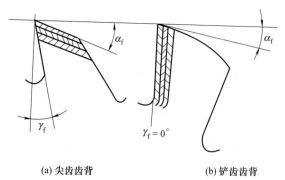

(a) 尖齿齿背　　　　(b) 铲齿齿背

图 7-17　刀齿的齿背形式

螺旋角：螺旋切削刃展开成直线后与铣刀轴线间的夹角即螺旋角 β，等于刀具的刃倾角 λ_s。螺旋角起到增大刀具前角的作用，切削轻快平稳；形成螺旋形切屑，排屑容易；细齿取 $\beta=30°\sim35°$，粗齿取 $\beta=40°\sim45°$。

前角：通常图纸上标注法前角 γ_n 以便于制造，在检验时测量正交平面前角 γ_o；法前角和正交平面前角的公式为 $\tan\gamma_n=\tan\gamma_o\cos\beta$。前角 γ_n 按被加工材料来选择，铣削钢时取 $\gamma_n=10°\sim20°$；铣削铸铁时取 $\gamma_n=5°\sim15°$。

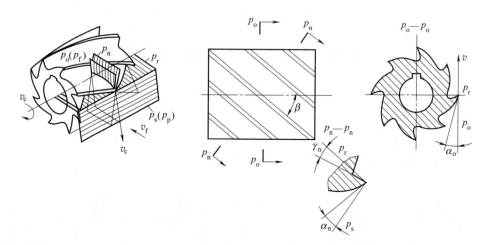

(a) 圆柱形铣刀静止参考系　　　(b) 圆柱形铣刀几何角度

图 7-18　圆柱形铣刀的几何角度

后角：圆柱铣刀后角规定在正交平面内测量。铣削时，适当增大铣刀后角以减少磨损，通常取 $\alpha_o=12°\sim16°$，粗铣时取小值，精铣时取大值。

② 端铣刀的几何角度　端铣刀的几何角度除规定在正交平面内度量外，还规定在背平面和假定工作平面内表示，便于端铣刀的刀体设计和制造。端铣刀的刀齿相当于普通外圆车刀，其角度标注方法与车刀相同，端铣刀的几何角度如图 7-19 所示。

由于铣削时冲击较大，为保证切削刃强度，端铣刀前角一般小于车刀，硬质合金铣刀前角小于高速钢铣刀前角；

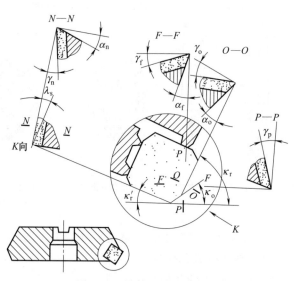

图 7-19　端铣刀的几何角度

当冲击较大时，前角应取更小值或负值，或磨负倒棱，负倒棱宽度应小于每齿进给量；铣刀后角主要根据进给量大小选择，后角一般比车刀大；硬质合金端铣刀的刃倾角对刀尖强度影响较大，通常取负值。

通常端铣刀的几何角度可取为：前角 $\gamma_o = -10° \sim 5°$；后角 $\alpha_o = 6° \sim 12°$；刃倾角 $\lambda_s = -15° \sim -7°$；主偏角 $\kappa_r = 45° \sim 75°$；副偏角 $\kappa_r' = 5° \sim 15°$；副后角 $\alpha_o' = 8° \sim 10°$。

(3) 常用尖齿铣刀的结构

① 圆柱形铣刀 主要用来加工平面，分粗齿和细齿两种。粗齿圆柱铣刀齿数少，强度高，容屑空间大，重磨次数多，用于粗加工；细齿圆柱铣刀齿数多，工作平稳，用于精加工。圆柱铣刀如图 7-18（a）所示。

选择铣刀直径时，应保证铣刀芯轴具有足够的刚度和强度、刀齿具有足够的容屑空间。通常根据铣削用量和铣刀芯轴来选择铣刀直径。

② 立铣刀 图 7-20 为高速钢立铣刀，主要用来加工凹槽、台阶面和成形表面。立铣刀圆柱面上的切削刃为主切削刃，端面上的切削刃不通过中心，为副切削刃；工作时不宜作轴向进给运动，为保证端面切削刃具有足够强度，在端面切削刃前面上磨出倒棱。

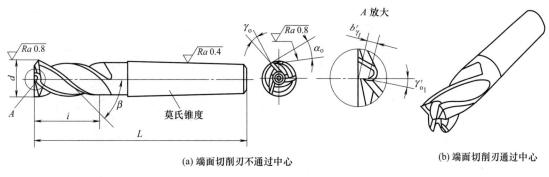

(a) 端面切削刃不通过中心   (b) 端面切削刃通过中心

图 7-20 高速钢立铣刀

图 7-21 为硬质合金立铣刀，它分为整体式和可转位式两类。通常直径 $d = 3 \sim 20\text{mm}$ 制成整体式，$d = 12 \sim 50\text{mm}$ 制成可转位式。

整体式硬质合金立铣刀分标准螺旋角（30°、45°）和大螺旋角（60°）两种，齿数为 2、4、6。标准螺旋角立铣刀齿数少，容屑槽大，用于粗加工；6 齿大螺旋角立铣刀用于精加工。

可转位硬质合金立铣刀按其结构和用途可分为普通型、钻铣型和螺旋齿型。可转位立铣刀直径小，夹紧空间有限，一般采用压孔式夹紧。普通可转位立铣刀如图 7-22 所示，可转位钻铣刀如图 7-23 所示，可转位螺旋立铣刀如图 7-24 所示。

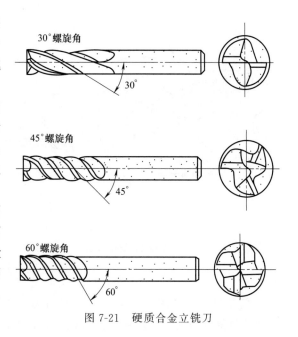

图 7-21 硬质合金立铣刀

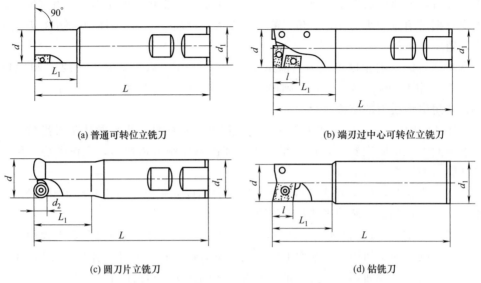

(a) 普通可转位立铣刀　　　　　　　　　(b) 端刃过中心可转位立铣刀

(c) 圆刀片立铣刀　　　　　　　　　　　(d) 钻铣刀

图 7-22　普通可转位立铣刀和钻铣刀

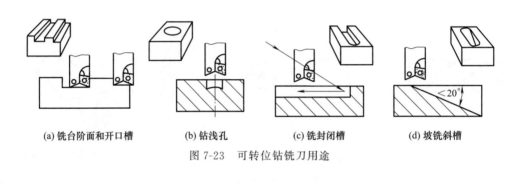

(a) 铣台阶面和开口槽　　(b) 钻浅孔　　(c) 铣封闭槽　　(d) 坡铣斜槽

图 7-23　可转位钻铣刀用途

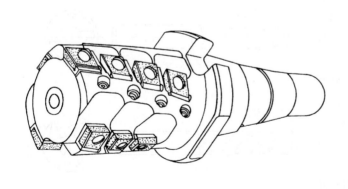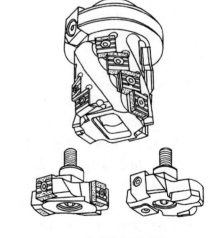

(a) 可转位螺旋立铣刀　　　　　　　　　　(b) 模块式螺旋立铣刀

图 7-24　可转位螺旋立铣刀

　　③ 键槽铣刀　如图 7-25 所示，键槽铣刀主要用来加工圆头封闭键槽，有两个刀齿，圆柱面和端面都有切削刃，端面切削刃过中心，工件能沿轴向作进给运动。国标规定，直柄键

槽铣刀直径为 $d=2\sim22$mm，锥柄键槽铣刀直径为 $d=14\sim50$mm，键槽铣刀精度为 8 级，加工 9 级精度键槽。键槽铣刀的圆周切削刃只在靠近端面的长度内发生磨损，重磨时只需刃磨端面切削刃，铣刀直径不变。

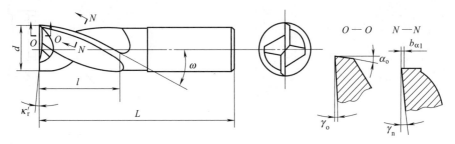

图 7-25　键槽铣刀

④ 三面刃铣刀　三面刃铣刀用来加工凹槽和台阶面，主切削刃为圆周切削刃，两侧面为副切削刃，效率高，表面粗糙度小，分直齿、错齿和镶齿三种。三面刃铣刀的结构见图7-26～图 7-29。

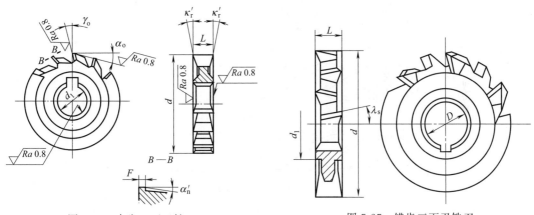

图 7-26　直齿三面刃铣刀　　　　　　图 7-27　错齿三面刃铣刀

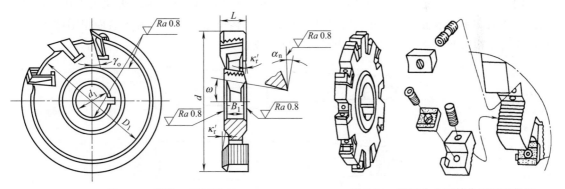

图 7-28　镶齿三面刃铣刀　　　　图 7-29　硬质合金可转位三面刃铣刀

⑤ 角度铣刀　角度铣刀（图 7-30）主要用来加工带角度的沟槽和斜面。单角铣刀圆锥切削刃为主切削刃，端面切削刃为副切削刃；双角铣刀两圆锥面上的切削刃均为主切削刃，双角铣刀分对称和不对称双角铣刀两种。

⑥ 模具铣刀　模具铣刀用来加工模具型腔和凸模成形表面，它是由立铣刀演变而来。高

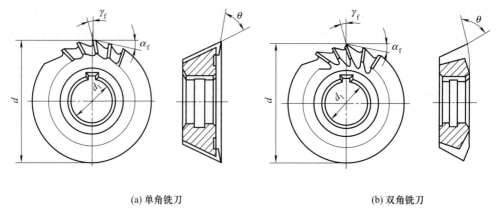

(a) 单角铣刀   (b) 双角铣刀

图 7-30　角度铣刀

速钢模具铣刀主要分为圆锥形立铣刀、圆柱形球头立铣刀、圆锥形球头立铣刀（图 7-31）。

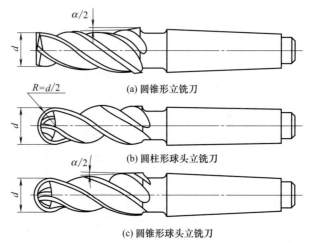

(a) 圆锥形立铣刀

(b) 圆柱形球头立铣刀

(c) 圆锥形球头立铣刀

图 7-31　高速钢模具铣刀

　　硬质合金球头立铣刀分整体式和可转位式两种。整体式硬质合金球头立铣刀用于高速、大进给铣削，加工表面粗糙度小，主要用于精铣。可转位球头立铣刀铣削表面粗糙度大，主要用于高速粗铣和半精铣，图 7-32 为可转位球头立铣刀。

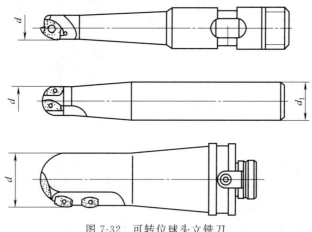

图 7-32　可转位球头立铣刀

(4) 常用可转位面铣刀结构

① 硬质合金可转位面铣刀 硬质合金可转位面铣刀适用于高速铣削平面，因其具有刚性好、效率高、加工质量好和刀具寿命高等优点，所以得到广泛应用。硬质合金可转位面铣刀的结构有以下几种：

a. 上压式 刀片由螺钉或螺钉和压板直接夹紧在刀体上。上压式结构简单、制造方便，适用于小直径面铣刀（图 7-33）。

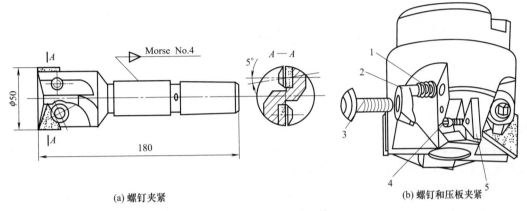

图 7-33 上压式可转位面铣刀
1—弹簧；2—压板；3—螺钉；4—刀垫螺钉；5—刀垫

b. 楔块式 图 7-34 为楔块式可转位面铣刀的结构。它具有结构可靠、刀片转位和更换方便、刀体结构工艺性好等优点，但容屑空间小，夹紧元件体积大，铣刀齿数较少。楔块式又可分为前压和后压两种结构。

c. 压孔式 压孔式可转位面铣刀如图 7-35 所示，锥形螺钉的轴线相对刀片锥孔轴线有偏心距，旋转锥形螺钉向下移动，依靠锥面推动刀片移动而压紧在刀槽内。它结构简单、紧凑，排屑流畅，这种方式应用越来越多。但制造精度高，夹紧力小。

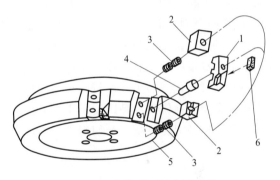

图 7-34 楔块式可转位面铣刀
1—刀垫；2—楔块；3—紧固螺钉；
4—偏心销；5—刀体；6—刀片

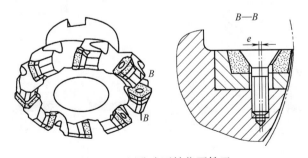

图 7-35 压孔式可转位面铣刀

可转位铣刀片的几何形状如图 7-36 所示，前刀面上磨成－10°的负倒棱可以增强刀刃的

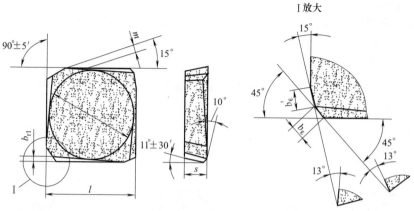

图 7-36　可转位铣刀片的几何形状

强度；刀片上磨有平行于进给方向的修光刃以减小表面粗糙度。

② 陶瓷可转位面铣刀　陶瓷可转位面铣刀因其刀片较脆，主要用于加工各种铸铁和表面淬火钢等；通常陶瓷刀具的寿命高于硬质合金刀具几倍。

③ 立方氮化硼可转位面铣刀　立方氮化硼可转位面铣刀主要用于精铣和半精铣高硬度（45～65HRC）的冷硬铸铁、淬火钢、镍基冷硬耐磨工件以及渗碳、渗氮和表面淬硬的工件；也可铣削硬度在 30HRC 以下腐蚀性强、其它刀具无法铣削的珠光体灰铸铁。CBN 刀具的寿命高于陶瓷或硬质合金刀具十几倍。

④ 聚晶金刚石面铣刀　聚晶金刚石面铣刀主要用于加工非铁金属及其合金以及非金属材料，特别适合加工高硅铝合金。聚晶金刚石面铣刀加工工件，具有尺寸稳定、生产效率高、表面粗糙度小等优点，在汽车行业广泛用于加工气缸体、气缸盖和变速箱壳体等，不仅可以进行连续切削，还可以进行断续切削加工。

聚晶金刚石面铣刀片是以硬质合金刀片为基体，将一定形状的聚晶金刚石复合刀片焊接在基体上，这种刀片只有一个切削刃，不可以转位使用。铣刀片形状如图 7-37 所示。

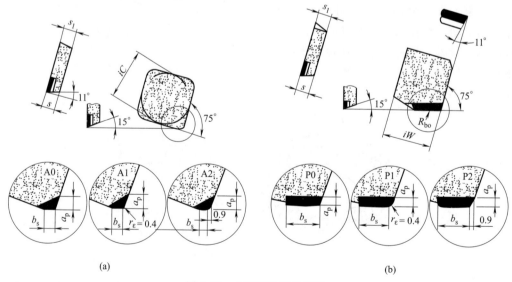

图 7-37　金刚石铣刀片形状

实训练习题

一、填空题

1. 铣削运动分为 _____ 和 _____ 两种方式；圆周铣削包括 _____ 和 _____ 两种方式。

2. 用圆柱铣刀铣削带有硬皮的工件时，铣削方式不能选用 _____ 。

3. 分度头 FW250 中的 F 表示 _____ ；W 表示 _____ ；250 表示 _____ 。

4. 铣削加工的主运动是 _____ ；进给运动有 _____ 。

5. X6132 型号中的 32 是指 _____ 。

6. X6132 型铣床的主运动和进给运动的变速都是采用 _____ 操纵机构进行控制。

7. X6132 型铣床设有 _____ 机构，用来调整丝杠和螺母间的间隙，防止振动。

8. 简单分度法的公式是 _____ ；差动分度法用于分度数不能和 _____ 约分的情况。

9. 在铣床上铣削左旋螺旋槽时，工作台应 _____ 转动一个螺旋角；铣削右旋螺旋槽时，工作台应 _____ 转动一个螺旋角。

10. 铣刀螺旋角可以起到增大刀具 _____ 的作用，因此螺旋角一般取 $\beta=$ _____ 。

二、判断题

1. 铣床的种类很多，最常用的是立式铣床和卧式铣床。（ ）

2. X6132 立式升降台铣床的工作台面宽度为 320mm。（ ）

3. 铣床的主运动是刀具的旋转运动，进给运动是工件的移动。（ ）

4. 铣削加工的主要特点是刀具旋转、多刃切削。（ ）

5. 高精度的齿轮通常在铣床上铣削加工。（ ）

6. 铣螺旋槽时，必须把铣床的工作台转动一个螺旋角。（ ）

7. 铣床无法加工螺旋槽工件。（ ）

8. 在铣削过程中，逆铣较顺铣最大的优点是工作台无窜动现象。（ ）

9. 铣平面时，周铣的生产率比端铣低。（ ）

10. 顺铣和逆铣的区别在于铣床主轴的旋转方向不同。（ ）

11. 圆柱铣刀逆铣时工件的切削厚度由零变到最大；顺铣时则相反。（ ）

12. 在普通铣床上周铣时，因顺铣有窜动现象，所以，一般采用逆铣。（ ）

13. 在装夹稳定性、工作台运动平稳性、刀具使用寿命等方面，顺铣均优于逆铣。（ ）

14. 一般说来，顺铣比逆铣优越，顺铣尤其适用于对有硬皮工件的加工。（ ）

15. 机用平口虎钳、分度头是铣床常用的夹具和附件。（ ）

16. 万能分度头的主轴可在 ±45° 的范围内倾斜角度。（ ）

17. 万能分度头的蜗轮齿数称为定数，通常是 40。（ ）

18. 万能分度头的交换齿轮有 12 个，均是 5 的倍数。（ ）

三、单项选择题

1. 铣床进给机构铭牌上的进给量为（ ）。

A. 每转进给量   B. 每齿进给量

C. 进给速度   D. 纵向进给量

2. 铣削加工的主运动是（　　）运动。

A. 铣刀的旋转   B. 工件的位移

C. 工作台的进给   D. 铣刀的位移

3. 卧式铣床的主要特征是主轴与工作台面（　　）。

A. 平行   B. 垂直

C. 沿横向倾斜   D. 沿纵向倾斜

4. 铣削加工生产率高的原因是（　　）。

A. 多齿同时切削   B. 多齿连续切削   C. 每个齿连续切削

5. 铣刀在切削区切削速度的方向与进给速度方向相同的铣削方式是（　　）。

A. 顺铣   B. 逆铣

C. 对称铣削   D. 不对称铣削

6. 精加工时常用顺铣而不用逆铣的原因是（　　）。

A. 逆铣会使工作台窜动   B. 顺铣刀具散热好   C. 顺铣加工质量好

7. 分度头的主要功能是（　　）。

A. 分度   B. 装夹轴类零件

C. 装夹套类零件   D. 装夹矩形工件

8. 铣螺旋槽时，铣床的（　　）应转动一个螺旋角。

A. 工作台   B. 分度头   C. 铣刀

9. 立铣刀常用于加工（　　）。

A. 平面   B. 沟槽和台阶面

C. 成形表面   D. 回转表面

10. 较小直径的键槽铣刀是（　　）铣刀。

A. 圆柱直柄   B. 莫氏锥柄

C. 盘形带孔   D. 圆柱带孔

四、简答题

1. 简述铣削加工的特点及应用范围。

2. 简述铣床的主要部件及其作用。

3. 比较顺铣和逆铣的特点。

4. 简述分度头的作用。

5. 简述常用的分度方法及工作原理。

6. 简述孔盘变速的工作原理。

7. 简述在 X6132 上用 FW250 分度头铣螺旋槽的原理。

8. 图示标注圆柱铣刀和端铣刀的几何角度。

9. 常用的尖齿铣刀有哪些？各有何结构特点？

10. 说明键槽铣刀和立铣刀有何不同。

11. 简述可转位面铣刀的种类及其应用。

五、计算题

1. 如图所示为某铣床的传动系统图，根据该图回答以下问题：

（1）列出传动系统的传动路线表达式。

（2）该传动系统的级数为多少？如何实现主轴的换向操作？

（3）计算传动系统的最高和最低转速（不考虑效率损失）。

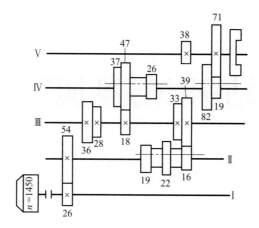

2. 在铣床 X6132 上，利用 FW250 分度头加工齿数为 24 的直齿轮，根据所学知识完成下列任务（已知分度盘的孔数为 24，30，42，66）：

（1）解释 FW250 中字母和数字的含义。

（2）该直齿轮应采取何种分度方法。

（3）计算手柄的转数和转过的孔距数。

3. 在铣床 X6132 上利用 FW125 分度头加工齿数为 33 的直齿轮，根据所学知识完成下列任务：

（1）解释 FW125 中字母和数字的含义。

（2）该直齿轮应采取何种分度方法？有何特点？

（3）计算手柄的转数和转过的孔距数。

（FW125 型万能分度盘共有三块分度盘，其孔圈数分别为：第一块 16、24、30、36、41、47、57、59；第二块 23、25、28、33、39、43、51、61；第三块 22、27、29、31、37、49、53、63）

4. 在铣床上利用 FW125 型分度头加工 $z=111$ 的直齿圆柱齿轮，试回答以下问题：

（1）选择何种分度方法来加工直齿圆柱齿轮？说明原因。

（2）计算分度手柄应转的圈数。

（3）计算交换齿轮的齿数。

第8章

钻削和镗削加工

8.1 钻 削 加 工

(1) 钻削加工工艺

钻削加工是指在钻床上利用钻削刀具在实心材料上加工孔的方法。钻削加工主要用来加工形状复杂、无对称回转轴线的工件上的孔，如箱体和机架上的孔。除钻孔、扩孔和铰孔外，钻削加工还可攻螺纹、锪孔和刮平面等，如图 8-1 所示。

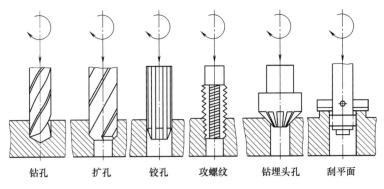

| 钻孔 | 扩孔 | 铰孔 | 攻螺纹 | 钻埋头孔 | 刮平面 |

图 8-1 钻削加工方法

钻削加工时，刀具绕轴线的旋转运动为主运动，刀具沿轴线的直线运动为进给运动，工件一般不动，如图 8-2 所示。

钻削加工的特点：由于主切削刃对称分布，所以钻削时径向力相互抵消；钻削时金属切除率高，背吃刀量为孔径的一半；钻削加工排屑和散热困难，被加工孔精度低，表面质量差；钻孔的精度一般为 IT12～IT11，表面粗糙度 Ra 为 $12.5～50\mu m$。

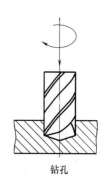

钻孔

图 8-2 钻削加工的运动

(2) 钻削加工设备

① 台式钻床 台式钻床，简称台钻，是安装在专用工作台上使用的小型孔加工机床（图 8-3）。台式钻床钻孔直径一般在 13mm 以下，最大不超过 16mm。其主轴变速一般通过改变 V 带在塔型带轮上的位置来实现，主轴进给靠手动操作。

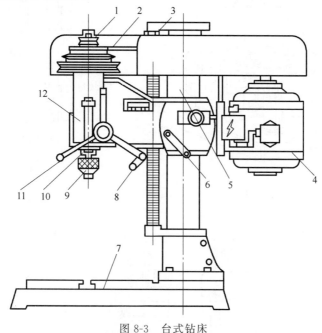

图 8-3 台式钻床

1—塔轮；2—V 带；3—丝杠架；4—电动机；5—立柱；6—锁紧手柄；
7—工作台；8—升降手柄；9—钻夹头；10—主轴；11—进给手柄；12—主轴架

② 立式钻床 立式钻床，简称立钻，是主轴竖直布置且中心位置固定的钻床，它主要分为方柱立钻和圆柱立钻两种（图 8-4）。立式钻床的工作台和主轴箱可沿立柱导轨调整位置，以适应不同高度的工件。在加工工件前要调整工件在工作台上的位置，使被加工孔中心线对准刀具轴线。

加工时，工件固定不动，主轴在套筒中旋转并与套筒一起作轴向进给。由于立式钻床的主轴不能在垂直其轴线的平面内移动，钻孔时要使钻头与工件孔的中心重合，就必须移动工件。因此，立式钻床只适用于单件、小批生产中加工中小型零件。

③ 摇臂钻床 摇臂钻床，也称为摇臂钻（图 8-5）。主轴箱 5 可在摇臂 4 上左右移动，并随摇臂绕立柱回转±180°；摇臂 4 还可沿外柱 3 上下升降，以适应加工不同高度的工件。摇臂钻床广泛应用于单件和中小批生产中大而重的工件孔。

(3) Z3040 摇臂钻床的传动系统

摇臂钻床总共有五个运动：摇臂钻床的主运动为主轴的旋转运动；进给运动为主轴的纵

向进给；辅助运动为摇臂沿外立柱的垂直移动、主轴箱沿摇臂水平方向的移动和摇臂与外立柱一起绕内立柱的回转运动。图 8-6 为 Z3040 型摇臂钻床传动系统。

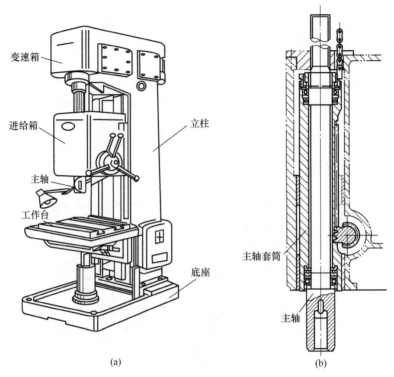

(a)　　　　　　　　　　　　　　(b)

图 8-4　立式钻床

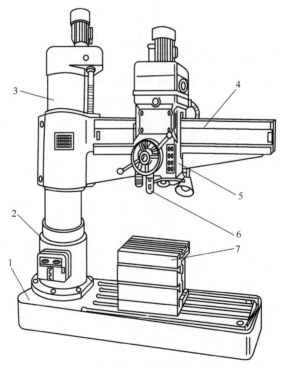

图 8-5　摇臂钻床

1—底座；2—内立柱；3—外立柱；4—摇臂；5—主轴箱；6—主轴；7—工作台

① 主运动传动系统　主运动从电动机（3kW，1440r/min）开始，经过三组双联滑移齿轮变速和Ⅵ轴上的齿式离合器（齿数为20和61）变速机构驱动主轴旋转。利用双向片式摩擦离合器 M_1 控制主轴的开停和正、反转；当 M_1 断开时，M_2 使主轴实现制动。主轴共获得16级转速，变速范围为25～2000r/min。主运动传动路线表达式为：

$$n_{电动机}-Ⅰ-\frac{35}{55}-Ⅱ-\begin{bmatrix}\frac{37}{42}(M_1\uparrow)\\\frac{36}{36}\times\frac{36}{38}(M_1\downarrow)\end{bmatrix}-Ⅲ-\begin{bmatrix}29/47\\38/38\end{bmatrix}-Ⅳ-$$

$$\begin{bmatrix}20/50\\39/31\end{bmatrix}-Ⅴ-\begin{bmatrix}44/34\\42/44\end{bmatrix}-Ⅵ-\begin{bmatrix}20/80\\61/39\end{bmatrix}-Ⅶ$$

② 进给运动传动系统　进给运动从轴Ⅶ上的齿轮37开始，经过四组双联滑移齿轮变速及离合器 M_3、M_4，蜗杆副2/77、齿轮13到齿条套筒止，带动主轴作轴向进给运动。进给运动传动路线表达式为：

$$Ⅶ-\frac{37}{48}\times\frac{22}{41}-Ⅷ-\begin{bmatrix}18/36\\30/24\end{bmatrix}-Ⅸ-\begin{bmatrix}16/41\\22/35\end{bmatrix}-Ⅹ-\begin{bmatrix}16/40\\31/25\end{bmatrix}-Ⅺ-\begin{bmatrix}40/16\\16/41\end{bmatrix}-Ⅻ-$$

$$M_3(合)-M_4-ⅩⅢ-\frac{2}{77}-M_5(合)-ⅩⅣ-z_{13}-齿条(m=3)-轴向进给$$

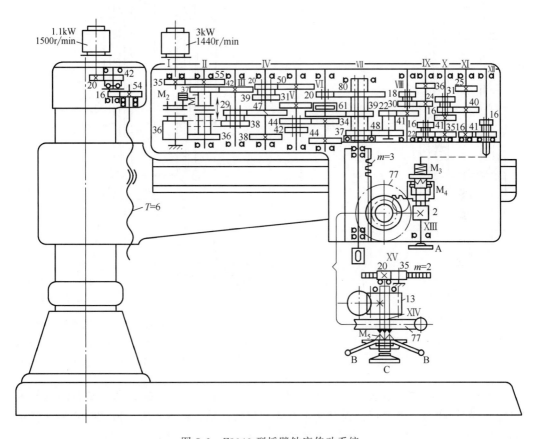

图 8-6　Z3040型摇臂钻床传动系统

$M_1\sim M_5$—离合器；A～C—手轮；T—导程

主轴轴向进给量共 16 级，范围为 0.04～3.2mm/r。推动手柄 B 可操纵离合器 M_5 接合或脱开机动进给运动传动链，转动手柄 B 可使主轴快速升降。脱开离合器 M_3，即可用手轮 A 经蜗杆副（2/77）使主轴作低速升降，用于手动微量进给。

③ 辅助运动传动系统　主轴箱沿摇臂上的导轨作径向移动和外立柱绕内立柱在 ±180° 范围内的回转运动都是通过手动实现的辅助运动；摇臂沿外立柱的上下移动是利用电动机（1.1kW，1500r/min）经齿轮副传动至丝杠而得到的辅助运动。

(4) Z3040 摇臂钻床的主要结构

① 主轴组件　图 8-7 为摇臂钻床主轴部件的结构。主轴 1 装在套筒 2 上、下端的滚动轴承上，在套筒内作旋转运动；套筒 2 又装在主轴箱体的镶套 5 内，通过齿轮齿条机构 4 带动主轴作轴向进给运动。主轴的旋转运动由上端主轴尾部的花键传入，下端主轴头部有莫氏锥孔，用于安装和紧固刀具，还有两个并列的横向腰形孔，用于传递扭矩和卸下刀具。

为承受钻削加工较大的轴向力，轴向支承采用推力球轴承，用螺母 3 调整间隙；径向支承因径向力较小，故采用深沟球轴承，不设间隙调整装置。

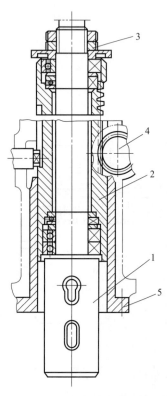

图 8-7　Z3040 型摇臂钻床主轴组件

1—主轴；2—主轴套筒；3—螺母；
4—齿轮齿条；5—镶套

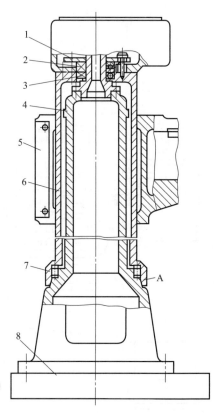

图 8-8　Z3040 型摇臂钻床立柱及夹紧机构

1—平板弹簧；2—推力球轴承；3—深沟球轴承；4—内立柱；
5—摇臂；6—外立柱；7—滚柱链；8—底座；A—圆锥面

② 立柱及夹紧机构　立柱是摇臂钻床的主要支承件，它承受摇臂和主轴箱的全部重力以及钻孔时的切削力，并要保证摇臂实现升降和旋转运动，图 8-8 所示为 Z3040 型摇臂钻床立柱及夹紧机构，这种由圆柱形内外两层立柱组成的结构称为圆形双柱式结构。

内立柱 4 用螺钉紧固在机床底座 8 上，当夹紧机构未夹紧时，外立柱 6 通过上部的深沟球轴承 3 和推力球轴承 2 以及下部的滚柱链 7 支承在内立柱上，并在弹簧 1 的作用下向上抬起一定的距离，使内外立柱间的圆锥面 A 脱离接触，摇臂 5 就可以轻便地移动。

当摇臂转到需要的位置后，内外立柱间采用液压菱形块夹紧机构夹紧，夹紧机构产生的夹紧力迫使弹簧 1 变形，导致外立柱向下移动并压紧在圆锥面 A 上，依靠锥面的摩擦力将外立柱紧固在内立柱上。

摇臂钻床广泛应用于单件和中小批生产中大、中型零件的加工。

(5) Z3040 型摇臂钻床的技术参数（表 8-1）

表 8-1　Z3040 型摇臂钻床的技术参数

项　　目	规　　格
主轴锥孔	莫氏 4 号
主轴转速级数	16
主轴转速范围	25～2000r/min
工作台尺寸	500mm×630mm
主轴行程	315mm
主轴进给量范围	0.04～3.20mm/r
主轴进给量级数	16
主轴箱水平移动距离	900mm
最大钻孔直径	40mm
主轴中心线至立柱母线最大距离	1250mm
主轴中心线至立柱母线最小距离	350mm
主轴端面至底座工作面最大距离	1250mm
主轴端面至底座工作面最小距离	350mm
主电动机功率	3 kW

8.2　镗削加工

(1) 镗削加工工艺

镗削加工是在镗床上用镗刀对工件上较大的孔进行半精加工和精加工的方法。镗削加工的工艺范围较广，通常用于加工尺寸较大且精度要求较高的孔，特别适合加工分布在不同表面上且孔距和位置精度要求很高的孔系，如箱体和大型工件上的孔和孔系加工。除镗孔外，镗床还可以钻孔、扩孔、铰孔、铣平面、镗盲孔、镗孔的端面等加工，也可以车端面和螺纹。镗削加工的工艺范围如图 8-9 所示。

镗削加工工艺灵活，适应性强；操作技术要求高；镗刀结构简单，成本低；镗孔的尺寸精度为 IT7～IT6，孔距精度可达 0.0015mm，表面粗糙度为 $Ra1.6～0.8\mu m$。图 8-9 为镗床的工艺范围。

(2) 镗削加工设备

① 卧式镗床　卧式镗床是镗床中应用最广泛的一种（图 8-10），主要用于孔加工。卧式镗床镗孔精度可达 IT7，表面粗糙度 Ra 为 1.6～0.8μm，其主参数为主轴直径；镗轴水平

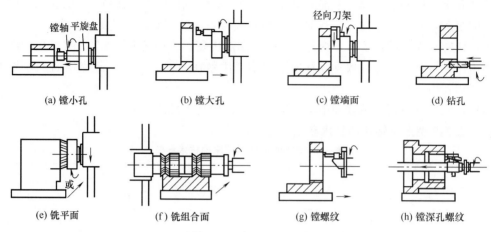

(a) 镗小孔　　(b) 镗大孔　　(c) 镗端面　　(d) 钻孔

(e) 铣平面　　(f) 铣组合面　　(g) 镗螺纹　　(h) 镗深孔螺纹

图 8-9　镗床的工艺范围

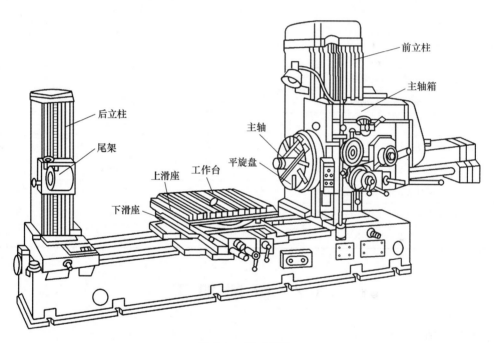

图 8-10　卧式镗床

布置并做轴向进给，主轴箱沿前立柱导轨垂直移动，工作台做纵向或横向移动。

镗床的典型加工方法如图 8-11 所示。

② 坐标镗床　坐标镗床是一种用于加工精密孔系的高精度机床，其主要特点是具有坐标位置的精密测量装置，依靠坐标测量装置能精确地确定工作台、主轴箱等移动部件的位移量，实现工件和刀具的精确定位。

坐标镗床除镗孔外，还可进行钻孔、扩孔、铰孔、锪端面以及铣平面和沟槽等加工。镗孔精度可达 IT5 以上，坐标位置精度可达 0.002～0.001mm，因其具有较高的定位精度，还可用于精密刻线、划线、孔距以及直线尺寸的精密测量等。坐标镗床的类型如图 8-12 所示。

③ 金刚镗床　金刚镗床是一种高速镗床，因采用金刚石刀具而得名。现采用硬质合金

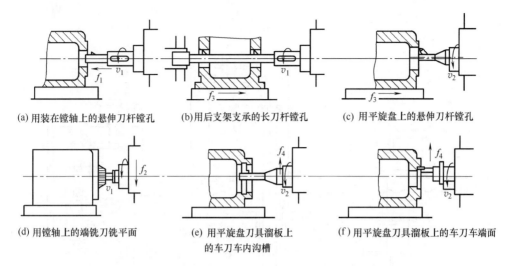

(a) 用装在镗轴上的悬伸刀杆镗孔　(b)用后支架支承的长刀杆镗孔　(c) 用平旋盘上的悬伸刀杆镗孔

(d) 用镗轴上的端铣刀铣平面　(e) 用平旋盘刀具溜板上　(f) 用平旋盘刀具溜板上的车刀车端面
　　　　　　　　　　　　　　的车刀车内沟槽

图 8-11　卧式镗床的加工方法

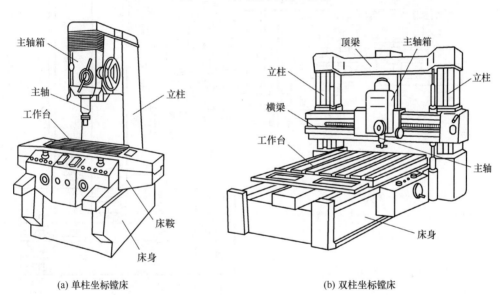

(a) 单柱坐标镗床　　　　　　　　　　　(b) 双柱坐标镗床

图 8-12　坐标镗床

作为刀具材料，以高速度、较小的背吃刀量和进给量进行精细加工，加工尺寸精度可达到 $0.003\sim0.005\text{mm}$，表面粗糙度可达 $Ra0.16\sim1.25\mu\text{m}$。主要用于成批或大量生产中，加工有色金属和铸铁的中小型精密孔。图 8-13 为单面卧式金刚镗床。

（3）TP619 卧式镗床的传动系统

镗削加工时，刀具的旋转运动为主运动，进给运动则根据机床类型和加工情况由刀具或工件完成。图 8-14 为 TP619 型卧式镗铣床的传动系统。

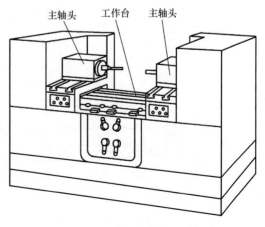

图 8-13　单面卧式金刚镗床

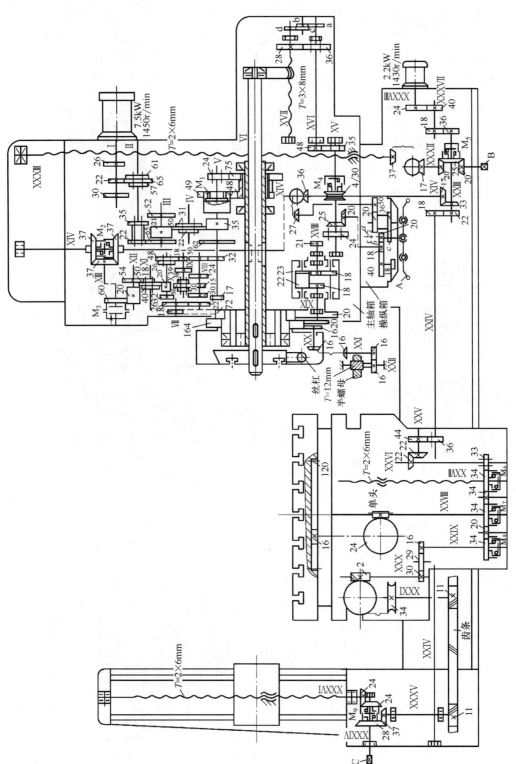

图 8-14 TP619 型卧式镗铣床的传动系统

① 主运动传动系统　主电动机的运动经轴Ⅰ～轴Ⅴ间的变速机构传至轴Ⅴ后，分别由轴Ⅴ上的滑移齿轮 z_{24} 或 z_{17} 将运动传给主轴或平旋盘。

主运动的传动路线表达式为：

$$n_{主电动机}-Ⅰ-\begin{bmatrix}26/61\\22/65\\30/57\end{bmatrix}-Ⅱ-\begin{bmatrix}22/65\\35/52\end{bmatrix}-Ⅲ-\begin{bmatrix}52/31-Ⅳ-50/35\\21/50-Ⅳ-50/35\\21/50-Ⅳ-22/62\end{bmatrix}-$$

$$Ⅴ-\begin{bmatrix}\begin{bmatrix}24/75-z_{24}\ 右移\\M_1(合)-z_{24}\ 左移-49/48\end{bmatrix}-Ⅵ(镗轴)\\z_{17}\ 左移-\dfrac{17}{22}×\dfrac{22}{26}-Ⅶ-\dfrac{18}{72}-平旋盘\end{bmatrix}$$

镗轴的转速范围为 8～1250r/min，共23级转速；平旋盘转速范围为 4～200r/min，共18级转速。

② 进给运动传动系统　TP619型卧式镗铣床的进给运动包括：镗轴的轴向进给运动、平旋盘刀具溜板径向进给运动、主轴箱垂直进给运动、工作台横向进给运动、工作台纵向进给运动和工作台旋转运动。

TP619型卧式镗铣床进给运动综合表达式为：

进给运动由主电动机带动，各进给传动链的一端为镗轴或平旋盘，另一端为各进给运动执行件。从轴Ⅷ～轴Ⅻ间采用公用换置机构进行变速，进给运动传至光杠ⅩⅣ后，再经由不同的传动路线实现各种不同的进给运动。

(4) TP619型卧式镗床的主要结构

TP619型卧式铣镗床由床身1、主轴箱9、工作台5、平旋盘7和前后立柱8、2等组成，如图 8-15 所示。主轴箱 9 安装在前立柱垂直导轨上，可沿导轨上下移动。主轴箱装有主轴部件、平旋盘、主运动和进给运动的变速机构及操纵机械等。

机床的主运动为主轴 6 或平旋盘 7 的旋转运动。根据加工要求，镗轴可作轴向进给运动或平旋盘上径向刀具溜板在随平旋盘旋转的同时作径向进给运动。

工作台由下滑座 3、上滑座 4 和工作台 5 组成。工作台可沿床身导轨作纵向移动，也可随上滑座顶部导轨作横向移动。工作台还可在沿下滑座 3 的环形导轨上绕垂直轴线转位，以便加工分布在不同面上的孔。

后立柱 2 的垂直导轨上有支承架用以支承较长的镗杆，以增加镗杆刚性。支承架可沿后立柱导轨上下移动，以保持与镗轴同轴；后立柱可根据镗杆长度作纵向位置的调整。

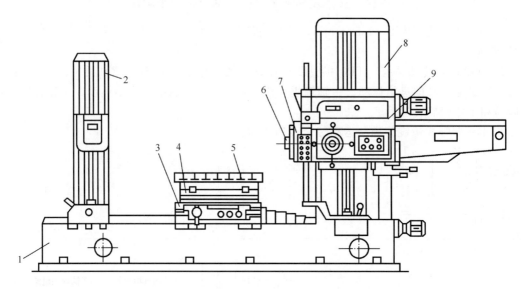

图 8-15　TP619 型卧式铣镗床

1—床身；2—后立柱；3—下滑座；4—上滑座；

5—工作台；6—主轴；7—平旋盘；8—前立柱；9—主轴箱

8.3　麻　花　钻

(1) 麻花钻的结构

麻花钻是最常见的孔加工刀具，它主要用于加工低精度的孔或扩孔。标准高速钢麻花钻由工作部分、颈部及柄部三部分组成，其结构如图 8-16 所示。

① 装夹部分　用于连接机床并传递动力，包括钻柄和颈部。小直径钻头用圆柱柄，直径在 12mm 以上的均做成莫氏锥柄；颈部直径略小，用于标记厂标和规格等。

② 工作部分　用于导向和排屑，也作为切削部分的后备。外圆柱上两条螺旋形棱边称为刃带，用于保持孔形尺寸和导向；钻体中心部分称为钻芯。

③ 切削部分　指钻头前端有切削刃的区域。它由两前刀面、两后刀面、两副后刀面、两主切削刃、两副切削刃和一条横刃组成。

(2) 麻花钻的结构参数

麻花钻的结构参数是指钻头在制造中控制的尺寸或角度，它们是确定钻头几何形状的独

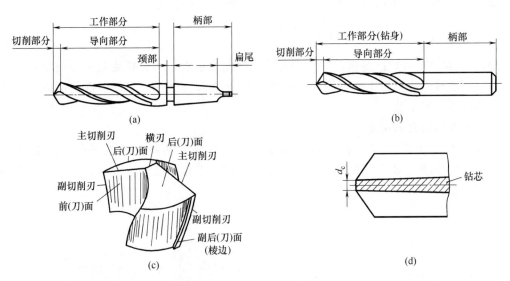

图 8-16 麻花钻的结构组成

立参数。麻花钻的结构参数包括以下几项：

直径 d：指在切削部分测量的两刃带间距离，选用标准系列尺寸。

直径倒锥：倒锥指远离切削部分的直径逐渐减小，以减少刃带孔壁，相当于副偏角。钻头直径大，倒锥也大；中等直径钻头的倒锥量约为 0.03～0.12mm/100mm。

钻芯直径 d_c：钻芯直径是与两刃沟底相切圆的直径。它影响钻头的刚性与容屑截面。钻芯通常做成 1.4～2mm/100mm 的正锥度，以提高钻头的刚性，对直径大于 13mm 的钻头，通常 $d_c = (0.125～0.15)d$（图 8-16）。

螺旋角 β：指钻头刃带棱边螺旋线展开成直线与钻头轴线的夹角，如图 8-17 所示。

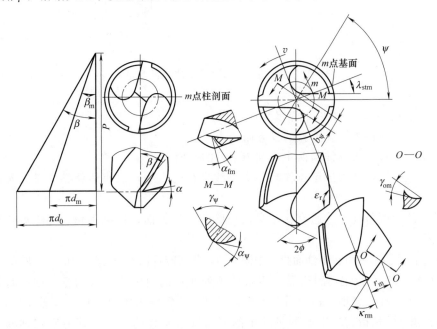

图 8-17 麻花钻的主要几何角度

如图 8-17 所示，主切削刃上任意半径 r_x 处的螺旋角 β_x 为：

$$\tan\beta_x = \frac{2\pi r_x}{L} = \frac{2\pi r}{L} \times \frac{r_x}{r} = \frac{r_x}{r}\tan\beta \tag{8-1}$$

根据式（8-1）可知：越靠近钻头中心处，螺旋角越小；增大螺旋角可使前角增大，切削轻快，便于排屑，但钻头刚性变差。刃带处螺旋角取为 25°～32°；小直径钻头为提高刚性，一般螺旋角取小值。

（3）麻花钻的几何角度

① 钻头的参考系　确定钻头角度需要建立参考系，钻头参考系平面及测量平面如图 8-18 所示。钻头上也有切削平面、正交平面、假定工作平面和背平面，它们的定义与车削中的规定相同。

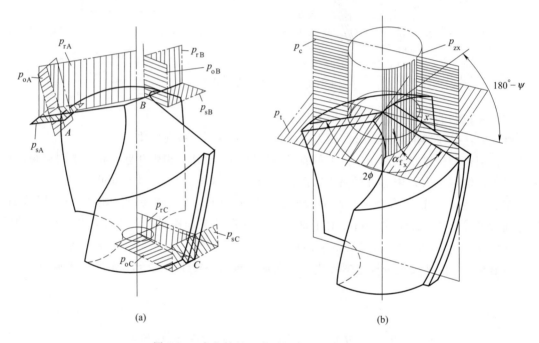

(a)　　　　　　　　　(b)

图 8-18　麻花钻的正交平面参考系及测量平面

度量钻头几何角度还需以下测量平面：

端平面 p_t：与钻头轴线垂直的投影面。

中剖面 p_c：过钻头轴线与两主切削刃平行的平面。

柱剖面 p_z：过切削刃选定点作与钻头轴线平行的直线，该直线绕钻头轴线旋转形成的圆柱面。

② 钻头的刃磨角度　普通麻花钻只需刃磨两个后刀面，控制顶角、外缘后角和横刃斜角三个角度。

顶角 2ϕ：是指两主刃在中剖面投影中的夹角，普通麻花钻顶角 $2\phi=116°～118°$（图 8-17）。

外缘后角 α_f：是指主切削刃靠近刃带转角处在柱剖面中测量的后角。中等直径钻头后角 $\alpha_f=8°～20°$；直径愈小，钻头后角愈大，以利于改善横刃的锋利程度（图 8-18）。

横刃斜角 ψ：是指在端平面测量的中剖面与横刃所夹的钝角。普通麻花钻的横刃斜角 $\psi=125°～133°$，直径小的钻头 ψ 允许较大（图 8-17）。

③ 横刃的角度　横刃是由两后刀面相交形成，普通麻花钻横刃近似直线。图 8-19 所示为横刃前、后面和角度，由图 8-19 可知，横刃斜角 ψ、顶角 ϕ 和钻芯后角 $\alpha_{o\psi}$ 三者关系为：

$$\sin(180° - \psi) = \frac{1}{\tan\phi \tan\alpha_{o\psi}} \tag{8-2}$$

横刃的长度为：

$$b_\psi = d_c / \sin(180 - \psi) \tag{8-3}$$

式（8-2）表明，横刃斜角 ψ、顶角 ϕ 和钻芯后角 $\alpha_{o\psi}$ 是相互制约的。横刃斜角 ψ 的数值与钻头近中心处切削刃后角 $\alpha_{o\psi}$ 大小有关，因近中心处后角不易测量，通常通过测量 ψ 来控制中心刃后角 $\alpha_{o\psi}$。ψ 越大，$\alpha_{o\psi}$ 越大，横刃越锋利；但 ψ 越大，横刃也越长，钻头引钻时不易定心。

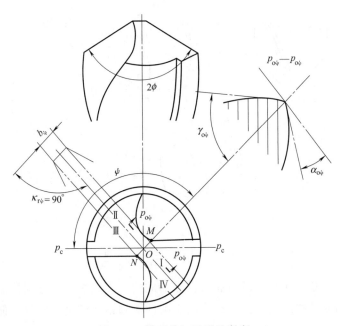

图 8-19　横刃前、后面及角度

④ 主切削刃角度　钻头的两条主切削刃是由前、后面汇交形成的区域。前面就是螺旋形的刃沟面，后面是刃磨形成的圆锥或螺旋面，它们都是曲面。

用正交平面参考系标注钻头切削刃上的前角、后角、主偏角都是派生角。由于前角不通过钻心，刃沟前面螺旋角的大小与观察点的半径有关，所以钻头切削刃各点的螺旋角、刃倾角、前角和主偏角都不同。

钻头主切削刃的角度如图 8-20 所示。

(4) 钻头的修磨和群钻

① 标准麻花钻的缺陷　主切削刃上从钻芯到外缘前角值在 $-30° \sim 30°$ 范围内变化，使得切削变形差别很大。

主切削刃长，切削宽度大，切削刃上各点切屑流出速度差别很大，切屑为一条宽螺旋状，变形复杂和排屑困难，切削液难以进入切削区。

横刃处前角为负值，且横刃较长，轴向力较大，切削条件差。

副切削刃后角为零，副后刀面与孔壁摩擦严重；外缘转角处切削速度最大，刀尖角较小，强度和散热条件差，磨损严重。

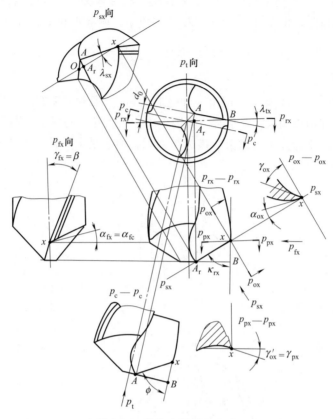

图 8-20 钻头主切削刃角度

横刃处的前、后角是在刃磨后刀面时自然形成的，不能按需要分别控制其数值。

为改善麻花钻的结构缺陷，提高钻头的切削性能和钻孔质量，以及降低切削力和增加钻头的使用寿命，在使用麻花钻时对其进行修磨。

② 钻头的修磨　钻头的修磨是指将普通钻头按不同加工要求对横刃、主刃和前后刀面进行附加的刃磨。常用的修磨方法有横刃修磨法、主刃修磨法、前刀面修磨法和后刀面修磨法等。

a. 横刃修磨法　修磨横刃的目的是在保持钻头较高强度的条件下，尽可能增大钻头的前角、缩短横刃长度、降低进给力和提高钻头定心能力。常见的修磨形式如图 8-21 所示。

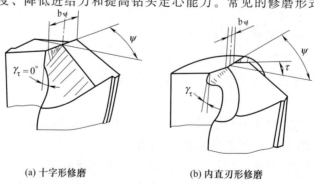

(a) 十字形修磨　　　　　　(b) 内直刃形修磨

图 8-21　横刃的修磨形式

b. 主刃修磨法　修磨主刃的目的是改变刃形或顶角，以增大前角、控制分屑和断屑；或改变切削负荷分布、增大散热条件和提高钻头寿命。常见的修磨形式如图 8-22 所示。

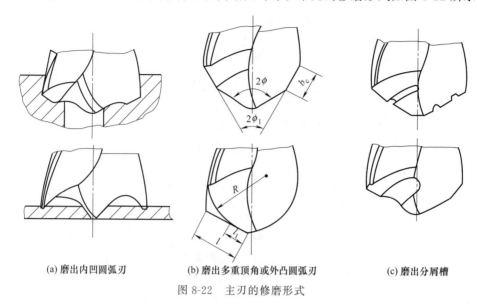

(a) 磨出内凹圆弧刃　　　(b) 磨出多重顶角或外凸圆弧刃　　　(c) 磨出分屑槽

图 8-22　主刃的修磨形式

c. 前刀面修磨法　修磨前刀面的目的是改变前角的分布、增大或减小前角、或改变刃倾角以满足不同的加工要求。常见的修磨形式如图 8-23 所示。

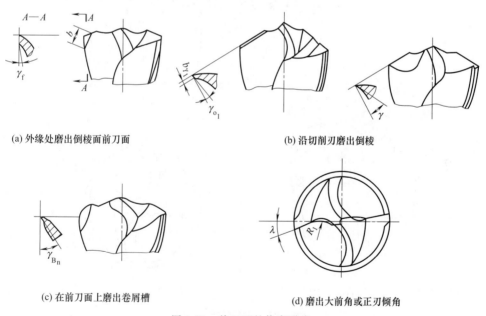

(a) 外缘处磨出倒棱面前刀面　　　　　(b) 沿切削刃磨出倒棱

(c) 在前刀面上磨出卷屑槽　　　　　(d) 磨出大前角或正刃倾角

图 8-23　前刀面的修磨形式

d. 后刀面修磨法　修磨后刀面的目的是在不影响钻头强度的条件下，增大后角以增加容屑空间，改善冷却效果。修磨副后刀面（刃带）的目的是减少刃带宽度，以减少刃带与孔壁的摩擦。常见的修磨形式如图 8-24 所示。

(5) 群钻

群钻是综合运用上述修磨方法对麻花钻进行修磨的先进钻型。群钻最早是 1953 年由倪志福创造，经多年实践并汇集了群众智慧的结晶，目前已形成标准群钻（图 8-25）、铸铁群钻、不锈钢群钻、薄板群钻等一系列先进钻型。

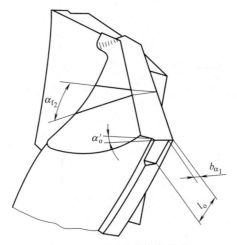

图 8-24　后刀面的修磨形式

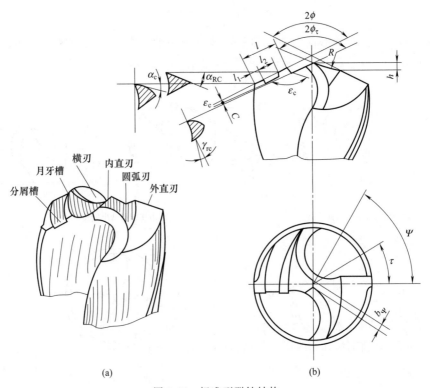

(a) 　　　　　　　　　　　　　　　(b)

图 8-25　标准型群钻结构

① 群钻的结构　群钻的结构特点可概括为：三尖七刃锐当先，月牙弧槽分两边，一侧外刃再开槽，横刃磨低窄又尖（图 8-25）。

② 群钻的特点　横刃缩短、各段切削刃切削角度合理，刃口锋利，切削变形较小；加工钢材时的轴向力比标准麻花钻降低 35%～50%，扭矩降低 10%～30%，使用寿命提高 3～5 倍；钻孔精度提高，形位误差与加工表面粗糙度减小；圆弧刃切出的过渡表面有凸起

的圆环筋，可以防止钻孔偏斜，减少了孔径的扩大，加强了定心和导向作用。

8.4 深 孔 钻

深孔是指孔深与直径之比大于 5 的孔，一般 $L/D=5\sim20$ 的深孔仍可用深孔麻花钻加工，但 $L/D>20$ 的深孔必须采用深孔钻才能加工。

深孔加工有很多缺点：切削热不易散出，要求冷却和润滑效果良好；钻头细长，强度和刚度差，工作不稳定，容易偏斜和引起振动；孔的加工精度不易控制；排屑不良时易损坏刀具等。因此，深孔钻的关键技术是良好的冷却装置、合理的排屑结构和导向措施。

(1) 枪孔钻

枪孔钻属于单刃外排屑深孔钻，最早用于钻枪孔而得名。一般用来钻 $\phi3\sim20mm$、$L/D=100$ 的小直径深孔，加工精度可达 IT10～IT8，表面粗糙度为 $Ra3.2\sim0.8\mu m$，孔的直线性较好。

枪孔钻切削部分用高速钢或硬质合金制造，尾部用无缝钢管压制成形。工作时工件回转，钻头作轴向进给，高压切削液从钻杆尾部注入，冷却后的切削液连同切屑在压力作用下沿钻杆和孔壁间的 120°V 形槽冲出，故称为外排屑深孔钻。枪孔钻的结构如图 8-26 所示。

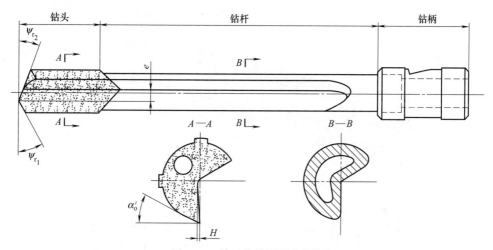

图 8-26 单刃外排屑深孔枪钻

(2) 错齿内排屑深孔钻

内排屑深孔钻用于加工 $\phi12\sim120mm$、$L/D=100$ 的深孔，加工精度可达 IT9～IT7 级，$Ra3.2\sim1.6\mu m$。内排屑深孔钻由钻头和钻杆组成，通过多头矩形螺纹连接。深孔钻有单刃和多刃之分，其切削部分用高速钢或硬质合金制造，应用较多的是多刃内排屑硬质合金深孔钻，属于 BTA (Baring and Trepanning Association) 系统深孔钻。内排屑深孔钻结构如图 8-27 所示。

(3) 喷吸钻

喷吸钻是 20 世纪 60 年代出现的内排屑深孔钻，用于中等直径 $\phi20\sim65mm$ 的深孔加工。加工精度可达 IT10～IT7 级，$Ra3.2\sim0.8\mu m$，直线度可达 0.1mm/1000m。

喷吸钻与 BTA 深孔钻相比，钻杆结构和排屑原理不同。它采用了 BTA 深孔钻的内排屑结构，再加上具有喷吸效应的排屑装置。其工作原理是将压力切削液从刀体外压入切削区并用喷吸效应进行内排屑，喷吸钻的结构如图 8-28 所示。

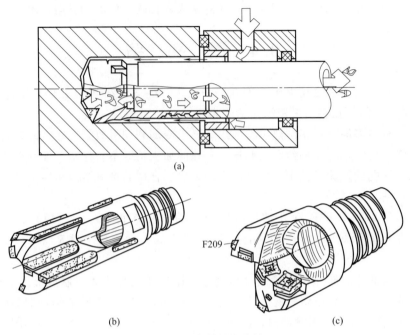

(a)

(b)　　　　　　　　　　　　(c)

F209

图 8-27　内排屑深孔钻

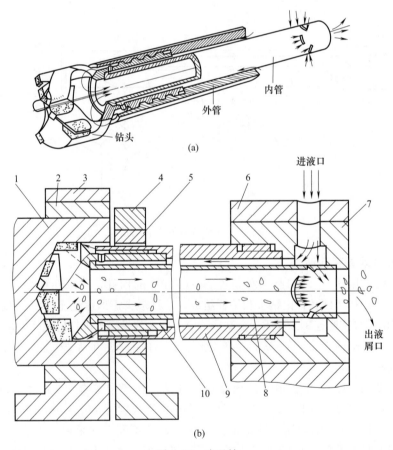

内管

外管

钻头

(a)

进液口

出液屑口

1　2　3　4　5　6　7

10　9　8

(b)

图 8-28　喷吸钻

1—工件；2—夹爪；3—中心架；4—引导架；5—导向管；6—支承座；7—连接套；8—内管；9—外管；10—钻头

8.5 其它孔加工刀具

(1) 扩孔钻

扩孔钻是用于扩大孔径和提高孔加工质量的刀具，它用于孔的最终加工或铰孔和磨孔前的预加工（图 8-29）。扩孔钻的加工精度为 IT10～IT9 级，表面粗糙度为 $Ra6.3～3.2\mu m$。扩孔钻与麻花钻结构相似，扩孔钻一般有 3～4 齿，导向性好；扩孔余量小且无横刃，切削条件得到改善；扩孔钻容屑槽浅，钻芯较厚，故强度和刚度较高。

扩孔钻结构形式分为带柄和套式两类，如图 8-30 所示。直柄扩孔钻适用范围为 $d=3～20mm$；锥柄扩孔钻适用范围为 $d=7.5～50mm$；套式扩孔钻适用于大直径及较深孔的加工，尺寸范围 $d=20～100mm$，扩孔余量直径值 0.5～4mm。

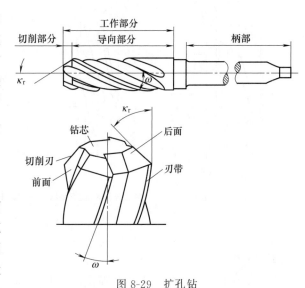

图 8-29 扩孔钻

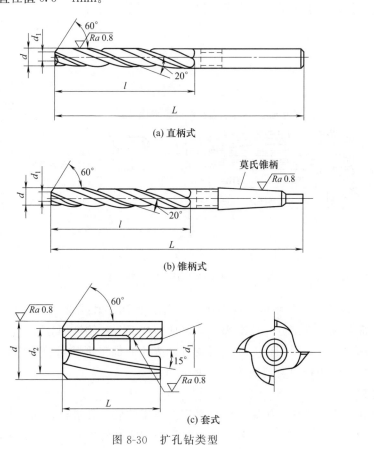

(a) 直柄式

(b) 锥柄式

(c) 套式

图 8-30 扩孔钻类型

(2) 锪钻

锪钻用于在孔的端面上加工圆柱形沉头孔、锥形沉头孔或凸台表面，如图 8-31 所示。

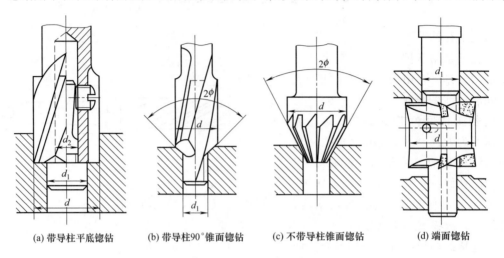

| (a) 带导柱平底锪钻 | (b) 带导柱90°锥面锪钻 | (c) 不带导柱锥面锪钻 | (d) 端面锪钻 |

图 8-31　锪钻

(3) 铰刀

铰刀是用于孔的半精加工和精加工的刀具，加工精度可达 IT8～IT6 级，表面粗糙度为 $Ra1.6～0.4\mu m$。铰刀有 6～12 个刀刃，排屑槽更浅，刚性好；铰刀有修光刃，可校准孔径和修光孔壁；铰削加工余量小，工作平稳。

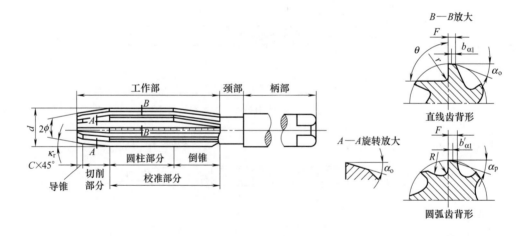

图 8-32　圆柱铰刀的结构

图 8-32 为圆柱铰刀的结构。铰刀由工作部分、柄部和颈部组成，其中工作部分包括引导锥、切削部分和校准部分，校准部分又包括圆柱部分和倒锥部分。

铰刀按用途可分为手用铰刀和机用铰刀，按孔的加工形状可分为圆柱铰刀和圆锥铰刀。铰刀已标准化，常用铰刀类型如图 8-33 所示。

(4) 镗刀

镗刀是在车床、铣床、镗床、组合机床上对工件已有孔进行再加工的刀具，特别是加工大直径孔，镗刀几乎是唯一的刀具。镗刀是由镗刀头和镗刀杆及相应夹紧装置组成，镗刀头

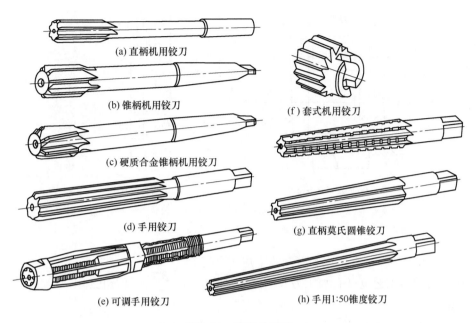

图 8-33 铰刀的类型

是切削部分，其结构和几何参数与车刀相似，镗刀一般可分为单刃镗刀、双刃镗刀。

① 单刃镗刀　单刃镗刀如图 8-34 所示，只有一个切削刃，结构简单，制造方便，通用性好。机夹式单刃镗刀尺寸调节费时，精度不易控制，主要用于粗加工；微调镗刀用在坐标镗床和数控机床上，它调节尺寸容易，调节精度高，主要用于精加工。

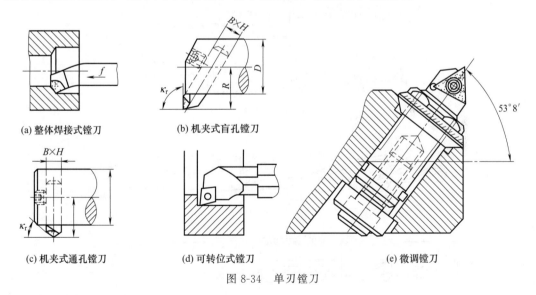

图 8-34 单刃镗刀

② 双刃镗刀　它的两端具有对称的切削刃，工作时可消除径向力对镗杆的影响，镗刀上的两块刀片可以径向调整，工件的孔径尺寸和精度由镗刀径向尺寸保证。双刃镗刀（图8-35）通常有固定式镗刀和浮动镗刀（图 8-35）。

(5) 复合孔加工刀具

复合孔加工刀具是由两把或两把以上同类或不同类孔加工刀具组合而成的刀具。复合孔

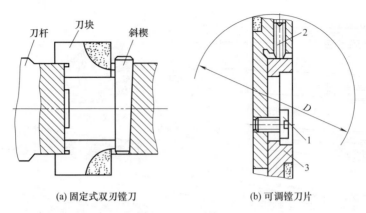

(a) 固定式双刃镗刀　　　　　(b) 可调镗刀片

图 8-35　双刃镗刀

1—紧固螺钉；2—调节螺钉；3—刀体

加工刀具种类繁多，在组合机床和自动线上应用广泛。

图 8-36 为同类工艺复合孔加工刀具；图 8-37 为不同类工艺复合孔加工刀具；图 8-38 为孔加工刀具复合形式。

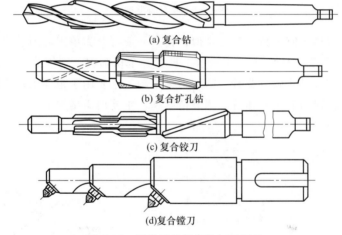

(a) 复合钻

(b) 复合扩孔钻

(c) 复合铰刀

(d) 复合镗刀

图 8-36　同类工艺复合孔加工刀具

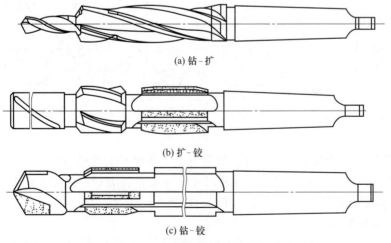

(a) 钻-扩

(b) 扩-铰

(c) 钻-铰

图 8-37　不同类工艺复合孔加工刀具

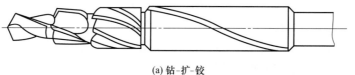

(a) 钻-扩-铰

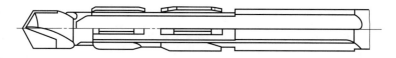

(b) 钻-铰-铰

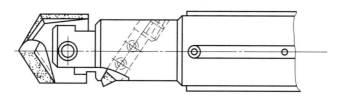

(c) 钻-镗

图 8-38　孔加工刀具复合形式

实训练习题

一、填空题

1. 钻削加工的主运动是＿＿＿＿＿＿＿＿，进给运动是＿＿＿＿＿＿＿＿，工件一般＿＿＿＿＿＿＿＿。

2. 台钻的主轴变速一般是通过＿＿＿＿＿＿＿＿＿＿＿＿＿＿来实现的。

3. 钻削时的＿＿＿＿＿＿＿＿力互相抵消，钻芯横刃处工作后角为负值，导致＿＿＿＿＿＿＿＿力增大。

4. Z3040 摇臂钻床的主运动为＿＿＿＿＿＿＿＿；进给运动为主轴的＿＿＿＿＿＿＿＿、摇臂沿外立柱的＿＿＿＿＿＿＿＿、主轴箱沿摇臂水平方向的＿＿＿＿＿＿＿＿以及摇臂和外立柱一起绕内立柱的＿＿＿＿＿＿＿＿运动。

5. TP619 型号中的 T 表示＿＿＿＿＿＿＿＿，P 表示＿＿＿＿＿＿＿＿，9 是指＿＿＿＿＿＿＿＿。

6. 麻花钻的工作部分由＿＿＿＿＿＿＿＿部分和＿＿＿＿＿＿＿＿部分组成；麻花钻切削部分是由＿＿＿＿＿＿＿＿个前刀面、＿＿＿＿＿＿＿＿个后刀面、＿＿＿＿个副后刀面、＿＿＿＿个主切削刃、＿＿＿＿个副切削刃和＿＿＿＿个横刃组成。

7. 增大麻花钻的螺旋角可使＿＿＿＿＿＿＿＿增大，切削轻快，便于排屑，但钻头＿＿＿＿＿＿＿＿变差。

8. 普通麻花钻只需刃磨两个后刀面，控制＿＿＿＿＿＿＿＿、＿＿＿＿＿＿＿＿、＿＿＿＿＿＿＿＿三个角度即可。

9. 普通麻花钻横刃近似直线，修磨横刃主要是将横刃＿＿＿＿＿＿＿＿和修磨横刃＿＿＿＿＿＿＿＿角。

10. 铰刀用于孔的半精加工和精加工，按使用方式通常分为＿＿＿＿＿＿＿＿铰刀和＿＿＿＿＿＿＿＿铰刀。

二、判断题

1. 钻床的主运动是钻头的旋转运动，进给运动是钻头的轴向运动。（　　）

2. 钻孔精度可达 IT6 级，属孔的精加工方法。（   ）

3. 钻孔时的背吃刀量（切削深度）等于钻头的半径。（   ）

4. 麻花钻前角随螺旋角的变化而变化，螺旋角愈大，前角也愈大。（   ）

5. 麻花钻两主切削刃之间的夹角叫顶角。（   ）

6. 标准麻花钻的顶角为 140°。（   ）

7. 麻花钻的横刃是两个主切削刃的交线。（   ）

8. 麻花钻可以在实心材料上加工内孔，不能用来扩孔。（   ）

9. 钻孔时，因横刃处钻削条件恶劣，所以磨损最严重。（   ）

10. 在车床上钻孔易出现轴线偏斜现象，而在钻床上钻孔则易出现孔径扩大现象。（   ）

11. 扩孔可校正钻孔的轴线偏斜。（   ）

12. 铰孔的目的是纠正钻孔时偏移位置。（   ）

13. 铰孔的精度主要不取决于机床的精度，而取决于铰刀的精度和安装方式以及加工余量等。（   ）

14. 适宜镗削的孔有通孔、盲孔、台阶孔和带内回转槽的孔。（   ）

三、单项选择题

1. 钻孔时，钻头直径为 10mm，背吃刀量应为（   ）mm。

A. 10   B. 5   C. 2.5   D. $5/\sin\phi$

2. 加工工件上直径较大的孔，（   ）几乎是唯一可用的孔加工刀具。

A. 麻花钻   B. 深孔钻   C. 铰刀   D. 镗刀

3. 钻头安装不正，会导致将孔（   ）。

A. 钻大   B. 钻偏   C. 钻扁   D. 钻小

4. 钻头的螺旋角越大，前角（   ）。

A. 越大   B. 越小   C. 不变

5. 根据切削速度公式可知，在相同的切削速度下，钻头直径变小，转速（   ）。

A. 提高   B. 减小   C. 不变   D. 无规律

6. 钻削时，消耗功率最多的切削分力是（   ）。

A. 轴向力   B. 径向力   C. 切向力

7. 麻花钻切削部分的切削刃共有（   ）个。

A. 6   B. 5   C. 4   D. 3

8. 扩孔钻的刀齿有（   ）个。

A. 2～3   B. 3～4   C. 6～8   D. 8～12

9. 铰刀的刀齿有（   ）个。

A. 2～3   B. 3～4   C. 6～12

10. 用钻头钻孔时，产生很大轴向力的主要原因是（   ）的作用。

A. 横刃   B. 主切削刃   C. 切屑的摩擦和挤压

11. 钻孔的公差等级一般可达（   ）级。

A. IT7～IT9   B. IT11～IT12   C. IT14～IT15

12. 麻花钻横刃太长，钻削时会使（   ）增大。

A. 切向力   B. 轴向力   C. 径向力

13. 标准麻花钻的顶角 2ϕ 一般在（   ）左右。

A. 100°   B. 118°   C. 140°   D. 60°

14. 铰孔的表面粗糙度值 Ra 可达（　　）μm。

A. 0.8～3.2 　　　　 B. 6.3～12.5 　　　　 C. 3.2～6.3

15. 双刃镗刀的好处是（　　）得到平衡。

A. 轴向力 　　　　 B. 径向力 　　　　 C. 扭矩 　　　　 D. 切削力

四、简答题

1. 简述钻削加工的特点及应用范围。

2. 简述 Z3040 摇臂钻床的主要运动。

3. 简述镗削加工的特点及应用范围。

4. 简述 TP619 卧式镗床的主要运动。

5. 简述麻花钻的结构组成及其作用。

6. 简述群钻的结构特点及优点。

7. 简述扩孔钻的特点及应用范围。

8. 简述铰刀的结构及其作用。

9. 简述铰削加工的特点及其应用。

10. 简述镗刀的类型及其特点。

五、计算题

如图所示为某机床的传动系统图，根据该图完成下列任务：

（1）传动系统图的作用是什么？

（2）根据图示的传动系统图，列出传动路线表达式。

（3）根据传动路线表达式，计算其最大和最小转速（不考虑效率损失）。

（4）该传动系统共有几级转速？如何实现主轴的正反转？

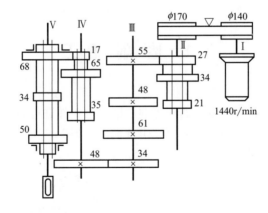

第9章

磨削加工

▶▶▶

● **知识目标**

掌握磨削加工工艺及其特点。
了解磨床的用途及其分类。
了解 M1432A 万能外圆磨床。
了解典型磨床的结构及其应用。
掌握磨削砂轮的特性及选用。

● **能力目标**

M1432A 磨床的认知和理解能力。
磨床传动系统的分析和计算能力。
磨削砂轮特性的分析和选择能力。

9.1 磨削加工

(1) 磨削加工工艺

磨削加工是指利用砂轮、砂带、油石等磨料磨具对工件进行加工的方法。磨削加工应用范围很广,可以对内外圆、平面、成形面和组合面进行加工,还可以进行刃磨刀具和切断等任务。典型的磨削加工范围如图 9-1 所示。

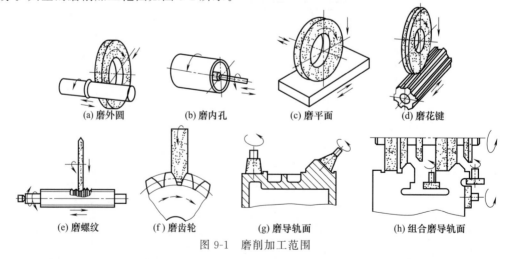

(a) 磨外圆   (b) 磨内孔   (c) 磨平面   (d) 磨花键

(e) 磨螺纹   (f) 磨齿轮   (g) 磨导轨面   (h) 组合磨导轨面

图 9-1　磨削加工范围

(2) 磨削加工设备

外圆磨床：主要用于磨削外回转表面。它包括万能外圆磨床、普通外圆磨床、无心外圆磨床等。

内圆磨床：主要用于磨削内回转表面。它包括普通内圆磨床、无心内圆磨床、行星式内圆磨床等。

平面及端面磨床：用于磨削各种平面。它包括卧轴矩台平面磨床、立轴矩台平面磨床、卧轴圆台平面磨床、立轴圆台平面磨床等。

工具磨床：主要用于磨削各种工具，如样板、卡板等。它包括工具曲线磨床、卡板磨床、钻头沟槽磨床、丝锥沟槽磨床等。

刀具刃具磨床：主要用于刃磨各种刀具。它包括万能工具磨床、车刀刃磨床、拉刀刃磨床、滚刀刃磨床等。

专门化磨床：主要用于磨削某一类零件上的一种表面，如曲轴磨床、凸轮轴磨床、花键轴磨床、球轴承磨床、活塞环磨床、螺纹磨床、导轨磨床、中心孔磨床等。

其他磨床：如珩磨机、研磨机、抛光机、超精加工机床、砂轮机等。

以上磨床均使用砂轮作为切削工具。此外，还有以柔性砂带为切削工具的砂带磨床，以油石和研磨剂为切削工具的精磨磨床等。

(3) 磨削加工特点

加工精度高：因磨削加工余量较小，加上砂轮磨粒的修光作用，故磨削加工精度较高，表面质量好，加工精度可达 IT7～IT6 级，表面粗糙度 $Ra1.25～0.05\mu m$。如采用高精度磨削，则加工精度可达 IT5 级，表面粗糙度 $Ra0.1～0.012\mu m$。

磨削温度高：由于磨削速度高，砂轮和工件间产生大量热量，而且砂轮的导热性差，不易散热，磨削区域的温度可达 1000℃ 以上，磨削时会产生磨削烧伤。因此，磨削时应加大量切削液。

能加工硬质材料：磨削加工可以加工普通刀具难以加工甚至无法加工的硬质材料，如淬硬钢、硬质合金和陶瓷等。

9.2　M1432A 型万能外圆磨床

(1) 磨床的工作方式

M1432A 型万能外圆磨床是应用最普遍的外圆磨床，主要用于磨削内外圆柱面、内外圆锥面，还可磨削阶梯轴轴肩及端面和简单的成形回转体表面等（图 9-2）。

按照砂轮的进给方式不同，磨外圆的工作方式分为纵向磨削和横向磨削两种，如图 9-3 所示。

纵磨法：磨削时，工件低速旋转作圆周进给运动，工作台往返作纵向进给运动。每一次纵向行程结束，砂轮作一次横向进给，逐步磨去加工余量。这种方法生产率低，表面质量好，精度高，应用广泛。纵磨法主要用于单件、小批生产或精磨的场合。

横磨法：砂轮宽度大于工件被磨长度，磨削时无需纵向进给。砂轮以慢速连续或断续作横向进给运动，直至磨去全部余量。这种方法磨削效率高，磨削力大，磨削温度高，加工精度低，表面粗糙度增大。横磨法主要用于批量大、精度不太高的工件或不能作纵向进给的场合。

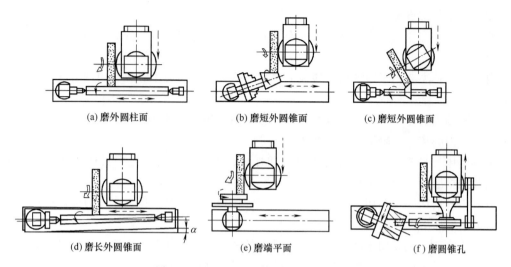

(a) 磨外圆柱面　　　(b) 磨短外圆锥面　　　(c) 磨短外圆锥面

(d) 磨长外圆锥面　　　(e) 磨端平面　　　(f) 磨圆锥孔

图 9-2　M1432A 型万能外圆磨床的用途

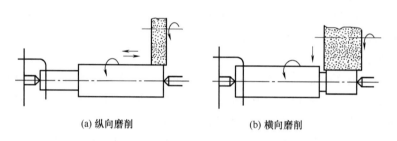

(a) 纵向磨削　　　(b) 横向磨削

图 9-3　M1432A 型外圆磨床的工作方式

(2) M1432A 型磨床的运动

M1432A 型磨床的运动形式有：磨外圆或内孔时砂轮的旋转运动；工件的圆周进给运动；工件（工作台）的往复纵向进给运动；砂轮横向进给运动（往复纵磨时为周期间歇进给，切入磨削时为连续进给）；砂轮架横向快速进退运动；尾座套筒的伸缩移动。

(3) 磨床的主要部件及作用

M1432A 型万能外圆磨床的结构如图 9-4 所示。

床身 1：安装磨床的各部件，床身上有导轨，内部有液压系统。

头架 2：安装主轴部件，用于装夹工件。主轴由单独电动机驱动，通过皮带传动使工件获得多种旋转速度，头架可在水平面内逆时针偏转 90°。

内圆磨具 3：带动磨内圆的砂轮主轴旋转，由单独电动机驱动。磨削内孔时，应将内圆磨具翻下。

砂轮架 4：安装砂轮，由单独电动机驱动，通过皮带传动带动砂轮高速旋转。砂轮架可沿横向导轨作横向快速进退和自动周期进给运动，也可手动进行横向移动。砂轮架可在水平面内回转 ±30°。

尾座 5：安装顶尖，和头架的前顶尖一起支承工件。尾座套筒的后端装有弹簧，依靠弹簧的推力夹紧工件。

工作台 8：由上下两层组成，上工作台可绕下工作台在水平方向转动 ±10°，以便于磨削小锥度的长锥体。工作台沿床身纵向导轨作纵向进给运动，在工作台前侧的 T 形槽内，

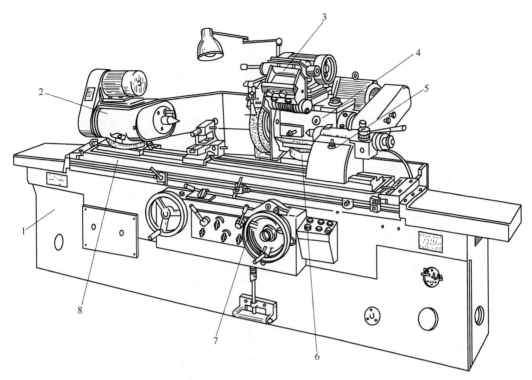

图 9-4　M1432A 型万能外圆磨床

1—床身；2—头架；3—内圆磨具；4—砂轮架；5—尾座；6—滑鞍；7—横向进给手轮；8—工作台

装有两个换向挡铁，用于控制工作台的自动换向。

(4) M1432A 型磨床的技术参数（表 9-1）

表 9-1　M1432A 型磨床的技术参数

名称	技术参数
外圆磨削直径/mm	$\phi 8\sim 320$
最大外圆磨削长度/mm	1000；1500；2000
内孔磨削直径/mm	$\phi 13\sim 100$
最大内孔磨削直径/mm	125
工作台纵向移动速度（液压无级调速）/(m/min)	0.05～4
机床外形尺寸（长度）/mm	3200；4200；5200
机床外形尺寸（宽度）/mm	1500～1800
机床外形尺寸（高度）/mm	1420
头架主轴转速（共 6 级）/(r/min)	25；50；80；112；160；224
外圆砂轮速度/(r/min)	1670
内圆砂轮速度/(r/min)	10000；15000

(5) M1432A 型磨床的传动系统

M1432A 型外圆磨床的运动是通过机械传动和液压传动联合实现的。在该机床的传动系统中，除工作台的纵向往复运动、砂轮架的快速进退和周期自动切入进给以及尾座顶尖套筒的伸缩是液压传动外，其余均为机械传动。图 9-5 为 M1432A 型外圆磨床的传动系统。

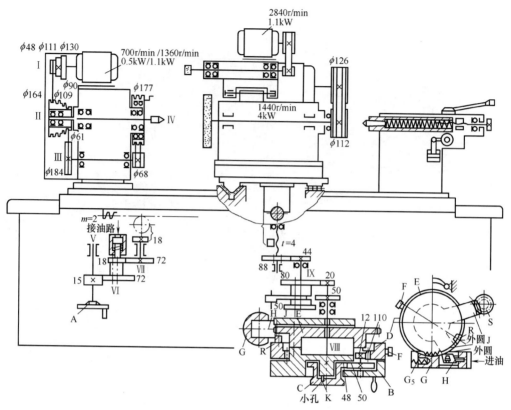

图 9-5 M1432A 型万能外圆磨床传动系统

A,B—手轮；C—补偿旋钮；D—刻度盘；E—棘轮；F—挡块；G—活塞；
G₅—液压缸；H—棘爪；R—调整块；K—销子；J—扇形齿轮板；S—齿轮

① 外圆磨削时砂轮主轴的传动链 砂轮主轴的运动是由砂轮架电动机（1440r/min，4kW）经 4 根 V 形皮带直接传动的，砂轮主轴转速高达 1670 r/min。传动路线为：

主电动机（1440r/min，4kW）—皮带轮（$\phi126/\phi112$）—砂轮

② 内圆磨具的传动链 内圆磨削时，砂轮主轴由内圆砂轮电动机（2840r/min，1.1kW）经平带直接传动。更换平带带轮可使内圆砂轮主轴得到两种转速。传动路线为：

主电动机（2840r/min，1.1kW）—皮带轮—内圆砂轮

③ 头架拨盘传动链 拨盘的运动是由双速电动机（700r/min/1360r/min，0.55kW/1.1kW）驱动，经 V 形带塔轮及两级 V 形带传动，使头架的拨盘或卡盘带动工件，实现圆周运动。传动路线为：

$$n_{\text{头架电动机}} - \text{I} - \begin{bmatrix} \dfrac{\phi130/\phi90}{} \\[4pt] \dfrac{\phi111/\phi109}{} \\[4pt] \dfrac{\phi48/\phi164}{} \end{bmatrix} - \text{II} - \frac{\phi61}{\phi184} - \text{III} - \frac{\phi68}{\phi177} - \text{拨盘或卡盘}$$

④ 工作台的手动驱动 调整机床及磨削阶梯轴的台阶时，工作台还可由手轮 A 驱动。其传动路线为：

手轮 A—轴 V—15/72—轴 VI—18/72—轴 VII—齿轮 z_{18}—齿条（$m=2mm$）—工作台纵向移动

为避免工作台纵向运动时带动手轮 A 快速转动碰伤操作者，在液压系统和手轮 A 之间

采用了互锁液压缸。轴Ⅵ上的互锁液压缸与液压系统相通，工作台纵向往复运动时，压力油推动轴Ⅵ上的双联齿轮移动，使齿轮 z_{18} 和 z_{72} 脱开。因此，液压驱动工作台纵向移动时，手轮 A 不转动。

【案例 9-1】 试计算手轮转一转时，工作台的纵向进给量。

【解】 手轮转一转时，工作台的纵向进给量 f 为：

$$f = 1 \times \frac{15}{72} \times \frac{18}{72} \times \pi \times 2 \times 18 = 5.89 \approx 6 \text{(mm)}$$

⑤ 滑板及砂轮架的横向进给运动 横向进给运动，可用手轮 B 实现，也可由进给液压缸的活塞 G 驱动，实现周期自动进给。其传动路线为：

$$\begin{bmatrix} 手轮 B \\ 液压缸活塞 G \end{bmatrix} - Ⅷ - \begin{bmatrix} 50/50 \\ 20/80 \end{bmatrix} - Ⅸ - \frac{44}{88} - 横向进给丝杠(t = 4\text{mm})$$

【案例 9-2】 分析横向手动进给时，刻度盘 D 上的每格进给量为多少？

【解】 横向手动进给分为粗进给和细进给两种情况。

粗进给时，将手柄 E 前推，转动手柄 B 经齿轮副 50/50 和 44/88 到丝杠，使砂轮架作横向粗进给运动；手轮 B 转一转，砂轮架横向移动 2mm，手轮 B 上刻度盘 D 共 200 格，因此，每格的进给量为 0.01mm。

细进给时，将手柄 E 推至图 9-5 所示位置，转动手轮 B 经齿轮副 20/80 和 44/88 到丝杠，使砂轮架作横向细进给运动；手轮 B 转一转，砂轮架横向移动 0.5mm，手轮 B 上刻度盘 D 共 200 格，因此，每格的进给量为 0.0025mm。

【案例 9-3】 分析由液压缸活塞 G 驱动时，滑板及砂轮架实现周期自动进给的工作原理。

【解】 当工作台在行程末端换向时，压力油通入液压缸 G_5 的右腔，推动活塞 G 左移，从而带动棘爪 H 移动（因 H 活装在 G 上），使棘轮 E 转过一个角度，并带动手轮 B 转动，实现径向切入运动。当 G_5 通回油腔时，弹簧将活塞 G 推到右极限位置。

当自动径向切入达到工件尺寸要求时，刻度盘 D 上与挡块 F 成 180°的调整块 R 正好处于最下端位置，压下棘爪 H，使它无法与棘轮啮合（因调整块 R 的外圆比棘轮 E 大），于是自动径向切入运动停止。

(6) M1432A 型万能外圆磨床的典型结构

① 砂轮架的结构 砂轮架是由砂轮架壳体、砂轮主轴及其轴承、传动装置和滑鞍组成。砂轮主轴及其支承部分是砂轮架部件中的关键结构，直接影响工件的加工精度和表面质量，故应有较高的回转精度、刚度、抗振性和耐磨性。

如图 9-6 所示，砂轮主轴的前、后支承均采用"短三瓦"动压滑动轴承，每个滑动轴承由均布在圆周上的三块扇形轴瓦组成（图 9-6 中 C—C 视图），每块轴瓦都支承在球头螺钉的球形端面上。调节球头螺钉的位置，即可调整轴承的间隙。

砂轮主轴的轴向定位如图 9-6 中的 A—A 剖面所示。向右的轴向力通过主轴右端轴肩作用在止推滑动轴承环 3 上；向左的轴向力则通过主轴右端带轮上小孔内的 6 根弹簧 5 和 6 根小滑柱 4 作用在止推滑动轴承上。弹簧 5 的作用是给止推滑动轴承预加载荷，并且当止推环磨损后能自动补偿，消除止推滑动轴承的间隙。

砂轮的圆周速度很高，一般为 35m/s 左右，为保证砂轮运转平稳，装在砂轮主轴上的零件都必须进行静平衡，整个主轴部件还要动平衡。为安全起见，砂轮周围必须安装防护罩。

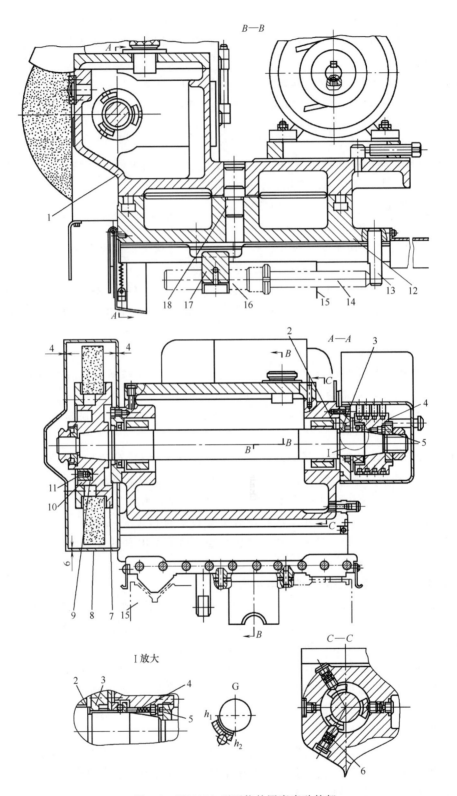

图 9-6　M1432A 型万能外圆磨床砂轮架

1—砂轮架壳体；2—轴肩；3—轴承环；4—小滑柱；5—弹簧；6,11—螺钉；7—法兰；8—砂轮罩；
9—平衡块；10—钢球；12—滑鞍；13—柱销；14,16—螺杆；15—垫板；17—螺母；18—圆柱销

砂轮架壳体用 T 形螺钉紧固在滑鞍 12 上，可绕滑鞍上的定心圆柱销 18 在 ±30°范围内调整位置。磨削时，滑鞍带着砂轮架沿垫板 15 上的导轨作横向进给运动。

砂轮架壳体内装润滑油，以润滑主轴轴承，油面高度可通过油标观察。主轴两端用橡胶油封密封。

【案例 9-4】 为什么砂轮主轴支承采用"短三瓦"动压滑动轴承？它是如何工作的？

【解】 砂轮主轴采用"短三瓦"动压滑动轴承可以提高主轴的回转精度和刚度。

其工作原理为："短三瓦"动压滑动轴承工作时浸在油中，当砂轮主轴高速旋转时，三块轴瓦在各自球头螺钉的端面上，摆动到平衡位置，于是在轴和轴瓦之间形成三个楔形缝隙。当吸附在轴颈上的压力油由入口 h_1 被带到出口 h_2 时，压力油受到挤压（$h_2 < h_1$），于是形成压力油膜，将主轴浮在三块轴瓦中间，不与轴瓦直接接触（图 9-6 中 G）。因此，主轴的回转精度较高。

当砂轮主轴受到外界载荷作用产生径向偏移时，在偏移方向处楔形缝隙减小，油膜压力升高；而在相反方向处的楔形缝隙增大，油膜压力降低。于是，动压滑动轴承有使砂轮主轴恢复到原中心位置的趋势，减小径向偏移。所以，这种轴承的刚度也很高。

② 内圆磨具及其支架 图 9-7 为内圆磨具的装配图。磨削内孔时，因内圆砂轮直径较小，要达到足够的磨削速度，就要求内圆砂轮轴具有很高的转速。因此，内圆磨具必须保证在高转速下运转平稳，主轴轴承应有足够的刚度和寿命。

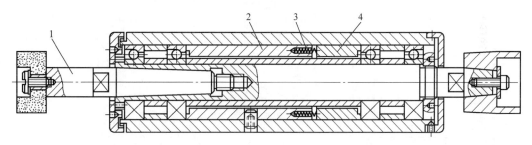

图 9-7 M1432A 型外圆磨床的内圆磨具
1—接杆；2，4—套筒；3—弹簧

目前，内圆磨具主轴采用平带传动，主轴支承采用四个 D 级精度的单列向心推力球轴承，前后各两个。它们用弹簧 3 预紧，预紧力的大小可通过主轴后端的螺母来调节。当主轴热膨胀伸长或轴承磨损，弹簧能自动补偿，并保持较稳定的预紧力，使主轴轴承的刚度和寿命得到保证。

当被磨削工件内孔长度改变时，接杆 1 可以更换。但由于受结构限制，接杆轴较细且悬伸长度较长，所以刚性较差。为克服上述缺点，某些专业磨床采用固定轴

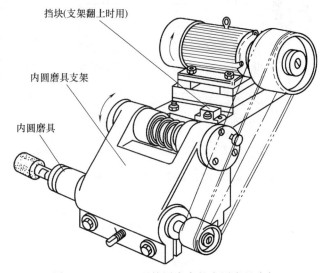

图 9-8 M1432A 型外圆磨床的内圆磨具支架

形式。

内圆磨具装在支架的孔中，图 9-8 所示为其工作位置；不工作时，内圆磨具翻向上方，如图 9-4 所示。

③ 头架的结构　图 9-9 为外圆磨床的头架结构。头架主轴和顶尖根据不同的加工需要，有三种工作方式。

工件支承在前、后顶尖上，通过固装在拨盘 8 上的拨杆 G 拨动鸡心夹头使工件转动，这种头架主轴和顶尖都固定不动的方式，称为"死顶尖"装夹方式。这种装夹方式有助于提高工件的旋转精度及主轴部件的刚度。

采用三爪卡盘或四爪卡盘夹持工件。卡盘固定在法兰盘 6 上，法兰盘以其锥柄安装在主轴的锥孔内，并用拉杆拉紧。旋转运动由拨盘 8 上的螺钉带动法兰盘 6 旋转，同时主轴也随着一起旋转。

采用机床自磨顶尖装置装夹工件。自磨主轴顶尖时，将主轴放松，同时用拨块将拨盘与主轴相连，拨盘通过杆 10 带动头架主轴和顶尖旋转，依靠机床自身修磨顶尖，以提高工件的定位精度。

头架可绕底座 13 上的圆柱销 12 逆时针在 0°～90°范围内转动，以调整头架的角度。

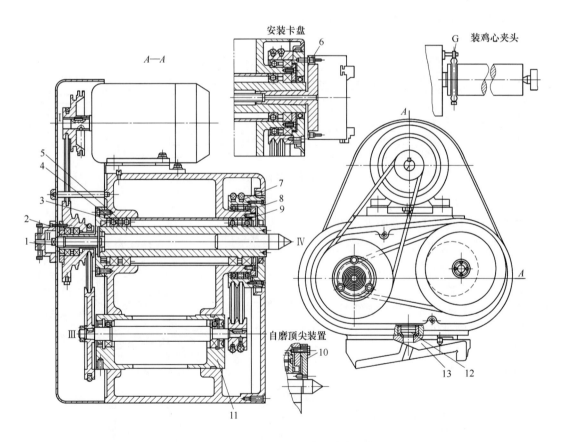

图 9-9　M1432A 型万能外圆磨床头架

1—螺杆；2—摩擦圈；3～5,9—垫圈；6—法兰盘；7—带轮；
8—拨盘；10—杆；11—偏心套；12—圆柱销；13—底座；G—拨杆

9.3 其它磨床

(1) 普通外圆磨床

普通外圆磨床的结构与万能外圆磨床的结构基本相同。普通外圆磨床的头架主轴直接固定在壳体上不能回转，工件只能支承在顶尖上磨削；普通外圆磨床的头架和砂轮架不能绕垂直轴线调整角度位置，而且也没有内磨装置。

普通外圆磨床工艺范围较窄，只能磨削外圆柱面、锥度不大的外圆锥面和台肩端面。因其结构层次少，刚性好，可采用较大的磨削用量，故生产率较高。

(2) 端面外圆磨床

端面外圆磨床的砂轮主轴轴线与头、尾架顶尖中心连线倾斜一定角度（图 9-10）。砂轮架沿斜向进给且砂轮装在主轴右端，以避免砂轮架和尾架、工件相碰。这种磨床以切入磨削的同时磨削工件的外圆和台阶端面，机床的生产率较高，能保证较高的加工质量。端面外圆磨床主要用于磨削大批量生产的带台阶的轴类和盘类零件。

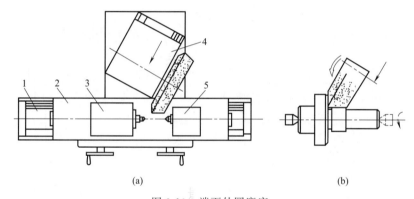

(a)　　　　　　　　　　　　(b)

图 9-10　端面外圆磨床

1—床身；2—工作台；3—头架；4—砂轮架；5—尾架

(3) 无心外圆磨床

图 9-11 为无心外圆磨削的加工示意图。磨削时，工件不用顶尖定心和支承，而是以工件的被磨削外圆面定位。

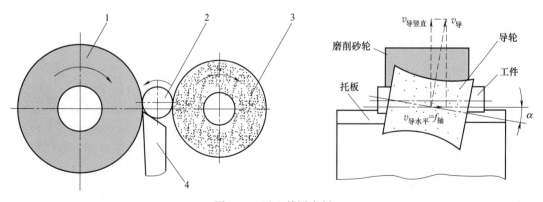

图 9-11　无心外圆磨削

1—磨削砂轮；2—工件；3—导轮；4—托板

工件 2 放在磨削砂轮 1 和导轮 3 之间，由托板 4 支承进行磨削加工。导轮是用树脂或橡胶为胶黏剂制成的刚玉砂轮，它与工件之间的摩擦系数大，所以工件由导轮的摩擦力带动作圆周进给。导轮的线速度通常在 $10\sim50\mathrm{m/min}$ 左右，工件的线速度基本上等于导轮的线速度，磨削砂轮的线速度很高，因此在磨削砂轮和工件之间有较大的相对速度，即磨削速度。

磨削时，工件的中心应高于磨削砂轮和导轮的中心连线，约为工件直径的 $15\%\sim25\%$，使工件和导轮、砂轮的接触相当于在假想的 V 形槽内转动，以避免磨削出棱圆形工件。托板的顶面实际上是向导轮一边倾斜 $20°\sim30°$，以使工件能更好地贴紧导轮。

无心外圆磨床生产率高，能磨削刚度较差的细长工件，磨削用量较大；工件表面的精度高，表面粗糙度值小；能实现生产自动化。

(4) 内圆磨床

内圆磨床主要由床身、工作台、床头箱、横托板、磨具座、纵向和横向进给机构及砂轮修正器等组成，其结构如图 9-12 所示。

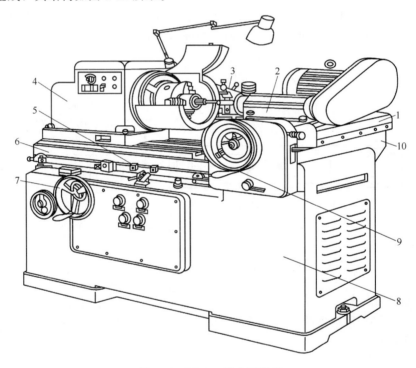

图 9-12 M2110 型内圆磨床

1—横托板；2—磨具座；3—砂轮修正器；4—床头箱；5—挡块；
6—矩形工作台；7—纵向进给手轮；8—床身；9—横向进给手轮；10—桥板

内圆磨床用于磨削各种圆柱孔和圆锥孔，其磨削方法有以下几种（图 9-13）。

普通内圆磨削：磨削时，工件用卡盘或夹具装夹在机床主轴上，由主轴带动工件旋转作圆周进给运动，砂轮高速旋转作主运动。这种磨削方法用于形状规则、便于旋转的工件。

无心内圆磨削：磨削时，工件支承在压紧轮 2 和导轮 3 上，工件由导轮带动旋转实现圆周进给运动，砂轮除高速旋转作主运动外，还作纵向进给运动和周期横向进给运动。这种磨削方法用于大批大量生产时外圆表面已精加工过的薄壁工件，如轴承套圈等。

行星内圆磨削：磨削时，工件固定，砂轮除绕自身轴线高速旋转作主运动外，还绕被磨工件内孔轴线作公转运动。这种磨削方法用于磨削大型工件或形状不对称、不便于旋转的工件。

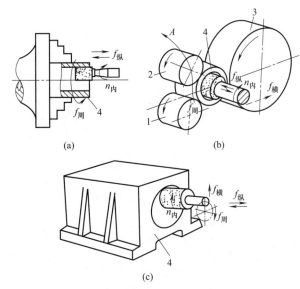

图 9-13　内圆磨削方法

1—滚轮；2—压紧轮；3—导轮；4—工件

(5) 平面磨床

根据磨削方法和机床布局不同，平面磨床主要有以下四种类型（图 9-14）：卧轴矩台平面磨床、卧轴圆台平面磨床、立轴矩台平面磨床和立轴圆台平面磨床。目前，常用的平面磨床为卧轴矩台平面磨床和立轴圆台平面磨床。

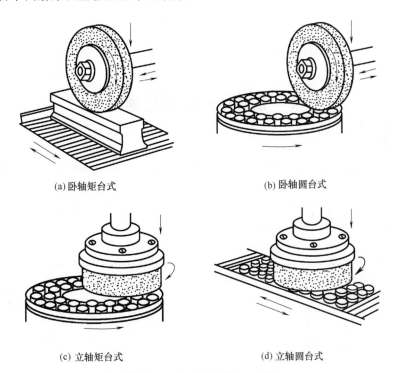

(a) 卧轴矩台式　　　　　　　　(b) 卧轴圆台式

(c) 立轴矩台式　　　　　　　　(d) 立轴圆台式

图 9-14　平面磨床的加工方法

图 9-15 为 M7120A 型卧轴矩台平面磨床的结构。机床主要由床身、工作台、立柱、托板和磨头等部件组成。

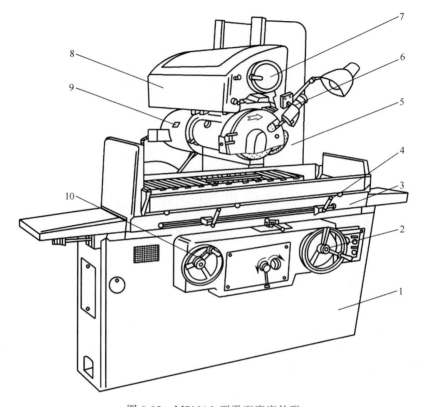

图 9-15　M7120A 型平面磨床外形

1—床身；2—砂轮垂直进给手轮；3—工作台；4—挡块；5—立柱；6—砂轮修正器；
7—砂轮横向进给手轮；8—托板；9—磨头；10—工作台纵向移动手轮

9.4　磨削砂轮和磨削过程

(1) 磨削砂轮

砂轮是由磨粒和结合剂以适当的比例混合，经压坯、干燥、焙烧及车整而成。它的特性决定于磨料、粒度、结合剂、硬度、组织及形状尺寸等。

① 磨料　磨料是砂轮的主要成分，常用的磨料有氧化物系、碳化物系和高硬磨料系三类。常用磨料的特性及适用范围见表 9-2。

表 9-2　磨料的特性及适用范围

系列	磨料名称	代号	显微硬度（HV）	特性	适用范围
氧化物系	棕刚玉	A	2200～2280	棕褐色；硬度高，韧性好；价格便宜	磨削碳钢、合金钢、可锻铸铁、硬青铜
	白刚玉	WA	2200～2300	白色；硬度高于棕刚玉，韧性差	磨削淬火钢、高速钢、耐火材料及薄壁零件
碳化物系	黑碳化硅	C	2840～3320	黑色；硬度高于刚玉，性脆而锋利；导热性和导电性良好	磨削铸铁、黄铜、铝、耐火材料及非金属材料

续表

系列	磨料名称	代号	显微硬度(HV)	特性	适用范围
碳化物系	绿碳化硅	GC	3280～3400	绿色;硬度和脆性高于黑碳化硅;导电性和导热性良好	磨削硬质合金、宝石、陶瓷、玉石玻璃等难加工材料

② 粒度 粒度表示磨料尺寸的大小。当磨料尺寸较大时，用筛选法分级，以其能通过的筛网上每英寸长度上的孔数来表示粒度号，如 F60 表示磨粒刚好能通过每英寸 60 个孔眼的筛网。粒度号数越大，磨料越细。基本尺寸小于 $53\mu m$ 的磨粒称为微粉。微粉的粒度号为 F230～F1200，F 后的数字越大，微粉越细。粗加工时选用颗粒较粗的砂轮，以提高生产率；精加工时选用颗粒较细的砂轮，以减小加工表面粗糙度；砂轮速度较高或砂轮与工件接触面积较大时，选用颗粒较粗的砂轮，以免引起工件表面烧伤；磨削材料较软和塑性较大的材料，选用颗粒较粗的砂轮，以免砂轮堵塞；磨削材料较硬和脆性较大的材料，选用颗粒较细的砂轮，以提高生产效率。常用粒度及其适用范围见表 9-3。

表 9-3　常用粒度及其适用范围

类别	粒 度 号	应用范围
磨粒	F4,F5,F6,F7,F8,F10,F12,F14,F16,F20,F22,F24	粗磨、荒磨、打毛刺
	F30,F36,F40,F46,F54,F60,F70,F80,F90,F100	粗磨、半精磨、精磨
	F120,F150,F180,F220	精磨、成形磨、珩磨
微粉	F230,F240,F280,F320,F360	珩磨、研磨
	F400,F500,F600,F800,F1000,F1200	研磨、超精磨削、镜面磨削

③ 结合剂 结合剂的作用是将磨粒黏结在一起，形成具有一定形状和强度的砂轮。结合剂的性能决定了砂轮的强度、抗冲击性、耐热性和抗腐蚀性等性能。常用结合剂的种类及适用范围见表 9-4。

表 9-4　常用结合剂及适用范围

结合剂	代号	特 性	适 用 范 围
陶瓷	V	耐热性、耐腐蚀性好;气孔率大、易保持轮廓;弹性差	应用广泛,适用于 $v<35m/s$ 的各类磨削加工
树脂	B	强度高、弹性好、耐冲击;坚固性和耐热性差;气孔率小	适用于 $v>50m/s$ 的高速磨削,可制成薄片砂轮,用于磨槽、切割等
橡胶	R	强度和弹性更高;气孔率小;耐热性差、磨粒易脱落	适用于无心磨的砂轮和导轮;开槽和切割的薄片砂轮、抛光砂轮等
金属	M	韧性和成形性好;强度高;但自锐性差	可制造各种金刚石磨具

④ 硬度 砂轮的硬度是指砂轮上的磨粒受力后从砂轮表层脱落的难易程度。它反映了磨料与结合剂的黏结强度。硬度高，磨料不易脱落，硬度低，磨粒容易脱落。磨削时，砂轮硬度太高，磨粒不易脱落，磨削温度升高会造成工件磨削烧伤；反之，若砂轮硬度太低，则磨粒脱落速度过快而不能充分发挥磨料的磨削性能。

工件硬度高时应选用较软的砂轮；工件硬度低时应选用较硬的砂轮；砂轮与工件接触面积较大时，选用较软的砂轮；磨削薄壁及导热性差的工件时应选用较软的砂轮；精磨和成形磨时，应选用较硬的砂轮。砂轮的等级和代号见表 9-5。

表 9-5　砂轮的硬度等级名称和代号

大级名称	超软			软			中软		中		中硬			硬		超硬
小级名称	超软			软1	软2	软3	中软1	中软2	中1	中2	中硬1	中硬2	中硬3	硬1	硬2	超硬
代号	D	E	F	G	H	J	K	L	M	N	P	Q	R	S	T	Y

⑤ 组织　砂轮组织表示磨料、结合剂和气孔之间的比例关系。磨粒在砂轮体积中所占的比例越大，组织越紧密；反之，组织越疏松。砂轮的组织分为紧密、中等和疏松三大类。紧密组织砂轮适用于重压下的磨削；中等组织砂轮适用于一般磨削；疏松组织砂轮适用于磨削薄壁和细长工件以及接触面积大的工件。砂轮组织的级别及适用范围见表9-6。

表9-6　砂轮的组织等级及适用范围

组织号	0	1	2	3	4	5	6	7	8	9	10	11	12	13	14
磨粒占比例/%	62	60	58	56	54	52	50	48	46	44	42	40	38	36	34
疏密程度	紧密				中等				疏松				大气孔		
适用范围	重负荷、成形、精密磨削；间断磨削及自由磨削；硬脆材料				外圆和内圆磨削；无心磨削及工具磨；淬火钢工件，刃磨刀具				粗磨，接触面大的平面磨；磨削韧性大、硬度低的工件；薄壁、细长类工件				有色金属，塑料、橡胶等非金属材料		

⑥ 砂轮的形状　在砂轮的端面上都印有标志，用来表示砂轮的特性。砂轮标志的顺序为：形状代号、尺寸、磨料、粒度号、硬度、组织号、结合剂、线速度。

【案例9-5】　解释砂轮标志的含义：砂轮 1-400×60×75AF60L5V-35。

【解】　"1"表示砂轮为平行砂轮；"400×60×75"表示砂轮的外径、厚度和内径；"A"表示磨料为棕刚玉；"F60"表示粒度号为60；"L"表示硬度为中软2；"5"表示组织号为5；"V"表示结合剂为陶瓷；"35"表示砂轮的最高圆周速度为35m/s。

常用砂轮的形状、代号及用途见表9-7。

表9-7　常用砂轮的形状、代号及用途

砂轮名称	代号	简　图	主要用途
平行砂轮	1		外圆磨、内圆磨、平面磨、无心磨、工具
薄片砂轮	41		切断及切槽
筒形砂轮	2		端磨平面
碗形砂轮	11		刃磨刀具、磨导轨
蝶形1号砂轮	12a		磨铣刀、铰刀、拉刀、磨齿轮
双斜边砂轮	4		磨齿轮及螺纹
杯形砂轮	6		磨平面、内圆、刃磨刀具

(2) 磨削过程

① 磨削原理　磨削时砂轮表面上有许多磨粒参与磨削工作，每个磨粒可以看作是一把微小的刀具。磨粒的形状很不规则，其尖点的顶锥角多为90°～120°，磨粒上刃尖的钝圆半径大约在几微米到几十微米之间。由于磨粒以较大的负前角和钝圆半径对工件进行切削，加

上砂轮上的磨粒形状各异和随机性分布，导致它们各自几何形状和切削角度差异很大，工作情况相差甚远。砂轮工作时，磨削速度高达 1000～7000m/min，磨削点的瞬时温度达 1000℃，使去除相同体积的材料消耗的能量达到车削时的 30 倍。

磨削过程中磨粒对工件的作用分为以下三个阶段（图 9-16）：

滑擦阶段：磨粒刚开始与工件接触，切削厚度由零逐渐增大。磨粒只在工件表面上滑擦，接触面上只有弹性变形和由摩擦产生的热量。

刻划阶段：这个阶段切削厚度逐渐加大，工件表面开始产生塑性变形，磨粒逐渐切入工件表层材料中。工件材料因受挤压而向两旁隆起，工件表面出现划痕，但没有磨屑流出。

磨屑形成阶段：当磨粒的切削厚度增加到一定程度，磨削温度不断升高，金属材料沿剪切面产生剪切滑移，从而形成切屑由磨粒前刀面流出。

根据条件不同，磨粒的切削过程的三个阶段可以全部存在，也可以部分存在。

② 磨削力　和其它切削加工一样，磨削力来源于两个方面：工件材料变形产生的抗力和与工件间的摩擦。磨削时，总磨削力可分解为主磨削力（切向力）F_c、背向力（径向力）F_p 和进给力（轴向力）F_f，如图 9-17 所示。

与切削力相比，磨削力的特征如下：

单位磨削力值大：由于磨粒几何形状的随机性和几何参数的不合理，单位磨削力值一般在 7×10^4～20×10^4MPa 之间，远远高于其它切削加工的单位切削力 7000MPa。

磨削分力中径向分力 F_p 最大：一般切削加工中往往切削分力最大。正常磨削条件下，F_p/F_c 的比值约为 2.0～2.5。径向力虽然不做功，但会使工件在水平方向产生弯曲变形，影响加工精度。

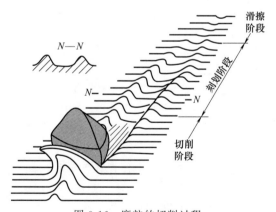

图 9-16　磨粒的切削过程

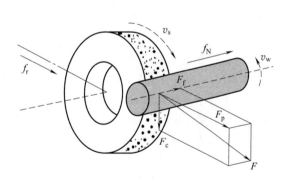

图 9-17　磨削时的磨削分力

磨削力随不同的磨削阶段而变化：在初磨阶段，径向分力较大，工艺系统产生弹性变形，实际径向进给量远小于名义进给量；之后，磨削进入稳定阶段，实际进给量与名义进给量相等；最后，当余量即将磨完时，实际进给量逐渐减小到零，径向分力逐渐减小。靠工艺系统的弹性变形恢复，磨削到尺寸要求。

③ 磨削温度　由于磨削时的单位磨削力比车削时大，所以，磨削时所消耗的能量远大于车削时消耗的能量。这些大量能量迅速转化为热能，使得磨粒磨削点温度高达 1000～1400℃，磨削温度对加工表面质量影响很大，因此，研究磨削温度并加以控制是提高表面质量和保证加工精度的重要方面。

影响磨削温度的因素有以下几个方面：

砂轮速度 v_c：砂轮速度增加，单位时间内通过工件表面的磨粒增多，单颗磨粒的切削厚度减小，挤压和摩擦作用加剧，单位时间内产生的热量增加，磨削温度升高。

工件速度 v_w：一方面，工件速度增加，单位时间内进入磨削区的工件材料增加，单颗磨粒的切削厚度增大，磨削温度升高；另一方面，工件速度增加，工件表面和砂轮的接触时间缩短，工件上受热影响区深度较浅，可以有效防止工件表面层产生裂纹和磨削烧伤。

径向进给量 f_r：径向进给量增大，单颗磨粒的切削厚度增大，产生的热量增多，磨削温度升高。

工件材料：磨削韧性大、强度高和导热性差的材料，磨削温度高；磨削脆性大、强度低和导热性好的材料，磨削温度低。

砂轮特性：砂轮硬度对磨削温度的变化有明显的影响。砂轮硬度低、自锐性好时，磨粒切削刃锋利，磨削力小，磨削温度低；反之，磨削温度高。砂轮粒度粗、容屑空间大时，磨屑不易堵塞砂轮，磨削温度低；反之，磨削温度高。

实训练习题

一、填空题

1. M1432 中，"M" 的含义是_____，"1" 的含义是_____，"32" 的含义是_____。

2. 常用的平面磨削方法有_____磨削和_____磨削两大类；外圆磨削常用的方法分横磨法和_____法两大类，其中_____法用得最广泛。

3. 磨床工作台一般采用_____传动，其特点是_____。

4. 砂轮的特性包括_____、_____、_____、_____、_____、_____等方面。

5. 生产中常见的磨料有_____类，适用于磨削_____材料，如_____等；_____类，适用于磨削_____材料，如_____等。

6. 磨粒粒度的选择原则是粗磨时应选用磨粒较_____的砂轮；精磨时应选用较_____的砂轮。

7. 用端磨法磨削时，如砂轮与工件接触面积大，则磨粒尺寸应_____一些，因为只有这样才能有效地防止工件表面烧伤。

8. 砂轮的硬度是指_____。当磨削的工件材料较硬时，应选用_____（软、硬）的砂轮。

9. 结合剂的作用是将_____黏结成各种形状和尺寸的砂轮，结合剂的种类分：_____结合剂、_____结合剂、_____结合剂等，生产中常用的是_____结合剂。

10. 粗磨时应选用_____（软、硬）的砂轮，精磨时应选择组织_____（紧密、疏松）的砂轮。

二、判断题

1. 在转速不变的情况下，砂轮直径越大，其切削速度越高。（　　）

2. 内外圆表面磨削加工的主运动是工件的旋转运动。（　　）

3. 磨削加工除了用于零件精加工外，还可用于毛坯的预加工。（　　）

4. 磨削主要用于对工件进行精加工，尤其适合加工高硬度材料。（　　）

5. M1432A 型万能外圆磨床只能加工外圆柱面，不能加工内孔。（　　）

6. 砂轮的粒度表示磨料颗粒尺寸的大小，磨粒粒度号越大，颗粒尺寸就越大。（　　）

7. 用于粗磨砂轮的磨粒应比较细小，用于精磨砂轮的磨粒应比较粗大。（　　）

8. 砂轮的硬度取决于磨粒的硬度，磨粒硬度越高，则砂轮硬度越高。（　　）

9. 工件材料越硬，砂轮也要越硬；工件材料越软，砂轮也要越软。（　　）

10. 精磨时，应选用较硬的砂轮；粗磨时，应选用较软的砂轮。（　　）

11. 砂轮的组织表示磨具中磨料、结合剂和气孔三者之间不同体积的比例关系。（　　）

12. 纵磨法磨削效率低，但能获得较高的精度和较细的表面粗糙度。（　　）

13. 横磨法磨削效率高，摩擦力大，磨削温度高，工件精度低，表面粗糙度增大。（　　）

14. 无心外圆磨削不能加工有键槽的轴。（　　）

15. 内圆磨削比外圆磨削的加工精度高。（　　）

16. 磨床的进给运动采用液压传动有利于保证工件的表面粗糙度并减轻工人的劳动强度。（　　）

17. 磨削是利用砂轮表面上极多微小磨粒切削刃进行的切削加工。（　　）

18. 控制与降低磨削温度，是保证磨削质量的重要措施。（　　）

19. 工件平均温度与磨削烧伤和磨削裂纹的产生有密切关系。（　　）

20. 磨削区温度影响工件的形状和尺寸精度。（　　）

21. 磨削过程的主要特点是背向力大，切削温度高，加工硬度和残余应力严重。（　　）

22. 被磨工件的表面粗糙度在很大程度上取决于磨粒尺寸。（　　）

23. 磨削过程中，当冷却液供给不充分时将会影响工件表面质量。（　　）

三、单项选择题

1. 根据我国机床型号编制方法，最大磨削直径为320mm、经过第一次重大改进的高精度万能外圆磨床的型号为（　　）。

A. MG1432A　　　　　B. M1432A　　　　　C. MG1432　　　　　D. MA14321

2. M1432磨床型号中，"M14"表示"万能外圆磨床"，"32"表示（　　）。

A. 砂轮直径为320mm

B. 最大工件长度为320mm

C. 工件最大磨削直径的1/10

3. 磨削时的主运动是（　　）。

A. 砂轮旋转运动　　　B. 工件旋转运动　　　C. 砂轮直线运动　　　D. 工件直线运动

4. 磨削加工的四个运动中，切深运动是（　　）运动。

A. 砂轮旋转　　　　　B. 径向进给　　　　　C. 轴向进给　　　　　D. 工件

5. 磨削是零件精加工方法之一，经济尺寸精度等级和表面粗糙度Ra为（　　）。

A. IT4～IT2，0.05～0.1μm

B. IT6～IT5，0.8～0.2μm

C. IT7～IT5，0.05～0.1μm

6. 砂轮的硬度是指（　　）。

A. 砂轮磨料的硬度

B. 胶黏剂的硬度

C. 磨粒在外力作用下脱落的难易程度

7. 磨削硬质合金材料时，宜选用（　　）磨料的砂轮。

A. 棕刚玉　　　　　　B. 白刚玉　　　　　　C. 黑碳化硅　　　　　D. 绿碳化硅

8. GZ 是哪类磨料的代号（　　）。

A. 白刚玉　　　　　　　B. 棕刚玉　　　　　　C. 铬刚玉

9. 生产中最常用的磨料是（　　）。

A. SiC 和 Al_2O_3　　　B. SiC、SiO 和 Al_2O_3　C. SiC 和人造金刚石

10. 在外圆磨床上粗磨光轴，宜采用下列（　　）法加工。

A. 纵向磨削　　　　　　B. 横向磨削　　　　　　C. 复合磨削

四、简答题

1. 简述磨削加工的特点及其应用。

2. 简述磨削加工的工作方式和运动。

3. 简述外圆磨床的主要部件及作用。

4. 简述内圆磨削的方法及应用范围。

5. 简述无心外圆磨削的特点及其应用。

6. 简述磨粒粒度是如何规定的。试说明不同粒度砂轮的应用。

7. 简述砂轮磨削的工作原理。

8. 简述影响磨削力和磨削温度的因素。

9. 砂轮硬度与磨料硬度有何不同？砂轮硬度对磨削加工有何影响。

10. 说明下列砂轮型号的含义：

1-400×50×203WAF60K5V-35

第10章

刨削、插削和拉削加工

● 知识目标

掌握刨削加工的特点及其应用。
了解刨削加工设备的结构和运动。
掌握插削加工的特点及其应用。
掌握拉削加工的特点及其应用。
掌握刨削和插削刀具结构及选用。
了解拉刀的种类、结构及其应用。

● 能力目标

刨削加工设备的认知和理解能力。
插削加工设备的认知和理解能力。
拉削加工设备的认知和理解能力。
刨削和插削刀具的分析和选择能力。
拉削加工刀具的分析和选择能力。

10.1 刨 削 加 工

(1) 刨削加工工艺

刨削加工是指在刨床上用刨刀对工件上的平面或沟槽进行加工的方法。刨削时，刨刀或工件的往复直线运动为主运动，工件或刨刀的间歇移动为进给运动。刨削主要用于加工各种平面、沟槽及成形面，如图 10-1 所示。

(2) 刨削加工特点

刨削加工是断续切削，因切削过程有振动和冲击，刨削加工精度不高，通常为 IT9～IT7，表面粗糙度为 $Ra12.5\sim3.2\mu m$。刨削加工通常用于单件、小批生产以及修配的场合。

(3) 刨削加工设备

① 牛头刨床　牛头刨床的主参数是最大刨削长度，通常用于刨削长度不超过 1000mm 的中小型零件。图 10-2 为 B6065 型牛头刨床的结构，牛头刨床因滑枕刀架形似"牛头"而得名，主要由刀架、滑枕、床身、横梁和工作台等部件组成。

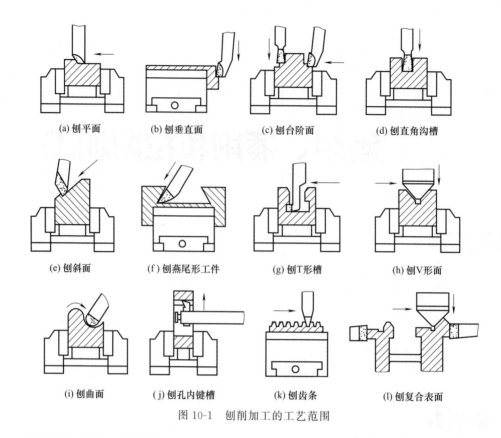

(a) 刨平面　　(b) 刨垂直面　　(c) 刨台阶面　　(d) 刨直角沟槽

(e) 刨斜面　　(f) 刨燕尾形工件　　(g) 刨T形槽　　(h) 刨V形面

(i) 刨曲面　　(j) 刨孔内键槽　　(k) 刨齿条　　(l) 刨复合表面

图 10-1　刨削加工的工艺范围

工作台用来安装工件并带动工件作横向和垂直运动。床身的顶面有水平导轨，滑枕沿导轨作往复直线运动；在前侧面有垂直导轨，横梁带动工作台沿此升降；床身内部有变速机构和摆杆机构。横梁带动工作台作横向间歇进给运动或横向移动，也可带动工作台升降，以调整工件与刨刀的相对位置。

滑枕带动刨刀作往复直线运动，其前端装有刀架，图 10-3 为牛头刨床刀架结构，调整转盘 6，可使刀架左右回转60°，用以加工斜面和沟槽。摇动手柄 9，可使刀架沿转盘上的导轨移动，使刨刀垂直间歇进给或调整背吃刀量。松开转盘两边的螺母，可将转盘转动一定角度，使刨刀作斜向间歇进给。刀座 1 可在滑板 7 上作±15°的回转使刨刀倾斜安置，以便加工侧面和斜面。刨刀通过刀夹 3 压紧在抬刀板上，抬刀板可绕刀座上的轴销 5 向前上方抬起，便于回程时抬刀，以免擦伤工件表面。

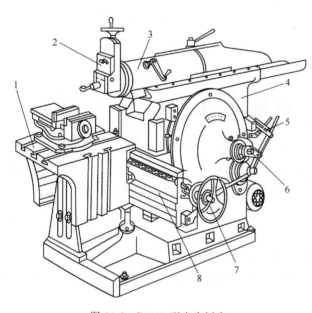

图 10-2　B6065 型牛头刨床
1—工作台；2—刀架；3—滑枕；4—床身；5—变速手柄；
6—滑枕行程调节手柄；7—横向进给手轮；8—横梁

② 龙门刨床 龙门刨床的主参数是最大刨削宽度，第二主参数为最大刨削长度。图 10-4 为龙门刨床的结构，主要由床身、工作台、立柱、横梁、垂直刀架、侧刀架和进给箱等部件组成。

加工时，工件装夹在工作台 2 上，工作台的往复直线运动为主运动。垂直刀架 4 在横梁 3 的导轨上间歇移动是横向进给运动，以刨削工件的水平面。刀架上的滑板可使刨刀上、下移动，作切入运动或刨削竖直平面。滑板还能绕水平轴线调整一定的角度，以加工倾斜平面。装在立柱 6 上的侧刀架 9 可沿立柱导轨作间歇移动，以刨削竖直平面。横梁 3 可沿立柱升降，以调整工件与刀具的相对位置。

图 10-5 为龙门刨床主运动传动系统简图。直流电动机的运动经减速箱 4、蜗杆 3 带动齿条 1，使工作台 2 获得直线往复主运动。通过调节直流电动机的电压来改变电动机的转速（调压调速），并结合两级齿轮传动进行机电联合调

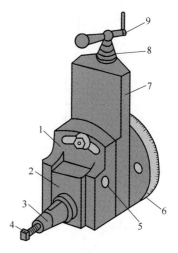

图 10-3 B6065 型牛头刨床
1—刀座；2—抬刀板；3—刀夹；
4—紧固螺钉；5—轴销；6—刻度转盘；
7—滑板；8—刻度环；9—手柄

速，这种方法能使工作台在较大范围内实现无级调速；主运动的变向是通过改变直流电动机的方向实现的。工作台的降速和变向等动作都是通过工作台侧面的挡铁压动床身上的行程开关接通电气控制系统实现的。

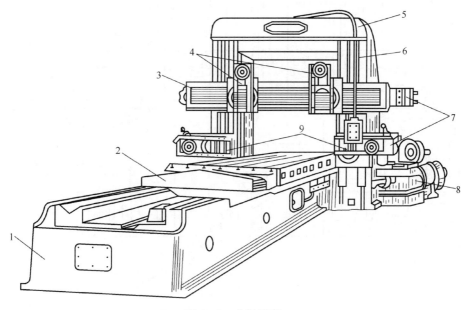

图 10-4 龙门刨床
1—床身；2—工作台；3—横梁；4—垂直刀架；
5—顶梁；6—立柱；7—进给箱；8—减速箱；9—侧刀架

图 10-6 为 B2012A 型龙门刨床传动系统，龙门刨床的进给运动是由两个垂直刀架和两个侧刀架完成的。各刀架均有可扳转角度的拖板以刨削斜面，且各刀架有自动抬刀装置便于工作台回程时刀板自动抬起，以免刨刀擦伤工件表面。

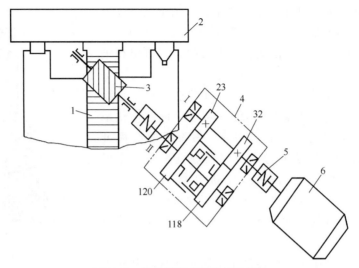

图 10-5 龙门刨床主运动传动简图

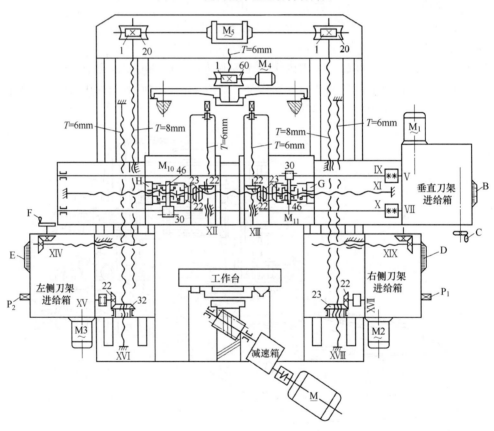

图 10-6 B2012A 型龙门刨床传动系统简图

B，D，E—进给量刻度盘；C—进给量调整手轮；F—左侧刀架水平移动手轮；G—右垂直刀架上的螺母；H—左垂直刀架上的螺母；P_1，P_2—手摇刀架垂直移动方头；T—丝杠的导程；M、M_1～M_5—电动机；M_{10}，M_{11}—离合器

横梁上的两垂直刀架由同一电动机驱动，通过进给箱使两刀架在水平与垂直方向实现自动进给运动或快速调整。立柱上的两侧刀架分别由各自电动机驱动，通过进给箱实现两侧刀架的自动进给运动或快速调整（水平方向只能手动）。

【案例 10-1】 简述横梁升降和夹紧的工作原理。

【解】 如图 10-6 所示，横梁的升降由顶梁上的电动机 M_5 驱动，经左右两边的 1/20 蜗杆传动，使左右立柱上的两垂直丝杠（$T=8mm$）带动横梁同步实现升降运动。当横梁升降到所需位置时，松开横梁升降按钮，横梁升降停止；此时，电气信号使夹紧电动机 M_4 驱动，通过 1/60 的蜗杆传动，带动导程为 $T=6mm$ 的丝杠，通过杠杆机构将横梁夹紧在立柱上。

【案例 10-2】 根据图 10-7 列出垂直刀架自动进给和快速调整的传动路线表达式。

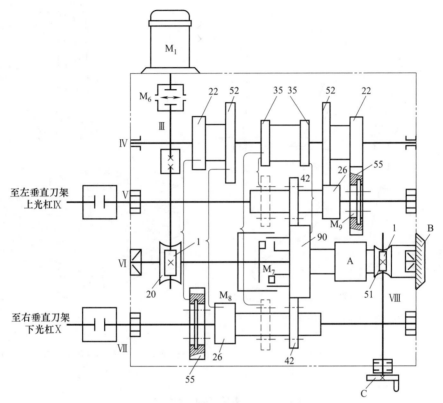

图 10-7 垂直刀架进给箱传动系统

A—间歇机构；B—进给量刻度盘；C—手柄；M_1—电动机；$M_6 \sim M_9$—离合器

【解】 垂直刀架自动进给和快速调整的传动路线表达式如下：

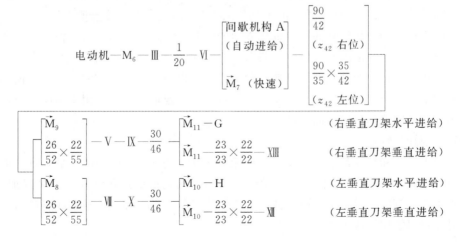

(4) 刨刀

常用的刨刀如图 10-8 所示，有平面刨刀、偏刀、角度刀以及成形刀等。刨刀切入和切出工件时，冲击很大，容易发生"崩刃"和"扎刀"现象，因而刨刀刀杆截面比较粗大，以增加刀杆的刚性，而且往往做成弯头，使刨刀在碰到硬质点时可适当产生弯曲变形而缓和冲击，以保护刀刃。

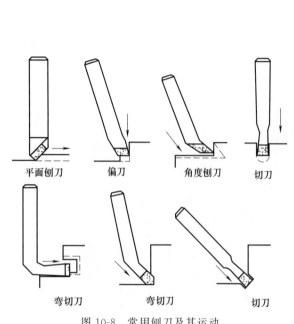

图 10-8　常用刨刀及其运动

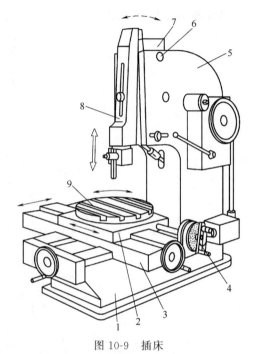

图 10-9　插床

1—床身；2—溜板；3—床鞍；4—分度装置；5—立柱；
6—销轴；7—滑枕导轨座；8—滑枕；9—圆形工作台

10.2　插削加工

(1) 插削加工设备

插削加工可以理解为立式刨削加工，插床主要由床身 1、立柱 5、溜板 2、床鞍 3、圆形工作台 9 和滑枕 8 等部件组成，如图 10-9 所示，插床的主参数是最大插削长度。

插床的主运动为滑枕带动插刀沿垂直方向的往复直线运动，向下为工作行程，向上为空行程。工作台带动工件沿纵向、横向及圆周三个方向所作的间歇运动是进给运动。

滑枕导轨座 7 可绕销轴 6 在小范围内调整角度，以便于加工倾斜的内、外表面。

插床的工作台由下拖板、上拖板及圆工作台三部分组成，下拖板用于横向进给，上拖板用于纵向进给，圆工作台用于回转进给。

(2) 插削加工特点

插床的生产率和精度都较低，加工表面粗糙度 Ra 为 $6.3\sim1.6\mu m$，加工面的垂直度为 $0.025mm/300mm$。多用于单件或小批量生产中加工内孔键槽或花键孔，也可以加工平面、方孔或多边形孔等，在批量生产中常被铣床或拉床代替。但在加工不通孔或有障碍台肩的内孔键槽时，就只能用插床了。

（3）插刀

图 10-10 为常用插刀的形状，为避免插刀刀杆与工件相碰，插刀刀刃应突出于刀杆。

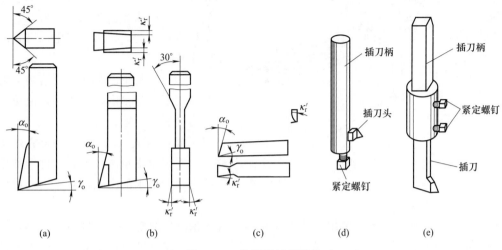

图 10-10　常用插刀的形状

10.3　拉削加工

（1）拉削加工工艺

拉削加工是指在拉床上加工各种内、外成形表面的方法，拉床只有主运动，无进给运动。图 10-11 为拉削加工原理图，加工时拉刀作低速直线运动，进给由拉刀刀齿的齿升量 f_z 来完成。拉削时，拉刀要承受很大的切削力，为获得平稳的主运动，通常采用液压驱动。

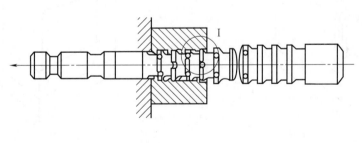

I 放大

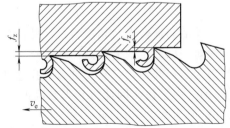

图 10-11　拉削加工

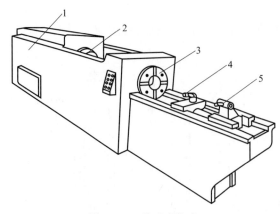

图 10-12　卧式内拉床

1—床身；2—液压缸；3—支承座；4—滚柱；5—护送夹头

（2）拉削加工设备

拉床的主要参数是额定拉力。拉床按用途可分为内拉床及外拉床，按机床布局可分为卧式拉床和立式拉床；另外，还有专用拉床和连续式拉床，其中以卧式内拉床应用普遍。

图 10-12 为卧式内拉床的结构，液压缸 2 固定于床身 1 内，工作时，液压泵供给压力油驱动活塞，活塞带动拉刀，连同拉刀尾部护送夹头 5 一起沿水平方向左移，装在固定支承座 3 上的工件即被拉制出符合精度要求的内孔，其拉力通过压力表显示。

图 10-13 为立式内拉床，常用于校正齿轮淬火后的花键孔的变形。这时切削量不大，拉刀较短，故为立式。图 10-14 为立式外拉床，常用于汽车、拖拉机行业加工气缸体等零件的平面。

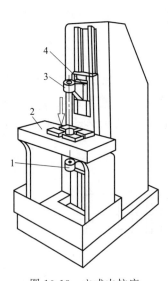

图 10-13　立式内拉床

1—下支架；2—工作台；3—上支架；4—滑座

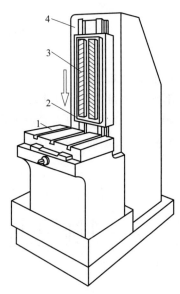

图 10-14　立式外拉床

1—工作台；2—滑块；3—拉刀；4—床身

（3）拉削加工特点

生产率高：拉削时，拉刀同时工作的刀齿数多、切削刃总长度长，在一次工作行程中就能完成粗、半精及精加工，机动时间短，因此生产率很高。

可以获得较高的加工质量：拉刀为定尺寸刀具，有校准齿对孔壁进行校准、修光；拉孔切削速度低（$v_c = 2 \sim 8 \text{m/min}$），拉削过程平稳，因此可获得较高的加工质量。一般拉孔精度可达 IT8～IT7 级，表面粗糙度 Ra 值为 $1.6 \sim 0.1 \mu m$。

拉刀使用寿命长：由于拉削速度低，切削厚度小，每次拉削过程中，每个刀齿工作时间短，拉刀磨损慢，因此拉刀使用寿命长。

拉削加工范围广，拉削力大：拉削可加工各种形状贯通的内、外成形表面；拉削力通常以几十或几百千牛计算，其它切削方法均无如此大的切削力。但拉削时排屑困难，因此，设计和使用拉刀时必须引起足够重视。图 10-15 为拉削加工的典型表面。

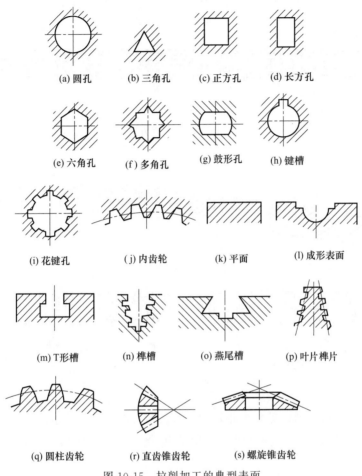

(a) 圆孔   (b) 三角孔   (c) 正方孔   (d) 长方孔

(e) 六角孔   (f) 多角孔   (g) 鼓形孔   (h) 键槽

(i) 花键孔   (j) 内齿轮   (k) 平面   (l) 成形表面

(m) T形槽   (n) 榫槽   (o) 燕尾槽   (p) 叶片榫片

(q) 圆柱齿轮   (r) 直齿锥齿轮   (s) 螺旋锥齿轮

图 10-15　拉削加工的典型表面

拉削运动简单：拉床结构简单，操作方便，但拉刀结构较复杂，制造成本高。拉削加工多用于大批大量或成批生产中。

(4) 拉刀

① 拉刀的种类　拉刀的种类很多，按拉刀的结构可分为整体拉刀和组合拉刀，前者主要用于中小型高速钢拉刀，后者用于大尺寸和硬质合金拉刀；按加工表面可分为内拉刀（图10-16）和外拉刀（图10-17）；按受力方式可分为拉刀和推刀。

② 拉刀的结构　普通圆孔拉刀的结构如图10-18所示，它由头部、颈部、过渡锥、前导部、切削部、校准部和后导部组成，如果拉刀太长，还可在后导部后面加一个尾部，以便支承拉刀。

柄部：用于装夹拉刀、传递拉力和带动拉刀运动。

颈部：柄部与过渡锥之间的连接部分，其长度与机床结构有关，也可供拉刀标记用。

过渡锥部：可使拉刀顺利进入工件孔中。

前导部：主要用于导向，防止拉刀发生歪斜，并可检查拉前预制孔尺寸是否符合要求。

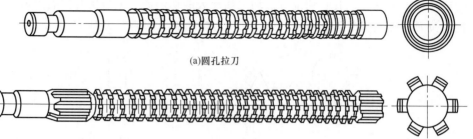

(a)圆孔拉刀

(b)花键拉刀

图 10-16　内拉刀

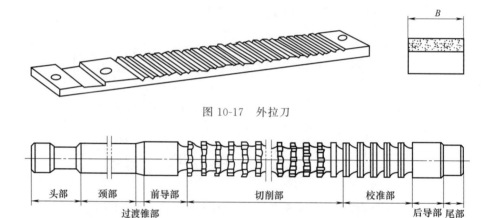

图 10-17　外拉刀

头部　　颈部　　前导部　　　切削部　　　　校准部
　　　过渡锥部　　　　　　　　　　　　　　　　后导部 尾部

图 10-18　圆孔拉刀的组成部分

切削部：主要担负切削任务，由粗切齿、过渡齿和精切齿组成。

校准部：由直径相同的刀齿组成，起校准和修光作用，提高工件的加工精度和表面质量。

后导部：用于支撑工件，保证拉削即将结束时拉刀与工件的正确位置，防止工件下垂而损坏已加工表面的刀齿。

尾部：用于长而重的拉刀，利用尾部和支架的配合，防止拉刀因自重下垂，并可减轻装卸拉刀的劳动强度。

③ 拉刀切削部分的要素　拉刀切削部分的要素如图 10-19 所示。

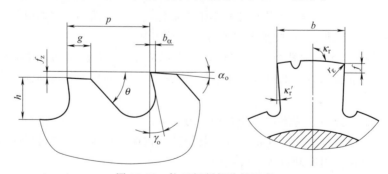

图 10-19　拉刀切削部分的要素

拉刀的几何角度如下：

前角 γ_o：前刀面与基面的夹角，在正交平面内测量。

后角 α_o：后刀面与切削平面的夹角，在正交平面内测量。

主偏角 κ_r：主切削刃在基面中的投影与进给（齿升）方向的夹角，在基面内测量。除成形拉刀外，各种拉刀的主偏角多为90°。

副偏角 κ_r'：副切削刃在基面中的投影与进给（齿升）方向的夹角，在基面内测量。

拉刀的结构参数如下：

齿升量 f_z：切削部分前后刀齿（或齿组）的高度之差。

齿距 p：两相邻刀齿之间的轴向距离。

容屑槽深度 h：从顶刃到容屑槽槽底的距离。

齿厚 g：从切削刃到齿背棱线的轴向距离。

齿背角 θ：齿背与切削平面的夹角。

刃带宽度 b_α：是沿轴向测量的刀齿 $\alpha_o=0°$ 时的刃带尺寸，用于在制造拉刀时控制刀齿直径，提高拉削过程平稳性。

④ 拉削图形　拉削图形是指拉刀从工件上切除余量的顺序和方式，即每个刀齿切除的金属层截面的图形，也叫拉削方式。它直接决定刀齿负荷分配和表面的形成过程，影响拉刀结构、长度、拉削力、拉刀磨损及拉刀使用寿命，也影响表面质量、生产率和制造成本。设计拉刀时，应首先确定合理的拉削图形。

拉削图形分为分层式、分块式和综合式三种。

分层式：分层式是一层一层地切去拉削余量。根据加工表面形成过程的不同，可分为成形式（同廓式）和渐成式两种。图10-20为成形式拉削图形。

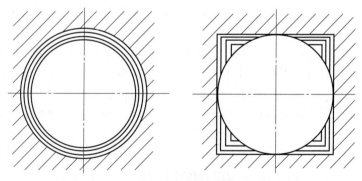

图 10-20　成形式拉削图形

采用成形式拉削，每个刀齿都切除一层金属，切削厚度小，切削宽度大，单位拉削力大。拉削余量一定时，所需刀齿数多，拉刀长度长，制造难度大，拉削效率下降；但刀齿负荷小，磨损小，使用寿命长。为避免出现环状切屑并便于清除，需要在切削齿上磨出分屑槽。

拉削圆孔、平面等形状简单的表面时，由于刀齿廓形简单、制造容易、表面粗糙度小等优点得到广泛应用。当工件廓形复杂时，应采用渐成式拉削方式。

分块式：分块式拉削是指工件的每层金属都由一组刀具切除，一组中的每个刀齿仅切除该层金属的一部分，也叫轮切式拉削方式。其特点是切削厚度较大、切削宽度较窄，单位切削力小，在拉削面积相同时，可以加大拉削面积。在拉削余量一定的情况下，可减少拉刀齿数，缩短拉刀长度，便于拉刀制造，拉削效率较高。但工件表面粗糙度值较大。图 10-21 为分块式拉削图形。

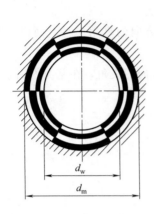
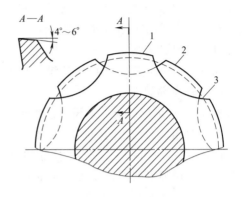

图 10-21　分块式拉削图形

综合式：综合式拉削是指集中了分块式拉削和成形式拉削各自的优点而形成的一种拉削方式。粗切齿采用不分组的分块式拉削方式，精切齿采用成形式拉削方式，既保持较高的生产率，又能获得较好的表面质量。目前拉削余量较大的圆孔拉刀，常使用综合式拉削方式。图 10-22 为综合式拉削图形。

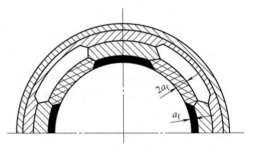

图 10-22　综合式拉削图形

⑤ 拉刀的合理使用　拉刀的结构复杂、精度和制造成本高，只有合理使用拉刀，才能保证工件的加工质量、生产率和拉刀的使用寿命。

拉刀属于定尺寸刀具，不仅工件孔径和公差应符合要求，而且工件的拉削长度也应在拉刀的加工范围内；拉削时应根据拉削材料的变化及时对拉刀的相关参数进行校验。

每拉完一个工件，必须彻底清除工件支承面和容屑槽内的切屑。

拉刀使用过程中，应经常抽检工件表面质量，发现刀齿有缺陷应及时处理，拉刀磨损后应及时重磨。

实训练习题

一、填空题

1. 金工实习常用牛头刨床型号为＿＿＿＿＿＿＿，其后两位数字的含义是＿＿＿＿＿＿＿＿＿。

2. 牛头刨床的主运动是＿＿＿＿＿＿＿＿＿＿＿＿＿＿＿，进给运动是＿＿＿＿＿＿＿＿＿＿＿＿＿＿。

3. 牛头刨床的主参数是指＿＿＿＿＿＿＿＿＿＿＿＿＿＿＿＿＿＿＿＿＿＿＿＿＿＿＿＿＿。

4. 牛头刨床通常采用＿＿＿＿＿＿＿＿、＿＿＿＿＿＿＿＿、＿＿＿＿＿＿＿＿装夹工件。

5. 牛头刨床加工精度可达＿＿＿＿＿＿＿＿，表面粗糙度可达＿＿＿＿＿＿＿＿＿。

6. 龙门刨床主要用于加工大型零件，它是利用＿＿＿＿＿＿＿＿＿作往复直线运动，刀架作＿＿＿＿＿＿＿＿＿＿移动来实现切削的。龙门刨床的主参数是＿＿＿＿＿＿＿＿＿。

7. B2012A 型机床横梁上装有＿＿＿＿＿＿＿＿＿＿刀架；左、右立柱上分别装有＿＿＿＿＿＿＿＿＿＿刀架，它们的作用是沿立柱导轨垂直移动以加工工件的_____。

8. 插床的主运动是_____，插床的进给运动是工作台带动工件沿_____、

_____、_____三个方向的间歇运动。

9. 插床主要用于加工工件的_____、_____、_____、_____等表面。

10. 在拉削加工中，主运动是_____，进给是靠_____来完成的。

11. 内拉刀用于加工内表面，常见的有_____、_____、_____、_____等。

12. 说明下表所列情况的主运动和进给运动（用→表示直线运动，用→→表示间歇直线运动，用⌒表示旋转运动）。

序号	机床名称	工作内容	主运动		进给运动	
			工件	刀具	工件	刀具
例	卧式车床	车外圆	⌒			→
1	卧式车床	钻孔				
2	立式车床	钻孔				
3	卧式镗床	镗孔				
4	牛头刨床	刨平面				
5	插床	插键槽				
6	龙门刨床	刨平面				
7	卧式铣床	铣平面				
8	外圆磨床	磨外圆				
9	内孔磨床	磨孔				
10	平面磨床	磨平面				

二、判断题

1. 刨削加工是一种高效率、中等精度的加工工艺。（   ）

2. 牛头刨床只能加工平面，不能加工曲面。（   ）

3. 刨削加工常用在大批、大量的生产类型中。（   ）

4. 现在很多应用场合，铣床常被用来代替刨床加工。（   ）

5. 牛头刨床刨斜面时，主运动是刨刀的往复直线运动，进给运动是工件的斜向间歇移动。（   ）

6. 牛头刨床的主运动是断续的，进给运动是连续的。（   ）

7. 龙门刨床加工时和牛头刨床一样，刨刀的运动是主运动。（   ）

8. 刨刀常做成弯头的，其目的是为了增大刀杆强度。（   ）

9. 牛头刨床上所使用的刨刀，做成直头的比做成弯头的好。（   ）

10. 由于刨削加工是单刃断续切削，冲击比较厉害，通常刨刀刀杆断面尺寸比车刀刀杆断面尺寸大一些。（   ）

11. 牛头刨床和龙门刨床在加工时运动方式是相同的。（   ）

12. 插床是利用工件和刀具作相对直线往复运动来切削加工的，又称为立式刨床。（   ）

13. 拉削一般用于单件小批生产。（   ）

14. 拉削只有主运动，没有进给运动。（   ）

15. 大批量加工齿轮内孔键槽时，宜采用插削加工键槽。（   ）

16. 拉削相当于多刀刨削，粗加工和精加工一次完成，因而生产率高。（   ）

17. 拉削加工由于主运动速度较低，故不适于大量生产。（   ）

18. 拉削可以很好地保证孔的形状和位置精度。（   ）

19. 拉削内表面是一种高生产率的工艺方法，此法可获得较高的尺寸和形状精度，但不能保

证拉削表面与其他表面的位置精度。（　　）

20. 多边形孔以及圆孔中的键槽可用插床或拉床加工，却无法由铣削完成。（　　）

21. 拉刀是一种加工精度和切削效率都比较高的多齿刀具。（　　）

三、单项选择题

1. 牛头刨床与龙门刨床运动的共同点是主运动与进给运动方向必须（　　）。

A. 垂直　　　　　　　　B. 平行　　　　　　　　C. 斜交

2. 牛头刨床刀架上抬刀板的作用是（　　）。

A. 安装刨刀方便　　　　B. 便于刀架旋转　　　　C. 减少刨刀回程时与工件的摩擦

3. 刨垂直面时，刀盒应偏转（　　）。

A. 10°～15°　　　　　　B. 15°～30°　　　　　　C. 使刨刀刀刃与垂直面平行

4. 牛头刨床滑枕往复运动速度为（　　）。

A. 快进慢回　　　　　　B. 慢进快回　　　　　　C. 前进和退回两者相等

5. 刨削水平面时，刀架和刀座的正确位置为（　　）。

A. 刀架左转、刀座处于中间垂直位置

B. 刀座转动、刀架处于中间垂直位置

C. 刀架和刀座均处于中间垂直位置

6. 刨垂直面时，刀架与刀座的正确位置为（　　）。

A. 刀架转盘刻线对零线、刀座偏转合适的角度

B. 刀架和刀座均处于中间垂直位置

C. 刀座对零线、刀架转动

7. 刨斜面时，刀架的转角应（　　）。

A. 等于工件斜面与铅垂线的夹角

B. 等于工件斜面与水平面的夹角

C. 刀架转盘刻线对零

8. 在牛头刨床上粗刨时，一般采用（　　）。

A. 较高的刨削速度、较小的背吃刀量和进给量

B. 较低的刨削速度、较大的背吃刀量和进给量

C. A 和 B 都可以

9. 刨削加工中刀具容易损坏的原因（　　）。

A. 排屑困难

B. 容易产生积屑瘤

C. 每次工作行程开始，刨刀都受到冲击

10. 刨削加工在机械加工中仍占一定地位的原因是（　　）。

A. 生产率低，但加工精度高

B. 加工精度较低，但生产率较高

C. 工装设备简单，宜于单件生产、修配工作

D. 加工范围广泛

11. 刨刀与车刀相比，其主要差别是（　　）。

A. 刀头的几何形状不同

B. 刀杆长度比车刀长

C. 刀头的几何参数不同

D. 刀杆的横截面积比车刀大

12. 牛头刨床的主参数是（　　　）

A. 最大刨削宽度

B. 工作台工作面宽度

C. 最大刨削长度

D. 工作台工作面长度

13. 关于拉床的使用范围及类型，下列（　　　）种说法不正确。

A. 拉床主要用于加工通孔、平面、沟槽及直线成形面

B. 拉削加工精度较高，表面粗糙度值较小

C. 拉床的主参数是机床最大拉削长度

D. 一种拉刀只能加工同一形状的表面

14. 拉削孔时孔的长度一般不超过孔径的（　　　）。

A. 一倍　　　　　　　　B. 二倍　　　　　　　　C. 三倍

四、简答题

1. 简述刨削加工的特点及其应用。

2. 简述牛头刨床的工作原理。

3. 简述牛头刨床的运动形式。

4. 简述龙门刨床的工作原理。

5. 简述龙门刨床的运动形式。

6. 分析龙门刨床的主运动传动。

7. 简述横梁升降和夹紧的原理。

8. 简述插削加工的特点及其应用。

9. 简要分析刨刀的结构特点。

10. 简述拉削加工的特点及其应用。

11. 简述圆孔拉刀的结构组成。

12. 简述拉削图形的种类及其特点。

13. 简述拉刀粗切齿、过渡齿和校准齿的作用。

14. 什么是拉削方式？拉削方式可分为几大类？试述研究拉削方式的意义。

第11章

齿轮加工

● 知识目标

齿轮加工的方法及其应用。
滚齿加工的原理和运动形式。
插齿加工的原理和运动形式。
滚齿机的传动系统及其结构。
齿轮加工刀具的特点和选用。

● 能力目标

齿轮加工原理的理解能力。
滚齿加工设备的认知能力。
滚齿机传动系统分析能力。
滚齿刀具的安装调整能力。
插齿加工设备的理解能力。
齿轮加工刀具的选择能力。

11.1 齿轮加工概述

(1) 齿轮加工方法

根据齿形形成原理，齿轮加工方法可以分为成形法和展成法两类。

① 成形法 成形法是用与被加工齿轮齿槽形状相同的成形刀具加工齿形的方法。图 11-1 为成形法加工齿轮示意图。

成形法加工齿轮，齿轮的加工精度低，一般只能达到 IT10～IT9 级，生产率低。主要用于单件及修配生产中加工低转速和低精度齿轮。

② 展成法 展成法是利用齿轮的啮合原理进行齿形加工的方法。利用齿轮副的啮合运动，把其中一个齿轮制成具有切削刃的刀具，另一个作为工件来完成齿形的加工。图 11-2 为展成法加工齿形的示意图。

展成法加工齿轮，加工精度高，生产效率高，但需要专用设备，生产成本高。主要用于成批生产中加工精度高的齿轮。

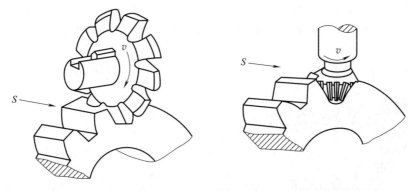

| (a) 用盘状模数铣刀铣齿 | (b) 用指状模数铣刀铣齿 |

图 11-1 成形法加工齿轮

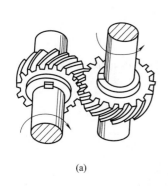 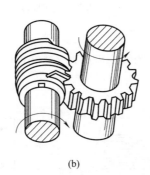 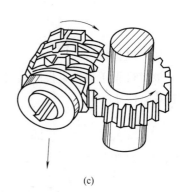

| (a) | (b) | (c) |

图 11-2 展成法加工齿形

(2) 齿轮加工机床的分类

按照被加工齿轮的种类不同，齿轮加工机床分为圆柱齿轮加工机床和圆锥齿轮加工机床两大类。

① 圆柱齿轮加工机床

滚齿机：主要用于加工直齿、斜齿圆柱齿轮和蜗轮。

插齿机：主要用于加工单联及多联的内、外直齿圆柱齿轮。

剃齿机：主要用于淬火前的直齿和斜齿圆柱齿轮的齿廓精加工。

珩齿机：主要用于对热处理后的直齿和斜齿圆柱齿轮的齿廓精加工。

磨齿机：主要用于淬火后的圆柱齿轮的齿廓精加工。

此外，还有花键轴铣床、车齿机等。

② 圆锥齿轮机床　这类机床可分为直齿锥齿轮加工机床和弧齿锥齿轮加工机床两类。用于加工直齿锥齿轮的机床有锥齿轮刨齿机、铣齿机、磨齿机等；用于加工弧齿锥齿轮的机床有弧齿锥齿轮铣齿机、磨齿机等。

11.2 滚齿加工

(1) 滚齿加工原理

滚齿加工相当于螺旋齿轮的啮合过程，其中滚刀可看成是齿数很少但齿很长的螺旋齿轮，类似于螺旋升角很小的蜗杆。在蜗杆上沿轴线开车容屑槽，形成前刀面和前角；经铲齿和磨削，形成后刀面和后角，再经热处理后就形成了滚刀。图 11-3 为滚齿加工原理示意图。

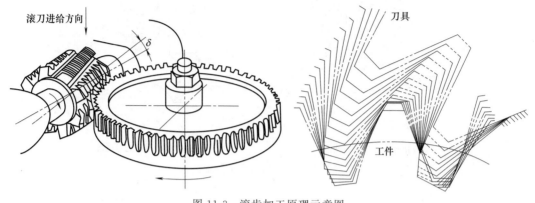

图 11-3　滚齿加工原理示意图

(2) 滚齿机

滚齿机用于加工直齿圆柱齿轮和螺旋齿轮，Y3150E 型滚齿机是齿轮加工中应用最广泛的机床（图 11-4）。

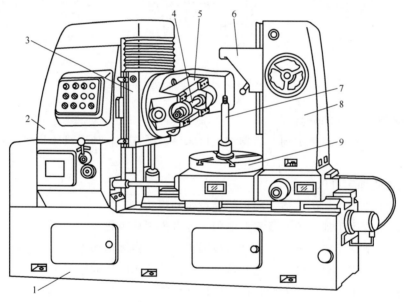

图 11-4　Y3150E 型滚齿机

1—床身；2—立柱；3—刀架溜板；4—滚刀杆；5—滚刀架；
6—后支架；7—工件芯轴；8—后立柱；9—工作台

Y3150E 型滚齿机主要由床身 1、立柱 2、刀架溜板 3、滚刀架 5、后立柱 8 和工作台 9 等部件组成。立柱 2 固定在床身上，刀架溜板 3 带动滚刀架 5 沿立柱导轨作垂直进给运动或快速移动；滚刀安装在滚刀杆 4 上，由滚刀架 5 的主轴带动作旋转主运动。滚刀架 5 可绕自己的水平轴线转动，以调整滚刀的安装角度。工件安装在工作台 9 的工件芯轴 7 上或直接安装在工作台上，随同工作台一起作旋转运动。工作台 9 和后立柱 8 装在同一溜板上，可沿床身的水平导轨移动，以调整工件的径向位置或作手动径向进给运动。后立柱上的支架 6 可通过轴套或顶尖支承工件芯轴 7 的上端，以提高滚切工件的平稳性。滚齿机的技术参数如表 11-1 所示。

表 11-1　Y3150E 型滚齿机的主要技术性能

最大加工直径/mm	500
最大加工模数/mm	8
最大加工齿宽/mm	250
工件最少齿数	$z_{min}=5K$（滚齿头数）
主轴锥度	莫氏 5 号
允许安装的最大滚刀尺寸（直径×长度）/mm	$160×160$
滚刀最大轴向移动距离/mm	55
滚刀可换芯轴直径规格/mm	22、27、32
滚刀主轴转速（9 级）/(r/min)	40～250
刀架轴向进给量（12 级）/(mm/r)	0.4～4（工作台）
主电动机功率/kW	4
转速（r/min）	1430

(3) Y3150E 型滚齿机加工直齿圆柱齿轮时的调整计算

① 加工直齿轮时滚齿机的运动（图 11-5）

主运动：滚刀的旋转运动，传动链的两端为：电动机—滚刀（电动机—1—2—u_v—3—4—滚刀）。

展成运动：滚刀与工件之间的啮合运动，滚刀和工件之间应保持严格的比例关系。传动链的两端为：滚刀—工件（滚刀—4—5—u_x—6—7—工件）。

$$\frac{n_工}{n_刀}=\frac{k_{滚刀头数}}{z_{工件齿数}}$$

垂直进给运动：滚刀沿工件轴线方向的连续进给运动，以保证切除整个齿宽。传动链的两端为：工件—滚刀（工件—7—8—u_f—9—10—丝杠—滚刀）。

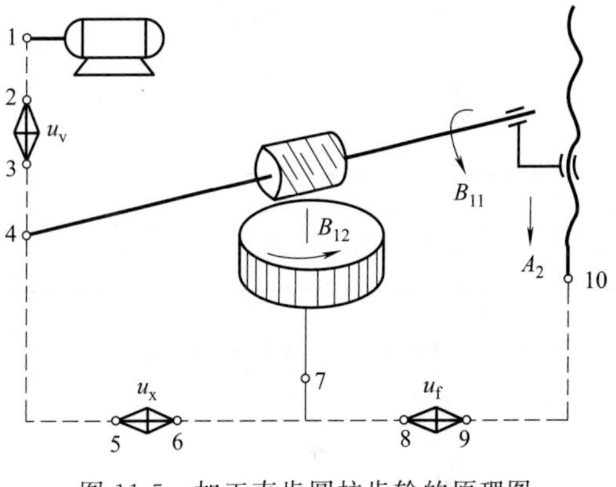

② 滚齿加工的传动链（图 11-6）

图 11-5　加工直齿圆柱齿轮的原理图

主运动传动链：其传动路线表达式为

$$n_{主电动机}-\frac{\phi 115}{\phi 165}-\text{I}-\frac{21}{42}-\text{II}-\begin{bmatrix}31/39\\35/35\\27/43\end{bmatrix}-\text{III}-\frac{A}{B}-\text{IV}-\frac{28}{28}-\text{V}-\frac{28}{28}-\text{VI}$$

$$-\frac{28}{28}-\text{VII}-\frac{20}{28}-\text{VIII}（滚刀主轴）$$

主运动链的运动平衡方程式为：

$$1430×\frac{115}{165}×\frac{21}{42}×u_{\text{II-III}}×\frac{A}{B}×\frac{28}{28}×\frac{28}{28}×\frac{28}{28}×\frac{20}{28}=n_刀$$

根据运动平衡方程式，可得主运动变速挂轮的计算公式为：

$$\frac{A}{B}=\frac{n_刀}{124.583u_{\text{II-III}}}$$

机床上备有 A、B 挂轮，其传动比共三种。因此，滚刀可获得表 11-2 所列 9 级转速。

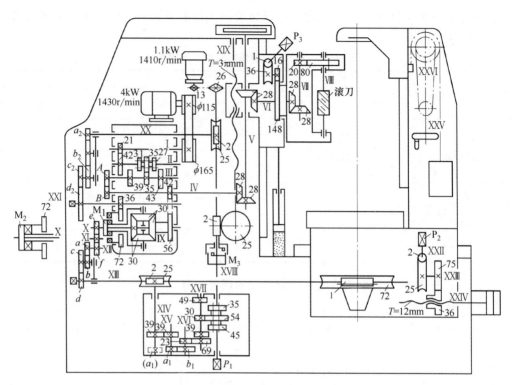

图 11-6 Y3150E 型滚齿机的传动系统

表 11-2 滚刀的转速

A/B	22/44			33/33			44/22		
u_{II-III}	27/43	31/39	35/35	27/43	31/39	35/35	27/43	31/39	35/35
$n_刀$	40	50	63	80	100	125	160	200	250

展成运动传动链：其传动路线表达式为

$$\text{IV} - \frac{28}{28} - \text{V} - \frac{28}{28} - \text{VI} - \frac{28}{28} - \text{VII} - \frac{20}{80} - \text{VIII} - 滚刀 \downarrow$$

$$\to \frac{42}{56} - \text{IX} - u'_合 - \text{X} - \frac{e}{f} - \text{XII} - \frac{a}{b} \times \frac{c}{d} - \text{XIII} - \frac{1}{72} - 工件$$

运动平衡方程式

$$1 \times \frac{80}{20} \times \frac{28}{28} \times \frac{28}{28} \times \frac{28}{28} \times \frac{42}{56} \times u'_合 \times \frac{e}{f} \times \frac{a}{b} \times \frac{c}{d} \times \frac{1}{72} \times \frac{k}{z}$$

整理后有：

$$\frac{a}{b} \times \frac{c}{d} = \frac{f}{e} \times \frac{24k}{z}$$

式中，f/e 的值根据 z/k 的比值而定，以便于挂轮的选取和安装。共有三种情况选择：

当 $5 \leqslant z/k \leqslant 20$ 时，取 $e=48$，$f=24$；

当 $21 \leqslant z/k \leqslant 142$ 时，取 $e=36$，$f=36$；

当 $z/k \geqslant 143$ 时，取 $e=24$，$f=48$。

这样选择后，可使用的数值适中，便于挂轮的选取和安装。

垂直进给传动链：其传动路线表达式为

$$\text{XIII} - \frac{1}{72} - \text{工作台（工件）} \downarrow$$

$$\rightarrow \frac{2}{25} - \text{XIV} - \frac{39}{39} - \text{XV} - \frac{a_1}{b_1} - \text{XVI} - \frac{23}{69} - \text{XVII} - \begin{bmatrix} 49/35 \\ 30/54 \\ 39/45 \end{bmatrix} - \text{XVIII}$$

$$- M_3 - \frac{2}{25} - \text{XIX（刀架垂直进给丝杠）}$$

运动平衡方程式为

$$1 \times \frac{72}{1} \times \frac{2}{25} \times \frac{39}{39} \times \frac{a_1}{b_1} \times \frac{23}{69} \times u_{\text{XVII-XVIII}} \times \frac{2}{25} \times 3\pi = f$$

化简后，可得垂直进给运动挂轮的计算公式为

$$\frac{a_1}{b_1} = \frac{f}{0.46\pi u_{\text{XVII-XVIII}}}$$

当垂直进给量确定后，可以从表 11-3 中查出挂轮的齿数。

表 11-3 垂直进给量及挂轮齿数

a_1/b_1	26/52			32/46			46/32			52/26		
$u_{\text{XVII-XVIII}}$	30/54	39/45	49/35	30/54	39/45	49/35	30/54	39/45	49/35	30/54	39/45	49/35
$f/(\text{mm/r})$	0.4	0.63	1	0.56	0.87	1.41	1.16	1.8	2.9	1.6	2.5	4

（4）Y3150E 型滚齿机加工斜齿圆柱齿轮时的调整计算

① 加工斜齿轮时滚齿机的运动　图 11-7 为加工斜齿圆柱齿轮的原理图。加工斜齿圆柱齿轮时，除需要加工直齿圆柱齿轮的三个运动外，还必须给工件一个附加运动，以形成螺旋形的齿轮，即刀具沿工件轴线方向进给一个螺旋线导程时，工件应附加转动（±）一转。图 11-7 中的 u_t 为附加运动链的变速机构。

② 运动合成机构　在加工斜齿圆柱齿轮时，展成运动和附加运动两条传动链需要将两种不同要求的旋转运动同时传给工件。一般情况下，两个运动同时传给一根轴时，会产生运动干涉而将轴损坏。因此，为避免上述情况的发生，在滚齿机上设有把两个任意方向和大小的转动进行合成的机构，即运动合成机构。在图 11-7 中，用方框和Σ表示。

滚齿机的运动合成机构通常为圆柱齿轮或锥齿轮行星机构。Y3150E 型滚齿机的运动合成机构主要由四个模数为 $m=3\text{mm}$、齿数为 $z=30$、螺旋角为 $\beta=0°$ 的弧齿锥齿轮组成，设置在轴IX和轴X之间（图 11-6）。

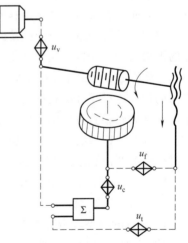

图 11-7　加工斜齿圆柱齿轮的原理图

加工斜齿轮时，展成运动和附加运动同时通过合成机构传动，并分别按 $u_{合1}=-1$ 和 $u_{合2}=2$ 经轴X和齿轮 e 传给工作台。加工直齿轮时，工件不需要附加运动，展成运动传动链通过合成机构的传动比为 1。

③ 滚齿机加工的传动链（图 11-6）

主运动传动链：加工斜齿轮的主运动传动链和加工直齿轮的相同。

展成运动传动链：加工斜轮时，虽然展成运动的传动路线以及运动平衡式都和加工直齿轮时相同，但因运动合成机构用 M_2 离合器连接，其传动比应为 -1，代入运动平衡式后得挂轮计算公式为：

$$\frac{a}{b} \times \frac{c}{d} = -\frac{f}{e} \times \frac{24k}{z}$$

式中，负号说明展成运动传动链中轴 X 与轴 IX 的转向相反，而在加工直齿轮时两轴的转向相同。因此，在调整展成运动挂轮时，必须按机床说明书规定配加惰轮。

垂直进给传动链：加工斜齿轮的垂直进给传动链和加工直齿轮的相同。

附加运动传动链：其传动路线为

XVIII — M_3 — $\frac{2}{25}$ — XIX（刀架垂向进给丝杠）

$\left.\right|$ — $\frac{2}{25}$ — XX — $\frac{a_2}{b_2} \times \frac{c_2}{d_2}$ — XXI — $\frac{36}{72}$ — M_2 — 合成机构 — X — $\frac{e}{f}$ — XII — $\frac{a}{b} \times \frac{c}{d}$ — XIII — $\frac{1}{72}$ — 工作台（工件）

运动平衡方程式为：

$$\frac{L}{3\pi} \times \frac{25}{2} \times \frac{2}{25} \times \frac{a_2}{b_2} \times \frac{c_2}{d_2} \times \frac{36}{72} \times u_{合2} \times \frac{e}{f} \times \frac{a}{b} \times \frac{c}{d} \times \frac{1}{72} = \pm 1$$

式中，$L = \frac{\pi m_n z}{\sin\beta}$；$\frac{a}{b} \times \frac{c}{d} = -\frac{f}{e} \times \frac{24k}{z}$；$u_{合2} = 2$

代入上式，可得附加运动的挂轮计算公式为：

$$\frac{a_2}{b_2} \times \frac{c_2}{d_2} = \pm 9 \frac{\sin\beta}{m_n k}$$

式中的"$\pm$"值，表明工件附加运动的旋转方向，它决定于工件的螺旋方向和刀架进给运动的方向。在安装附加运动挂轮时，应按机床说明书规定配加惰轮。

附加运动传动链是形成螺旋线齿线的内联系链，其传动比数值的精确度，影响着工件齿轮的齿向精度，所以挂轮传动比应计算准确。但是，附加运动挂轮计算公式中包含有无理数 $\sin\beta$，所以往往无法计算得非常准确。实际选配的附加运动挂轮传动比与理论计算的传动比之间的误差，对于 8 级精度的斜齿轮，要准确到小数点后第四位数字，对于 7 级精度的斜齿轮，要准确到小数点后第五位数字，才能保证不超过精度标准中规定的齿向允差。

在 Y3150E 型滚齿机上，展成运动、垂直进给运动和附加运动三条传动链的调整，共用一套模数为 2mm 的配换挂轮，其齿数为：20（两个）、23、24、25、26、30、32、33、34、35、37、40、41、43、45、46、47、48、50、52、53、55、57、58、59、60（两个）、61、62、65、67、70、71、73、75、79、80、83、85、89、90、92、95、97、98、100 共 47 个。

(5) Y3150E 型滚齿机加工蜗轮的调整计算

Y3150E 型滚齿机，通常用径向进给法加工蜗轮（图 11-8），加工时共需三个运动：主运动、展成运动和径向进给运动。主运动及展成运动传动链的调整计算与加工直齿轮相同，径向进给只能手动。此时，将离合器 M_3 脱开，使垂直进给传动链断开。转动方头 P_2，经蜗杆传动 2/25、齿轮传动 75/36 带动螺母转动，使工作台溜板作径向进给。

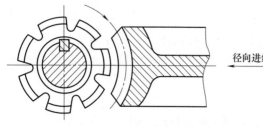

图 11-8　径向切入法加工蜗轮

（6）滚刀架的快速垂直移动

利用快速电动机可使刀架作快速升降运动，以便调整刀架位置及在进给前后实现快进和快退。此外，在加工斜齿轮时，启动快速电动机，可经附加运动传动链传动工作台旋转，以便检查工作台附加运动方向是否正确。

刀架快速垂直移动的传动路线表达式为：

$n_{快速电动机}$（1.1kW，1410r/min）—13/26—ⅩⅧ—M_3—2/25—ⅩⅨ—刀架垂直进给丝杠

刀架快速移动的方向可通过快速电动机的正反转来实现。在 Y3150E 型滚齿机上，启动快速电动机前，必须先用操纵手柄将轴 ⅩⅧ 上的三联滑移齿轮移到空挡位置，以脱开轴 ⅩⅦ 和轴 ⅩⅧ 的传动联系。为确保安全，机床设有电气互锁装置，保证只有当操纵手柄放在"快速移动"位置时才能启动快速电动机。

（7）滚刀的安装

滚齿时，为了切出准确的齿形，应使滚刀和工件处于正确的"啮合"位置，即滚刀在切削点处的螺旋线方向应与被加工齿轮齿槽的方向一致。为此，需将滚刀轴线与工件顶面安装成一定的角度，这个安装角度称为安装角。

图 11-9 为滚刀加工直齿轮时的安装角。安装角 δ 等于滚刀的螺旋升角 λ，倾斜方向与滚刀的螺旋方向有关。滚刀扳动方向取决于滚刀螺旋线方向，滚刀右旋时，顺时针扳动滚刀；滚刀左旋时，逆时针扳动滚刀。

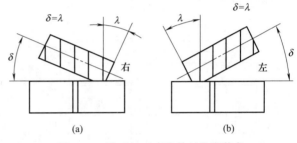

图 11-9　滚刀加工直齿轮时的安装角

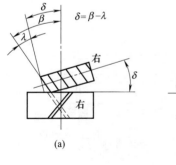

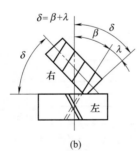

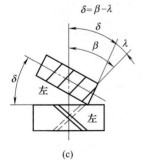

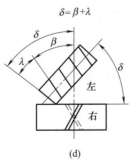

图 11-10　滚刀加工斜齿轮时的安装角

用滚刀加工斜齿轮时，由于滚刀和工件的螺旋方向都有左、右之分，因此共有四种组合，如图 11-10 所示。安装角 δ 等于工件的螺旋角 β 和滚刀的螺旋角 λ 两者的代数和，即：

$$\delta = \beta \pm \lambda$$

式中的"+""—"号取决于工件螺旋线方向和滚刀螺旋线方向，方向相反时，取"+"号；方向相同时，取"—"号。

滚刀的扳动方向：当工件螺旋线为右旋时，逆时针扳动滚刀；当工件螺旋线为左旋时，顺时针扳动滚刀。

加工斜齿轮时，应尽量采用与工件螺旋线相同的滚刀，这样可减小安装角，有利于提高机床的运动平稳性和加工精度。

【案例 11-1】　在 Y3150E 型滚齿机上加工 $z = 47$、$m = 4\text{mm}$ 的 45 钢制直

齿轮，确定其滑移齿轮及挂轮齿数，给出滚刀安装角度。已知数据：

① 切削用量 $v=20\mathrm{m/min}$，$f=1\mathrm{mm/r}$；

② 滚刀直径为 $\phi100\mathrm{mm}$，螺旋角 $\lambda=2°45'$，单头右旋。

【解】 ①根据速度公式 $v=\dfrac{\pi d n}{1000}$，得 $n=\dfrac{1000v}{\pi d}=\dfrac{1000\times20}{3.14\times100}=63.69$（r/min），取 $n=63\mathrm{r/min}$（表11-2）。再根据表11-2，确定挂轮和滑移齿轮的齿数分别为：

$$\frac{A}{B}=\frac{22}{44},u=\frac{35}{35}$$

② 加工直齿轮时，滚刀的安装角等于滚刀螺旋角，即 $\lambda=2°45'$。右旋时，顺时针安装。

(8) 滚齿机的主要部件

① 滚刀刀架结构　Y3150E 型滚齿机刀架结构如图 11-11 所示。刀架体 25 被螺钉 5 固定在刀架溜板上。调整滚刀安装角时，先松开螺钉 5，然后用扳手转动刀架溜板上的方头 P_3，经蜗杆副 1/36 及齿轮 z_{16} 带动固定在刀架体上的齿轮 z_{148}，使刀架体回转至所需的滚刀安装角。调整完毕，拧紧螺钉 5 上的螺母。

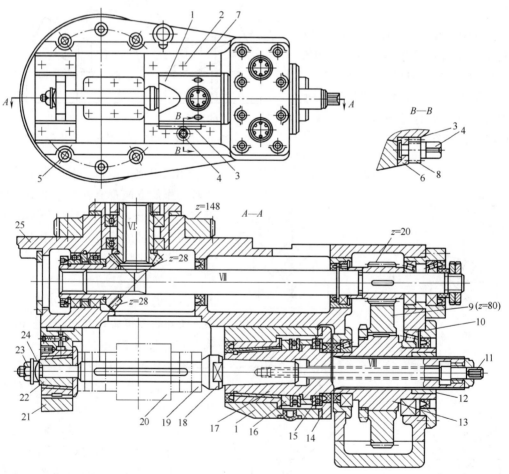

图 11-11　Y3150E 型滚齿机滚刀刀架

1—主轴套筒；2,5—螺钉；3—齿条；4—方头轴；6,7—压板；8—小齿轮；9—大齿轮；10—圆锥滚子轴承；
11—拉杆；12—铜套；13—花键套筒；14,16—调整垫片；15—推力球轴承；17—主轴；18—刀杆；19—刀垫；
20—滚刀；21—支架；22—外锥套；23—螺母；24—球面垫圈；25—刀架体

　　主轴 17 前端用锥体滑动轴承支承承受径向力，并用两个推力球轴承 15 承受轴向力。主轴后端通过铜套 12 及花键套筒 13 支承在两个圆锥滚子轴承 10 上。当主轴前端的滑动轴承磨损引起主轴径向跳动超过规定值时，可拆下垫片 14 及 16，磨去相同的厚度，调配至符合要求时为止。如仅需调整主轴的轴向窜动，则只需将垫片 14 适当磨薄即可。

　　安装滚刀的刀杆 18 用锥柄安装在主轴前端的锥孔内，用拉杆 11 将其拉紧。刀杆左端支承在支架 21 的滑动轴承上，支架 21 可在刀架体上沿主轴轴线方向调整位置，并用压板固定。

　　滚刀轴向位置的调整如下：先松开压板螺钉 2，然后转动方头轴 4，经小齿轮 8 和主轴套筒 1 上的齿条 3，带动主轴套筒连同滚动主轴一起轴向移动。调整结束后，拧紧压板螺钉。

　　② 工作台结构　Y3150E 型滚齿机的工作台结构如图 11-12 所示。主要由溜板 1、工作

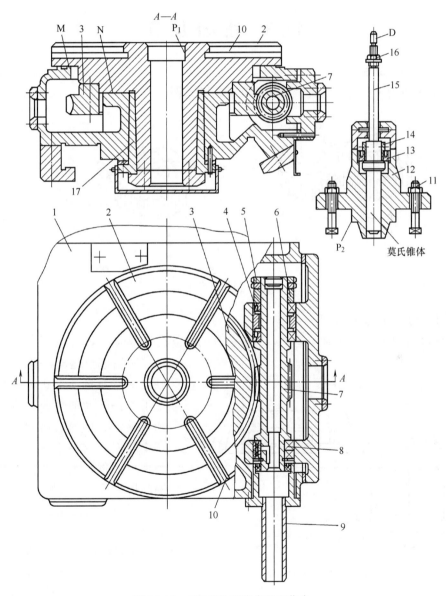

图 11-12　Y3150E 型滚齿机工作台

1—溜板；2—工作台；3—蜗轮；4—圆锥滚子轴承；5—螺母；6—隔套；7—蜗杆；8—角接触球轴承；9—套筒；
10—T 形槽；11—T 形螺钉；12—底座；13，16—压紧螺母；14—锁紧套；15—工件芯轴；17—锥体滑动轴承

台 2、蜗轮 3、圆锥滚子轴承 4、角接触球轴承 8、套筒 9、底座 12、压紧螺母、锁紧套 14、工件芯轴 15、锥体滑动轴承 17 等组成。

工作台 2 的下部有一圆锥体，与溜板 1 壳体上的锥体滑动轴承 17 精密配合，以定中心。工作台支承在溜板壳体的环形平面导轨 M 和 N 上作旋转运动。分度蜗轮 3 固定在工作台的下平面上，蜗杆 7 由圆锥滚子轴承 4 和角接触球轴承 8 支承，通过双螺母 5 调节圆锥滚子轴承 4 的间隙。

底座 12 用其圆柱表面 P_2 与工作台上的 P_1 孔配合定心，用 T 形螺钉 11 紧固在工作台 2 上；工件芯轴 15 通过莫氏锥孔配合，安装在底座上，用压紧螺母 13 压紧，用锁紧套 14 两旁的螺钉锁紧以防松动。

11.3 插齿加工

(1) 插齿加工原理

插齿加工相当于一对直齿圆柱齿轮的啮合运动。图 11-13 为插齿加工原理图。

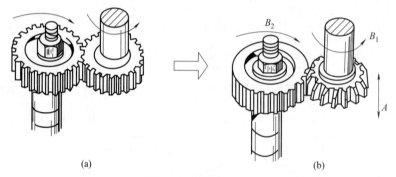

(a)   (b)

图 11-13　插齿原理

(2) 插齿加工的运动（图 11-14）

主运动：插齿刀的上下往复运动，以每分钟的往复次数表示。

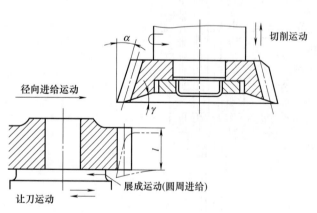

图 11-14　插齿加工的运动

圆周进给运动：插齿刀绕自身轴线的旋转运动。其转动的快慢决定了工件转动的快慢、插齿刀的切削负荷、工件的表面质量、加工生产率和刀具的寿命等。圆周进给量为插齿刀每往复一次，刀具在分度圆圆周上所转过的弧长。

径向切入运动：为避免插齿刀负荷过大而损坏刀具和工件，工件应逐渐移向插齿刀作径向切入运动。径向进给量以插齿刀每往复行程一次，工件径向切入的距离表示。

让刀运动：插齿刀空行程向上运动时，为避免擦伤工件表面和减少刀具磨损，刀具和工件之间应该让开一定的距离；当插齿刀向下开始工作行程之前，应迅速恢复原位，便于刀具进行下一次切削。这种让开和恢复原位的运动称为让刀运动。

（3）插齿加工设备

图 11-15 所示为 Y5132 型插齿机外形。

（4）插齿加工的特点

插齿的齿形误差较小，齿面的表面粗糙度值小，但公法线长度变动较大。

插削大模数齿轮时，插齿的生产率比滚齿低；但插削中、小模数齿轮时，生产效率不低于滚齿。因此，插齿多用于加工中、小模数齿轮。

插齿的应用范围很广，除能加工外啮合的直齿轮外，特别适合加工齿圈轴向距离较小的多联齿轮、内齿轮、齿条和扇形齿轮等，但插齿机不能加工蜗轮。

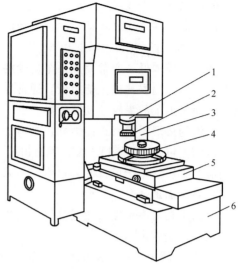

图 11-15　插齿机
1—刀具主轴；2—插齿刀；3—立柱；
4—工件；5—工作台；6—床身

11.4　其它齿轮加工方法

（1）剃齿加工

① 剃齿加工的原理　剃齿加工是利用剃齿刀对未淬火的直齿轮或斜齿轮进行精加工的方法（图 11-16）。

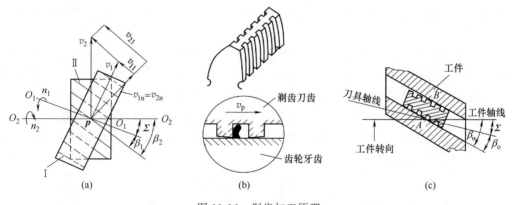

图 11-16　剃齿加工原理

剃齿时工件和剃齿刀之间的相对运动是做螺旋齿轮运动，剃齿刀类似于一个螺旋齿轮，在其表面上开有许多小槽，形成切削刃和容屑槽。当剃齿刀与被剃齿轮在轮齿双面紧密啮合作自由展成运动时，利用齿面间的相对滑动，梳形刀刃在轮齿的齿面上实现微细切削。

剃齿的基本条件是剃齿刀与齿轮轴线必须构成轴交角 Σ，当剃齿刀和工件均有螺旋角时，则轴交角 $\Sigma = \beta_1 \pm \beta_2$。式中，"$+$"号表示剃齿刀和工件螺旋角方向相同；"$-$"号表示剃齿刀和工件螺旋角方向相反。

② 剃齿加工的运动　剃齿刀的正反转运动，同时工件也由剃齿刀带动作正反转运动；

工件沿轴向的往复直线运动。

剃齿刀在工件每往复运动一次后的径向进给运动。

③ 剃齿加工的特点

效率高，成本低：通常完成一个齿轮的加工只要 2～4min，成本较磨齿低 90%。

对轮齿的切向误差修正能力低：通常在剃齿前安排滚齿加工，因为滚齿加工的齿轮运动精度要比插齿加工的齿轮运动精度高。

对轮齿的齿形误差修正能力高：剃齿加工对轮齿的齿形误差和基节误差有较高的修正能力。剃齿精度可达 IT7～IT6 级，表面粗糙度为 $Ra0.8～0.2\mu m$。

剃齿加工广泛用于成批和大量生产中未淬火、精度高的齿轮加工。

(2) 磨齿加工

磨齿加工是对高精度齿轮或淬硬齿轮进行加工的方法。按齿廓的形成原理，磨齿加工有成形法和展成法磨齿两大类。

① 成形法磨齿　成形法是利用成形砂轮进行磨齿的方法，这种方法生产率高，但砂轮修整费时、砂轮磨损后会产生齿形误差，应用受到限制，但成形法是磨内齿的唯一方法。

② 展成法磨齿　生产中多采用展成法磨齿，主要的展成法磨齿有以下三种：

图 11-17 (a) 为蜗杆砂轮磨齿机，其工作原理与滚齿机相似。这种磨齿机生产效率高，但修整砂轮困难，难以达到高精度，传动件易磨损，一般用于中、小模数齿轮的成批和大量生产中。

图 11-17 (b) 为双片蝶形砂轮磨齿机，其工作原理是利用齿条、齿轮的啮合原理来磨削轮齿的。磨削时，双片蝶形砂轮的高速旋转是主运动，工件在作绕自身轴线旋转运动的同时，还作直线往复移动。工件每往复滚动一次，只能完成一个或两个齿面的加工，因此，必须经过多次分度和磨削加工，才能完成全部齿面的磨削。为磨削整个齿轮的宽度，工件还需进行轴线进给运动。这种磨齿方法精度最高，可达 IT4 级，但砂轮的刚性差，极易损坏，磨削生产率低，成本高。

图 11-17 (c) 为锥形砂轮磨齿机，其工作原理也是利用齿条、齿轮的啮合原理来磨削轮齿的。磨削时，锥形砂轮的高速旋转是主运动，同时锥形砂轮还沿工件的轴线作直线往复运动，以便磨削工件的整个齿面；工件在作绕自身轴线旋转运动的同时，还作直线往复运动。工件每往复滚动一次，完成一个齿槽的两侧面加工后，需进行分度磨削下一个齿槽。锥形砂轮的刚性好，可选用较大的磨削用量，磨削生产率高；但锥形砂轮形状不易修整，磨损快且不均，磨削的轮齿精度较低。

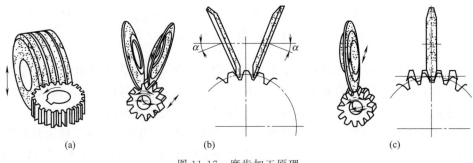

(a)　　　　　　　　　　(b)　　　　　　　　　　(c)

图 11-17　磨齿加工原理

③ 磨齿加工的特点　磨齿加工的主要特点是能磨削高精度的轮齿表面，通常磨齿精度

可达 IT6 级，表面粗糙度值为 $Ra0.8\sim0.2\mu m$；磨齿加工对磨前齿轮的误差或变形有较强的修正能力，而且特别适合磨削齿面硬度高的轮齿。但磨齿加工效率普遍较低，设备结构复杂，调整困难，加工成本较高。磨齿加工主要用于高精度和高硬度的齿轮加工。

(3) 珩齿加工

① 珩齿加工原理　珩齿加工是对热处理后的淬硬齿形进行光整加工的方法。珩齿的运动关系及所用机床和剃齿相同，不同的是珩齿所用的刀具（珩轮）是含有磨料的塑料螺旋齿轮。

图 11-18 为珩齿的工作原理图。珩齿加工时，珩轮与工件自由啮合时，靠齿面间的压力和相对滑动由磨料进行切削。珩齿的切削速度远低于磨削速度，但高于剃齿速度，珩齿过程实际上是一个低速磨削、研磨和抛光的综合过程。

② 珩齿加工的特点

珩齿后轮齿的表面质量好：珩轮齿面上均匀分布着磨粒，磨粒的粒度较细，珩齿后齿面切痕很细，齿面表面粗糙度值减小。

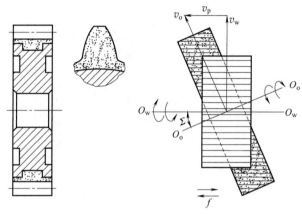

图 11-18　珩齿加工原理

珩齿速度一般在 $1\sim3m/s$ 左右，齿面不会产生烧伤和裂纹。

对轮齿的齿形误差修正能力低：因珩轮本身具有一定的弹性，珩齿的齿形误差修正能力不如剃齿，珩齿加工前多采用剃齿。

生产率和珩轮的使用寿命高：珩齿的加工效率一般为磨齿的 $10\sim20$ 倍；珩轮的使用寿命很高，每修磨一次，可珩齿 $60\sim80$ 件。

常用齿形加工方法及应用范围见表 11-4。

表 11-4　常用齿形加工方法及应用范围

齿形加工方法		刀具	机床	加工精度及适用范围
成形法	成形铣齿	模数铣刀	铣床	加工精度及生产率均较低，一般精度为 9 级以下
	拉齿	齿轮拉刀	拉床	精度和生产率均较高，但拉刀多为专用，制造困难，价格高，故只在大量生产时用之，宜于拉内齿轮
展成法	滚齿	齿轮滚刀	滚齿机	通常加工 6 级～10 级精度齿轮，最高能达 4 级，生产率较高，通用性大，常用以加工直齿、斜齿的外啮合圆柱齿轮和蜗轮
	插齿	插齿刀	插齿机	通常能加工 7 级～9 级精度齿轮，最高达 6 级，生产率较高，通用性大，适于加工内外啮合齿轮（包括阶梯齿轮）、扇形齿轮、齿条等
	剃齿	剃齿刀	剃齿机	能加工 5 级～7 级精度齿轮，生产率高，主要用于齿轮滚插预加工后、淬火前的精加工
	冷挤齿轮	挤轮	挤齿机	能加工 6 级～8 级精度齿轮，生产率比剃齿高，成本低，多用于齿形淬硬前的精加工，以代替剃齿，属于无切屑加工
	珩齿	珩磨轮	珩齿机 剃齿机	能加工 6 级～7 级精度齿轮，多用于经过剃齿和高频淬火后，齿形的精加工
	磨齿	砂轮	磨齿机	能加工 3 级～7 级精度齿轮，生产率较低，加工成本较高，多用于齿形淬硬后的精密加工

11.5　齿轮加工刀具

(1) 齿轮刀具的分类

齿轮刀具是指专门用来加工齿轮齿形的刀具。齿轮刀具种类较多，可按下述方法分类。

① 按照齿形的形成原理分类

成形法切齿刀具：盘状成形铣刀和指状成形铣刀（图 11-19）。

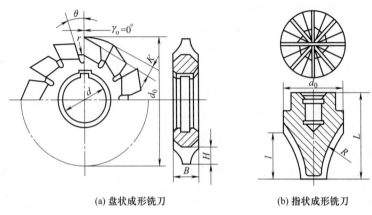

(a) 盘状成形铣刀　　　　　　　(b) 指状成形铣刀

图 11-19　盘状成形铣刀和指状成形铣刀

展成法切齿刀具：齿轮滚刀、插齿刀、剃齿刀等。

② 按照被加工齿轮的类型分类

a. 渐开线齿轮刀具

加工圆柱齿轮的刀具：齿轮铣刀、齿轮拉刀、齿轮滚刀、插齿刀和剃齿刀等。

加工蜗轮的刀具：蜗轮滚刀、蜗轮飞刀和蜗轮剃齿刀等。

加工锥齿轮的刀具：直齿锥齿轮刨刀、弧齿锥齿轮铣刀盘等。

b. 非渐开线齿轮刀具　非渐开线齿轮刀具的成形原理也属于展成法，主要有花键滚刀、摆线齿轮刀具、链轮滚刀等。

(2) 齿轮铣刀

齿轮铣刀一般做成盘形，主要用于加工模数 $m = 0.3 \sim 16\text{mm}$ 的直齿或斜齿圆柱齿轮。齿轮铣刀的廓形由齿轮的模数、齿数和压力角决定，齿数越少，则基圆越小，渐开线的曲率半径就越小，即渐开线弯曲得越厉害，当齿数无穷多时，渐开线为一直线。因此，从理论上讲，加工不同齿数的齿轮就应采用不同齿形的铣刀。

生产中为减少铣刀的规格和数量，常用一把铣刀加工模数和压力角相同、而具有一定齿数范围的齿轮。标准模数盘形铣刀的模数在 $0.3 \sim 8\text{mm}$ 时，每套由 8 把铣刀组成；模数在 $9 \sim 16\text{mm}$ 时，每套由 15 把铣刀组成。每把铣刀所能加工的齿轮齿数范围，如表 11-5 所示。每把铣刀的齿形均按所加工齿轮齿数范围内最少齿数的齿形设计。

加工斜齿轮时，铣刀刀号的选择应根据斜齿轮的法向模数 m_n 和法剖面中的当量齿数 z_v 选择。

法向模数 m_n 和当量齿数 z_v 的公式为：

$$m_n = m\cos\beta; \quad z_v = z/\cos^3\beta$$

表 11-5 齿轮铣刀的刀号及其加工的齿数

铣刀号码		1	1.5	2	2.5	3	3.5	4	4.5	5	5.5	6	6.5	7	7.5	8
加工齿数	8把一套	12~13	—	14~16	—	17~20	—	21~25	—	26~34	—	35~54	—	55~134	—	135~∞
	15把一套	12	13	14	15~16	17~18	19~20	21~22	23~25	26~29	30~34	35~41	42~54	55~79	80~134	135~∞

【案例 11-2】 加工一个模数 $m=5\text{mm}$、齿数 $z=40$、螺旋角 $\beta=15°$ 的斜齿圆柱齿轮，应选何种刀号的盘形齿轮铣刀？

【解】 根据斜齿轮的法向模数和当量齿数公式，可知：

$$m_n=m\cos\beta; \quad z_v=z/\cos^3\beta$$
$$m_n=m\cos\beta=5\times\cos15°=5\times0.97=4.85$$
$$z_v=z/\cos^3\beta=40/\cos^315°=44$$

根据表 11-5，由当量齿数 44 可选 6 号铣刀。

（3）插齿刀

插齿刀的外形像齿轮，直齿刀像直齿轮，斜齿刀像斜齿轮；在其齿顶、齿侧开出后角，端面开出前角就形成了切削刃。直齿插齿刀的规格和应用范围如表 11-6 所示。

表 11-6 直齿插齿刀的规格和应用范围   mm

序号	类型	简图	应用范围	规格		d_1 或莫氏锥
				d_0	m	
1	盘形直齿锥齿刀		加工普通直齿外齿轮和大直径齿轮	$\phi63$	0.3~1	31.743
				$\phi75$	1~4	
				$\phi100$	1~6	
				$\phi125$	4~8	
				$\phi160$	6~10	88.90
				$\phi200$	8~12	101.60
2	碗形直齿锥齿刀		加工塔形双联直齿轮	$\phi50$	1~3.5	20
				$\phi75$	1~4	31.743
				$\phi100$	1~6	
				$\phi125$	4~8	
3	锥柄直齿插齿刀		加工直齿内齿轮	$\phi25$	0.3~1	莫氏 2°
				$\phi25$	1~2.75	
				$\phi38$	1~3.75	莫氏 3°

插齿刀的精度分为 AA、A、B 三级，根据被加工齿轮的平稳性精度来选用，分别用于加工 6、7、8 级精度的圆柱齿轮。

（4）齿轮滚刀

① 滚刀的形成及结构 齿轮滚刀相当于一个或多个齿、螺旋角很大且齿很长的斜齿圆柱齿轮。由于齿很长，使滚刀的外形不像齿轮，而呈蜗杆状，滚刀的头数即螺旋齿轮的齿数。为使蜗杆能起切削作用，在蜗杆轴向开出容屑槽形成前刀面和前角，齿背铲磨形成后刀面和后角，再加上淬火和刃磨前刀面，就形成了齿轮滚刀（图 11-20）。

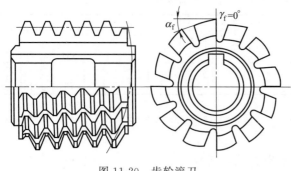

图 11-20 齿轮滚刀

标准齿轮滚刀多为高速钢整体制造。大模数的标准齿轮滚刀为了节约材料和便于热处理，一般可用镶齿式，这种滚刀切削性能好，使用寿命高。目前，硬质合金齿轮滚刀得到了广泛应用，它不仅可采用较高的切削速度，而且还可以直接滚切淬火齿轮。

② 滚刀的基本蜗杆（图 11-21）

滚刀的基本蜗杆有渐开线蜗杆、阿基米德蜗杆和法向直廓蜗杆三种（图 11-22）。渐开线蜗杆制造困难，生产中很少使用；阿基米德蜗杆与渐开线蜗杆十分相似，只是它的轴向截面内的齿形为直线，这种滚刀便于制造、刃磨和测量，应用广泛；法向直廓蜗杆滚刀的理论误差大，加工精度低，应用较少，一般用于粗加工、大模数和多头滚刀。

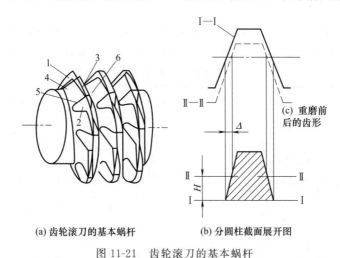

(a) 齿轮滚刀的基本蜗杆   (b) 分圆柱截面展开图

图 11-21 齿轮滚刀的基本蜗杆

1—蜗杆表面；2—滚刀前刀面；3—齿顶后刀面；4—齿侧后刀面；5—侧切削刃；6—齿顶刃

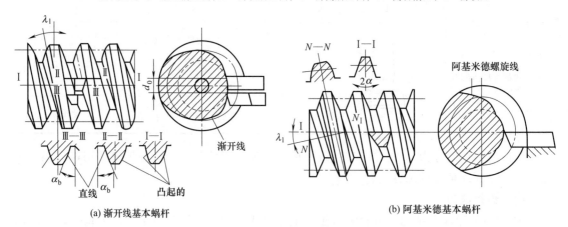

(a) 渐开线基本蜗杆   (b) 阿基米德基本蜗杆

图 11-22 渐开线蜗杆和阿基米德蜗杆

齿轮滚刀的精度分为 AA、A、B、C 四级，滚刀精度等级与被加工齿轮精度等级的关系见表 11-7。

表 11-7　滚刀精度等级与齿轮精度等级

滚刀精度等级	AA 级	A 级	B 级	C 级
齿轮精度等级	IT6～IT7	IT7～IT8	IT8～IT9	IT10～IT12

③ 齿轮滚刀的结构及参数　齿轮滚刀的结构分为两大类，中小模数（$m\leqslant10$mm）的滚刀一般做成整体式，如图 11-23 所示为阿基米德高速钢整体齿轮滚刀。模数较大的齿轮滚刀，一般做成镶齿结构，如图 11-24 所示。精加工齿轮滚刀一般做成单头，为提高生产率，粗加工滚刀也可做成多头。齿轮滚刀的结构已经标准化，具体参数可查相关手册。

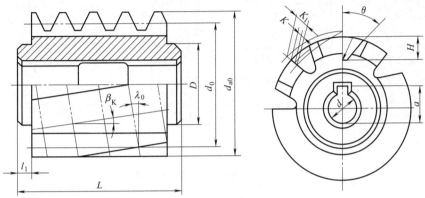

图 11-23　高速钢整体齿轮滚刀

(5) 蜗轮滚刀与飞刀

蜗轮滚刀是加工蜗轮的专用刀具，它是利用蜗轮与蜗杆的啮合原理来工作的。蜗轮滚刀在外形、工作原理上与齿轮滚刀相似，但二者也有不同之处，其结构特点为：

蜗轮滚刀的参数应与工作蜗杆的参数相同。加工时蜗轮滚刀与蜗轮的轴交角、中心距也应与蜗杆副工作状态相同。

蜗轮滚刀的基本蜗杆应与工作蜗杆相同。加工蜗轮时，蜗轮滚刀的安装位置应处于工作蜗杆与蜗轮相啮合的位置上。

一种蜗轮滚刀只能加工一种类型与尺寸的蜗轮。

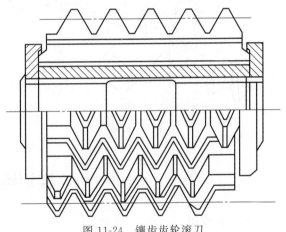

图 11-24　镶齿齿轮滚刀

由于蜗轮滚刀的外径应与工作蜗杆基本一致，因而蜗轮滚刀的外径不能任意选取。图 11-25 为常用蜗轮滚刀的结构。外径大于 30～50mm 的滚刀制成套装式；外径小于 30mm 的滚刀制成带柄式。

(a) 套装式

(b) 端面键式

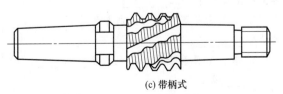

(c) 带柄式

图 11-25　蜗轮滚刀的结构

蜗轮滚刀切削蜗轮时，有径向进给和切向进给两种方式（图 11-26）。径向进给时，滚刀每转一转，被加工蜗轮转过的齿数应等于滚刀的头数，以形成展成运动；同时，滚刀还沿被加工蜗轮半径方向进给，逐渐切出全齿深。切向进给时，事先调整好滚刀与蜗轮的中心距，在滚刀与被加工蜗轮作展成运动的同时，还沿滚刀轴线方向进给切入蜗轮。因此，滚刀转一转，被切蜗轮还需有附加转动。

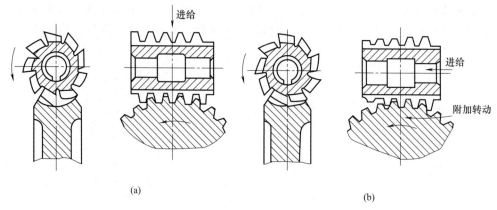

图 11-26 蜗轮滚刀的进给方式

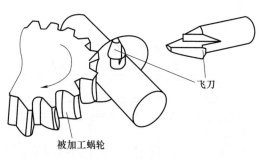

图 11-27 蜗轮飞刀

由于一把蜗轮滚刀只能加工一定尺寸的蜗轮，因此，当单件和小批生产时，通常用蜗轮飞刀代替蜗轮滚刀加工蜗轮。飞刀相当于切向进给蜗轮滚刀的一个刀齿，属于切向进给加工蜗轮的刀具。飞刀的工作原理和蜗轮滚刀相同，飞刀只能用非常小的进给量加工蜗轮，切削效率较低，但结构简单，刀具成本低。图 11-27 为蜗轮飞刀的结构。

实训练习题

一、填空题

1. 齿轮齿形的加工方法按照工作原理可分为_____加工和_____加工。盘形齿轮铣刀是利用_____法加工齿轮的。

2. 滚斜齿轮的传动链有_____、_____、_____、_____，其中_____、_____为内联系传动链。

3. 滚齿机广泛用来加工_____和_____圆柱齿轮，此外，它还可以用于加工_____；插齿机主要用于加工_____、_____和齿条，但不能加工_____。

4. 滚斜齿与滚直齿的区别在于多了一条_____传动链；滚齿时，刀具与工件之间的相对运动称_____。

5. 磨齿是目前齿形加工中精度_____、表面粗糙度值_____的加工方法，最高精度可达_____级。

6. 齿形常用加工方法中，_____的加工精度最高，_____的加工精度最低（"磨齿"或

"铣齿"）；_____的生产率最高，_____的生产率最低（"滚齿"或"铣齿"）。

7. 剃齿主要是提高轮齿的_____精度和_____精度；但不能修正_____，因此，剃齿前的齿形最好采用_____加工。

8. 齿轮滚刀的基本蜗杆理论上应是_____基本蜗杆，但由于该基本蜗杆_____，生产中常用_____基本蜗杆近似代替。

9. 齿轮滚刀加工齿轮时，滚刀的齿形误差是沿_____方向传递到工件上去的。

10. 蜗轮滚刀切削刃切削蜗轮时，模拟着_____与蜗轮的啮合过程。

11. 蜗轮滚刀采用切向进给方式切削蜗轮，要求机床有专用附件_____。

二、判断题

1. 成形法是利用与被切齿轮的齿槽法向截面形状相符的刀具切出齿形的方法。（　　）

2. 展成法是利用齿轮刀具与被切齿轮保持齿轮啮合运动关系而切出齿形的方法。（　　）

3. Y3150 型是齿轮加工机床中一种滚齿机的型号。（　　）

4. 滚齿和插齿加工都是用展成法加工齿形的。（　　）

5. 展成法加工齿轮可用一把滚刀加工不同齿数的齿轮。（　　）

6. 齿轮滚刀是按成形法加工齿轮的刀具。（　　）

7. 齿轮加工时的进给运动为齿轮坯的啮合转动。（　　）

8. 高精度的齿轮通常在铣床上铣削加工。（　　）

9. 滚齿机可以加工内齿轮、双联或多联齿轮。（　　）

10. 滚齿、插齿适用于加工直齿、斜齿圆柱齿轮。（　　）

11. 用成形法加工齿轮或齿条，可以在铣床或刨床上进行。（　　）

12. 滚切直齿轮时，刀架沿齿坯轴线方向进给所需的传动链是内联系传动链。（　　）

13. 滚刀与被加工齿轮如同蜗轮蜗杆一样做啮合运动。（　　）

14. 滚齿齿面粗糙度值比插齿略小。（　　）

15. 插齿刀应根据被切齿轮的模数、压力角和齿数来选择。（　　）

16. 剃齿相当于一对直齿圆柱齿轮传动，是一种"自由啮合"的展成法加工。（　　）

17. 剃齿主要是提高齿形精度和齿向精度，但不能修正分齿误差，其分齿精度应由前道工序保证。（　　）

18. 珩齿主要用于加工滚齿或插齿后未经淬火的圆柱齿轮。（　　）

19. 磨齿是齿形精加工的主要方法，它可以加工未淬硬和淬硬的轮齿。（　　）

20. 铣削直齿圆柱齿轮时，应根据被切齿轮的模数选择齿轮铣刀的规格，根据被切齿轮的齿数选择齿轮铣刀的刀号。（　　）

21. 铣削斜齿圆柱齿轮时，应根据被切齿轮的法向模数选择齿轮铣刀的规格，根据被切齿轮的当量齿数选择齿轮铣刀的刀号。（　　）

22. 齿轮滚刀是加工外啮合直齿和斜齿圆柱齿轮最常用的刀具。（　　）

23. 齿轮单线滚刀可以看作是一个齿数等于1的螺旋齿（斜齿）圆柱齿轮。（　　）

24. 选择齿轮滚刀时，只需根据被切齿轮的模数和压力角选择即可，而不要像选择齿轮铣刀那样，还要考虑被切齿轮的齿数。（　　）

25. 模数 $m=4$、压力角 $\alpha=20°$ 的齿轮滚刀，可以滚切模数 $m=4$、压力角 $\alpha=20°$ 任意齿数的圆柱齿轮（小于允许最小齿数的除外）。（　　）

26. 滚切直齿圆柱齿轮时，滚刀水平放置；滚切螺旋齿（斜齿）圆柱齿轮时，滚刀应倾斜放置。（　　）

27. 滚切导程为 L 的螺旋齿（斜齿）圆柱齿轮过程中，在滚刀垂直进给 L 距离时，被切齿轮应多转或少转一转，即必须有一个附加运动。（　　）

28. 插齿刀相当于精度很高的圆柱齿轮，只是齿顶高比标准圆柱齿轮大 $0.25m$（m 为模数），周面呈锥形以形成后角，端面呈内凹形以形成前角。（　　）

29. 当工件与滚刀螺旋方向相同时，螺旋角应相加。（　　）

30. 加工斜齿轮时，滚刀与齿轮旋向相同，滚刀的安装角较小。（　　）

31. 滚齿齿形不对称，主要原因是滚刀安装不对中。（　　）

32. 齿坯精度对齿轮齿形的加工精度无影响。（　　）

三、单项选择题

1. 下列四种齿轮刀具中，用展成法加工齿轮的刀具是（　　）。
A. 盘形齿轮铣刀　　　B. 指形齿轮铣刀　　　C. 齿轮拉刀　　　D. 齿轮滚刀

2. 下列加工方法中，能用于加工内齿轮的是（　　）。
A. 滚齿　　　　B. 磨齿　　　　C. 铣齿　　　　D. 插齿

3. 下列加工方法中，适用于加工斜齿轮的是（　　）。
A. 拉齿　　　　B. 滚齿　　　　C. 铣齿　　　　D. 插齿

4. 滚齿机传动链的运动调整时，应保证传动比准确的是（　　）传动链。
A. 主运动　　　　B. 展成运动　　　　C. 轴向进给运动

5. 下列加工方法中，加工齿宽较宽的圆柱齿轮效率较高的是（　　）。
A. 滚齿　　　　B. 插齿　　　　C. 铣齿　　　　D. 线切割

6. 下列齿形精加工方法中，不能用于加工硬齿面的是（　　）。
A. 剃齿　　　　B. 珩齿　　　　C. 磨齿

7. 插齿的分齿运动存在于（　　）。
A. 插齿的开始阶段　　　B. 插齿的结束阶段　　　C. 插齿的全过程

8. 插削灰铁齿轮时，齿面粗糙度 Ra 值主要取决于（　　）。
A. 径向进给量的大小　　　　　　　B. 圆周进给量的大小
C. 分齿运动速比的大小　　　　　　D. 主运动速度的高低

9. 蜗轮的齿形应用（　　）机床加工。
A. 珩齿　　　　B. 插齿　　　　C. 滚齿　　　　D. 剃齿

10. 多联齿轮小齿圈齿形加工方法一般选用（　　）。
A. 滚齿　　　　B. 插齿　　　　C. 剃齿　　　　D. 珩齿

11. 常用的齿轮滚刀为（　　）滚刀。
A. 渐开线　　　B. 阿基米德螺线　　　C. 啮合线　　　D. 法向直廓

12. 标准齿轮滚刀采用阿基米德滚刀原因是（　　）。
A. 理论要求这种滚刀　　　　　　　B. 可以减少加工齿面的粗糙度
C. 便于制造和测量其齿形　　　　　D. 修正齿形误差

13. 齿轮铣刀所加工的齿轮精度较低原因是（　　）。
A. 机床精度低　　　　　　　　　　B. 加工时分度精度低
C. 铣刀采用刀号制　　　　　　　　D. 制造公差大

14. 同一模数的齿轮铣刀，一般分为（　　）个刀号。
A. 20　　　　B. 10　　　　C. 8　　　　D. 3

15. 每一号齿轮铣刀可以加工（　　）。

A. 一种齿数的齿轮

B. 同一模数不同齿数的齿轮

C. 同组内各种齿数的齿轮

16. 用螺旋升角为 ϕ 的右旋滚刀滚切螺旋角为 β 的左旋圆柱齿轮时，滚刀轴线与被切齿轮端面倾斜角（即安装角）为（　　）。

A. ϕ　　　　　　　　B. β　　　　　　　　C. $\beta-\phi$　　　　　　　　D. $\beta+\phi$

17. 4号齿轮铣刀用以铣削 21～25 齿数范围的齿轮，该号铣刀的齿形是按下列（　　）齿数齿轮的齿槽轮廓制作。

A. 21　　　　　　　　B. 22　　　　　　　　C. 23

D. 24　　　　　　　　E. 25

四、简答题

1. 简述成形法和展成法加工齿轮的优缺点。

2. 简述滚齿机滚切斜齿轮的工作原理。

3. 简述成形法铣齿所需的运动形式。

4. 简述展成法滚齿时所需的运动形式。

5. 简述插齿加工的原理及其运动形式。

6. 比较插齿加工和滚齿加工的工艺特点。

7. 剃齿、珩齿、磨齿各有何特点？用于什么场合？

8. 简述滚刀的基本蜗杆有哪些？各有何特点？

9. 简述齿轮滚刀的结构特点及其选用？

10. 简述插齿刀的结构特点。如何选用插齿刀？

11. 试述成形齿轮铣刀为什么要分号？加工斜齿轮时刀号如何选择？

12. 加工模数 $m=2$mm、齿数 $z_1=21$、$z_2=25$ 的直齿轮，试选择铣刀的刀号。在相同切削条件下，哪个齿轮的加工精度高？为什么？

五、计算题

1. 在 Y3150E 型滚齿机上加工 $z=52$、$m=2$mm 的直齿轮，试确定主运动的滑移齿轮及挂轮齿数，画出滚刀安装示意图。已知数据：

（1）切削用量 $v=25$m/min，$f=0.87$mm/r；

（2）滚刀参数 $\phi70$mm，$\lambda=3°6'$，$m_n=2$mm，单头右旋。

2. 在 Y3150E 型滚齿机上加工 $z=46$、$m_n=2$mm、$\beta=18°24'$ 的右旋斜齿轮，试确定主运动的滑移齿轮及挂轮齿数，画出滚刀安装示意图。已知数据：

（1）切削用量 $v=25$m/min，$f=0.87$mm/r；

（2）滚刀参数 $\phi70$mm，$\lambda=3°6'$，$m_n=2$mm，单头右旋。

第12章

先进加工方法与设备

● 知识目标

　　掌握数控加工机床的特点及其组成。
　　掌握加工中心的类型、特点及工艺。
　　理解特种加工方法的原理及其应用。

● 能力目标

　　数控加工机床的认知和理解能力。
　　数控加工中心的认知和理解能力。
　　特种加工方法的认知和理解能力。

12.1　数　控　加　工

(1) 数控机床概述

　　随着机械产品的质量要求越来越高、产品迭代速度越来越快，这就对制造装备在性能、精度、自动化及柔性方面提出了更高的要求。传统的机械加工都是利用手工操作普通机床来进行产品的加工制造，依靠卡尺等常规工具来测量产品的精度，普通机床设备自动化程度不高，难以加工轮廓复杂的零件，这种方法已难以满足现代工业对产品结构复杂性、高精度和高质量等性能要求；自动化专用机床和生产线，虽然效率高，自动化程度高，但开发周期长，产品更新换代比较困难。数控加工技术正好满足了上述要求，数控机床可以按照事先编好的程序自动对任何产品和零部件直接进行加工，数控加工技术广泛应用在机械加工的任何领域，更是模具加工的发展趋势和重要的技术手段。

　　数控（Numerical Control，NC）技术，是指用数字、文字和符号组成的数字指令来实现一台或多台机械设备动作控制的技术。数控一般是采用通用或专用计算机实现数字程序控制，因此数控也称为计算机数控（Computerized Numerical Control，CNC），数控技术是指利用数字化信号对设备运行及其加工过程进行控制的一种自动化技术，是典型的机械、电子、自动控制、计算机和检测技术精密结合的机电一体化高新技术。

(2) 数控机床分类

① 按工艺用途分类

金属切削类数控机床：金属切削类数控机床包括数控车床、数控铣床、数控钻床、数控镗床、数控磨床及加工中心等，每一种数控机床又有很多品种和规格。如数控磨床中，有数控平面磨床、数控外圆磨床等；加工中心是一种带有自动换刀装置的复合型数控机床。

金属成形类数控机床：这类机床包括数控折弯机、数控弯管机、数控压力机、数控旋压机等，是采用挤、冲、压、拉等成形工艺的一种数控机床。

数控特种加工机床：这类机床包括数控线切割机床、数控电火花加工机床、数控火焰切割机、数控激光切割机床等。

② 按控制运动的方式分类

点位控制数控机床（图 12-1）：点位控制（Positioning Control）又称点到点控制（Point to Point Control），点位控制数控机床在加工平面内只控制刀具相对于工件定位点的坐标位置，而对定位移动的轨迹不作要求，刀具在移动过程中不进行切削加工。这类控制系统主要用于数控钻床、数控镗床、数控冲床和数控测量机等。

直线控制数控机床（图 12-2）：直线切削控制（Straight Cut Control）又称平行切削控制（Parallel Cut Control），其特点是数控装置除了要控制机床移动部件的起点和终点准确位置外，还要控制移动部件以适当速度沿平行于某一机床坐标轴方向或与机床坐标轴成 45°的方向进行直线切削加工。这类数控机床有数控车床、数控镗铣床及某些加工中心等。

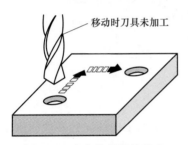

图 12-1　点位控制数控机床

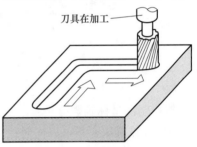

图 12-2　直线控制数控机床

轮廓控制数控机床（图 12-3）：轮廓控制（Contouring Control）又称连续轨迹控制（Continuous Path Control），轮廓控制数控机床能同时控制两个或两个以上坐标轴联动，使刀具与工件按平面任意直线、曲线或空间曲面轮廓作相对运动，能加工出任何形状的复杂零件。轮廓控制数控机床能够实现联动加工，也能进行点位和直线控制。这类控制系统主要用于数控车床、数控铣床、数控磨床以及加工中心机床，目前大部分数控系统都属于轮廓控制数控机床。

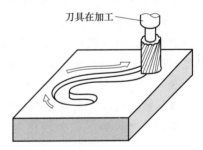

图 12-3　轮廓控制数控机床

③ 按伺服系统的控制方式分类

开环控制系统（Open Loop Control System）：指不带反馈的控制系统，即系统没有位置反馈元件，通常以功率步进电动机或电液伺服电动机作为执行机构（图 12-4）。

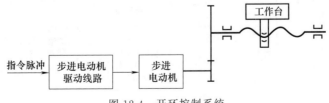

图 12-4　开环控制系统

半闭环控制系统（Semi-Closed Loop Control System）：半闭环控制系统是在开环系统的丝杠上装有角位移检测装置，通过检测丝杠的转角间接地检测移动部件的位移，然后反馈给数控装置（图12-5）。

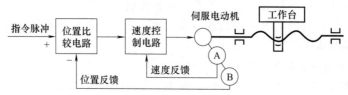

图 12-5　半开环控制系统

闭环控制系统（Closed-Loop Control System）：是在机床移动部件上直接装有位置检测装置，将测量的结果直接反馈到数控装置中，与输入的指令位移进行比较，用偏差进行控制，使移动部件按照实际的要求运动，最终实现精确定位（图12-6）。

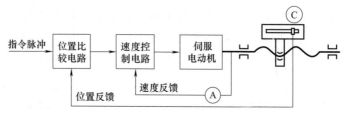

图 12-6　闭环控制系统

④ 按控制的坐标轴数分类

两坐标数控机床：指可以同时控制两个坐标轴联动而能加工曲线轮廓零件的机床，如数控车床。

三坐标数控机床：指可以联动控制的坐标轴为三轴的数控机床，用于加工不太复杂的空间曲面，如三坐标数控铣床。

两个半坐标数控机床：这类机床本身有三个坐标轴，能作三个方向运动，但控制装置只能同时联动控制两个坐标轴，第三个坐标轴仅能作等距的周期移动，如经济型数控铣床。

多坐标数控机床：指可以联动控制的坐标轴为四轴和四轴以上的机床，其机床结构复杂、控制精度较高、加工程序复杂，主要用于加工形状复杂的零件，如五坐标数控铣床。

（3）数控机床的组成及结构

数控机床由程序编制及程序载体、输入装置、数控装置（CNC）、伺服驱动及位置检测、辅助控制装置、机床本体等几部分组成（图12-7、图12-8）。

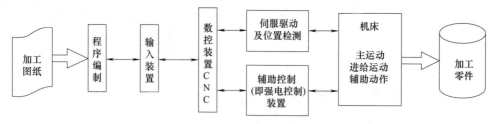

图 12-7　数控机床的组成

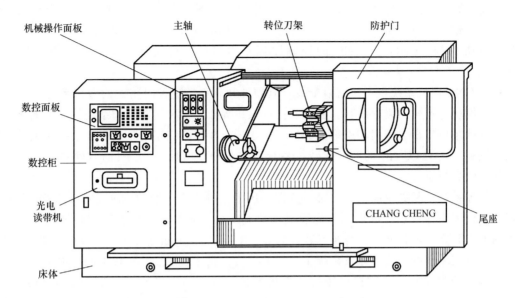

图 12-8　CK7815 型数控车床的结构

(4) 数控机床的特点

数控机床较好地解决了复杂、精密、多品种小批量零件的加工要求，是一种灵活高效的加工设备。数控机床的特点可以概括为以下几点：

加工精度高，具有稳定的加工质量。

可进行多坐标联动，能加工形状复杂的零件。

加工零件改变时，一般只需要更改数控程序，可节省生产准备时间。

机床精度高、刚性大，可选择有利的加工用量，生产率高（为普通机床的 3～5 倍）。

机床自动化程度高，可以减轻劳动强度。

对操作人员的素质要求较高，对维修人员的技术要求更高。

(5) 数控机床的发展史

数控的产生依赖于数据载体和二进制形式数据运算的出现。1908 年，穿孔的金属薄片互换式数据载体问世；19 世纪末，以纸为数据载体并具有辅助功能的控制系统被发明；1938 年，克劳德·艾尔伍德·香农（Claude Elwood Shannon）在美国麻省理工学院进行了数据快速运算和传输，奠定了现代计算机，包括计算机数字控制系统的基础，数控技术是与机床控制密切结合发展起来的。美国麻省理工学院于 1952 年成功研制了世界上第一台数控铣床，成为世界机械工业史上一件划时代的事件，推动了自动化的发展。

从第一台数控机床问世至今，随着微电子技术的迅猛发展，数控系统也在不断地更新换代，先后经历了电子管（1952 年）、晶体管和印制电路板（1960 年）、小规模集成电路（1965 年）、小型计算机（1970 年）、微处理器或微型计算机（1974 年）和基于 PC-NC 的智能数控系统（20 世纪 90 年代后）六代数控系统。

前三代数控系统是属于采用专用控制计算机的硬逻辑（硬线）数控系统（NC），目前已被淘汰。

第四代数控系统采用小型计算机取代专用控制计算机，数控的许多功能由软件来实现，不仅在经济上更为划算，而且提高了系统的可靠性和功能特色，故这种数控系统又称为软线数控，即计算机数控系统（CNC）。1974 年采用以微处理器为核心的数控系统，形成第五代微型计算机数控系统（Micro-computer Numerical Control，MNC），以上 CNC 与 MNC 统称为计算机数控。CNC 和 MNC 的控制原理基本相同，目前趋向采用成本低、功能强的 MNC。

由于 CNC 数控系统生产厂家自行设计其硬件和软件，这种封闭式的专用系统具有不同的软硬件模块、不同的编程语言、五花八门的人机界面、多种实时操作系统、非标准化接口等，不仅给用户带来了使用和维修上的复杂性，还给车间物流层的集成带来了很大困难。因此现在发展了基于 PC-NC 的第六代数控系统，它充分利用现有 PC 机的软硬件资源，规范设计新一代数控系统。

在数控系统不断更新换代的同时，数控机床的品种得以不断地发展。自 1952 年世界上出现第一台三坐标数控机床以来，先后成功研制了数控转塔式冲床、数控转塔钻床。1958 年美国 K&T 公司研制出带自动换刀装置的加工中心（Machining Center，MC）。随着 CNC 技术、信息技术、网络技术以及系统工程学的发展，在 20 世纪 60 年代末期出现了由一台计算机直接管理和控制一群数控机床的计算机群控系统，即直接数字控制系统（Direct Numerical Control，DNC）。1 967 年出现了由多台数控机床连接成可调加工系统，这就是最初的柔性制造系统（Flexible Manufacturing System，FMS）。1978 年以后，各种加工中心相继问世，以 1～3 台加工中心为主体，再配上自动更换工件（Automated Workpiece Change，AWC）的随行托盘（Pallet）或工业机器人以及自动检测与监控技术装备，组成柔性制造单元（Flexible Manufacturing Cell，FMC）。自 20 世纪 90 年代后，出现了包括市场预测、生产决策、产品设计与制造和销售等全过程均由计算机集成管理和控制的计算机集成制造系统（Computer Integrated Manufacturing System，CIMS），它将一个制造工厂的生产活动进行有机的集成，以实现更高效益、更高柔性的智能化生产。以上说明，数控机床已经成为组成现代化机械制造生产系统，实现计算机辅助设计（Computer Aided Design，CAD）、计算机辅助制造（Computer Aided Manufacturing，CAM）、计算机辅助检验（Computer Aided Testing，CAT）与生产管理等全部生产过程自动化的基本数控设备。

(6) 数控机床的发展趋势

随着科技的发展和制造技术的进步，社会对产品多样化的需求愈加强烈，产品更新换代的速度越来越快，多品种小批量生产的比重明显增加。这就要求现代制造装备成为高效优质、低成本和高柔性的新一代数控加工设备，以满足市场的需求，同时使制造业向更高层次发展。数控机床的发展趋势和方向主要体现在以下几个方面：

高速化和高精度化：现代数控机床正朝着高速度、高精度、高可靠性以及更完善的功能发展，现代数控机床的高速化是提高机床柔性和精度的重要措施。它既能提高切削能力和缩短辅助时间，又能改善切屑形成过程和减小切削力，有助于提高加工精度。

功能复合化：功能复合化是指在一台机床上实现或尽可能完成从毛坯至成品的多工序加工。发展复合加工机床，可以进一步提高工序集中度，缩短加工过程，以提高多品种小批量产品的生产效率。加工过程的复合化也导致了机床向模块化、多轴化发展。随着现代机械加工要求的不断提高，大量的多轴联动数控机床应用范围也越来越广。

智能化：随着人工智能技术的发展，数控系统引入了自适应控制、模糊系统和神经网络的控制机理，不但具有自动编程、前馈控制、模糊控制、学习控制、自适应控制、工艺参数自动生成、三维刀具补偿、运动参数动态补偿等功能，而且人机交互友好，并具有故障诊断专家系统，使自诊断和故障监控功能更加完善。伺服系统智能化的主轴交流驱动和智能化的进给伺服装置，能自动识别负载并自动优化调整参数。

系统开放化：开放式数控系统是指数控系统的开发可以在统一的运行平台上，面向机床厂家和最终用户，通过改变、增加或裁剪结构对象，形成系列化，并可方便地将用户的特殊应用和技术集成到控制系统中，快速实现不同品种、不同档次的开放式数控系统。数控系统开放化已成为数控系统的未来之路。

驱动并联化：并联运动机床克服了传统机床串联机构移动部件质量大、系统刚度低、刀具只能沿固定导轨进给、作业自由度偏低、设备加工灵活性和机动性不够等固有缺陷，通过采用多杆并联机构驱动，实现多坐标联动数控加工、装配和测量多种功能。并联机床作为一种新型的加工设备，已成为当前机床技术的一个重要研究方向，受到了国际机床行业的高度重视，被认为是"自发明数控技术以来在机床行业中最有意义的进步"和"21世纪新一代数控加工设备"。

极端化：国防、航空、航天事业的发展和能源等基础产业装备的大型化需要大型且性能良好的数控机床的支撑；而超精密加工技术和微纳米技术则需要发展能适应微小型尺寸和微纳米加工精度的新型制造工艺和装备，所以研究和制造极端化的数控加工设备也是重要的发展趋势。

网络化：网络化要求数控机床具有双向、高速的联网通信功能，以保证信息流在各个环节之间畅通无阻，既可以实现网络资源共享，又能实现数控机床的远程监视、控制、培训、教学、管理，还可实现数控装备故障的远程诊断和维护等。

绿色化：随着资源的约束和日趋严格的环境政策，适合绿色加工的数控机床尤其重要。因此，生产满足绿色制造的节能环保数控加工机床将是大势所趋。

12.2 加 工 中 心

(1) 加工中心的定义

加工中心（Machining Center，MC）是由机械设备与数控系统组成的用于加工复杂形状工件的高效率自动化机床。加工中心备有刀库，具有自动换刀功能，是对工件一次装夹后进行多工序加工的数控机床。加工中心是高度机电一体化的产品，工件装夹后，数控系统能控制机床按不同工序自动选择、更换刀具、自动对刀、自动改变主轴转速、进给量等，可连续完成钻、镗、铣、铰、攻螺纹等多种工序，因而大大减少了工件装夹时间、测量和机床调整等辅助工序时间，对加工形状比较复杂，精度要求较高，品种更换频繁的零件具有良好的经济效果。

(2) 加工中心的分类

① 按主轴与工作台相对位置分类

卧式加工中心：卧式加工中心的主轴轴线为水平设置。卧式加工中心具有3~5个运动坐标，常见的是三个直线运动坐标加一个回转运动坐标（回转工作台），它能在工件一次装夹后完成除安装面和顶面以外的其余四个面的加工。适合于箱体类零件的加工。

立式加工中心：立式加工中心主轴的轴线为垂直设置。立式加工中心多为固定主柱式，工作台为十字滑台方式，一般具有三个直线运动坐标，也可以在工作台上安装一个水平轴（第四轴）的数控转台，用来加工螺旋线类工件。立式加工中心适合于盘类零件的加工。

龙门式加工中心：龙门式加工中心形状与龙门铣床相似，主轴多为垂直设置，带有自动换刀装置和可换的主轴头附件，适用于大型或形状复杂的工件的加工，如航空、航天工业及大型汽轮机上的某些零件的加工。

五轴加工中心：五轴加工中心具有立式和卧式加工中心的功能，通过回转工作台的旋转和主轴头的旋转，一次装夹后能完成除安装面外的所有面的加工。五轴加工中心避免了工件二次装夹带来的安装误差，所以效率和精度高，但结构复杂、造价也高。

虚轴加工中心：虚轴加工中心改变了以往传统机床的结构，通过连杆运动，实现主轴多自由度的运动，完成对工件复杂曲面的加工。

② 按功能特征进行分类

镗铣加工中心：以镗、铣加工为主，适用于加工箱体、壳体以及各种复杂零件的特殊曲线和曲面轮廓的多工序加工。

钻削加工中心：以钻、削加工为主，刀库形式以转塔头形式为主，适用于中小零件的钻孔、扩孔、铰孔、攻螺纹及连续轮廓的铣削等多工序加工。

复合加工中心：复合加工中心除用各种刀具进行切削外，还可使用激光头进行打孔、清角，用磨头磨削内孔，以及用智能化在线测量装置进行检测等。

③ 按运动坐标数和同时控制的坐标数进行分类　加工中心有三轴二联动、三轴三联动、四轴三联动、五轴四联动、六轴五联动、多轴联动直线＋回转＋主轴摆动等。

④ 按工作台的数量和功能进行分类　按工作台的数量和功能可分为单工作台加工中心、双工作台加工中心和多工作台加工中心。

⑤ 按主轴种类进行分类　按主轴种类分类有单轴、双轴、三轴和可换主轴箱的加工中心等。

⑥ 按自动换刀装置进行分类　按自动换刀装置可分为转塔头加工中心，刀库和主轴换刀加工中心，刀库、机械手和主轴换刀加工中心，刀库、机械手和双主轴转塔头加工中心。

⑦ 按加工精度分类

普通加工中心：分辨率为 $1\mu m$，最大进给速度 $15\sim25m/min$，定位精度 $10\mu m$ 左右。

高精度加工中心：分辨率为 $0.1\mu m$，最大进给速度为 $15\sim100m/min$，定位精度为 $2\mu m$ 左右。介于 $2\sim10\mu m$ 之间的，以 $\pm5\mu m$ 较多，可称精密级。

(3) 加工中心的组成

基础部件：床身、立柱和工作台等是加工中心结构中的基础部件（图 12-9）。这些大件有铸铁件，也有焊接的钢结构件，它们要承受加工中心的静载荷以及在加工时的切削负载，因此必须具备更高的静动刚度，也是加工中心中质量和体积最大的部件。

主轴部件：主轴部件包括主轴箱、主轴电动机、主轴和主轴轴承等零件。主轴的启动、停止等动作和转速均由数控系统控制，并通过装在主轴上的刀具进行切削。主轴部件是切削加工的功率输出部件，是加工中心的关键部件。

数控系统：数控系统由 CNC 装置、可编程序控制器、伺服驱动装置以及电动机等部分组成，是加工中心执行顺序控制动作和控制加工过程的中心。

自动换刀装置（Automatic Tool Changer，ATC）：加工中心与一般通用机床的显著区别是有一套自动换刀装置，具有对零件进行多工序加工的能力。

辅助系统：包括润滑、冷却、排屑、防护、液压和随机检测系统等部分。辅助系统虽不直接参加切削运动，但对加工中心的加工效率、加工精度和可靠性起到保障作用，因此，也是加工中心不可或缺的部分。

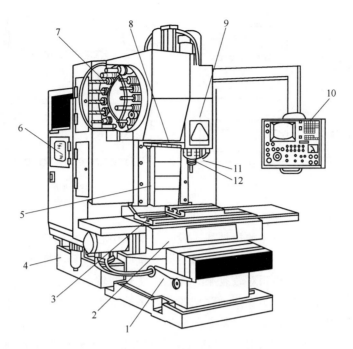

图 12-9 立式加工中心结构

1—床身；2—滑座；3—工作台；4—润滑油箱；5—立柱；6—数控柜；

7—刀库；8—机械手；9—主轴箱；10—操纵面板；11—控制柜；12—主轴

自动托盘交换系统（Automatic Pallet Changer，APC）：有的加工中心为进一步缩短非切削时间，配有两个自动交换工件托盘，一个安装在工作台上进行加工，另一个则位于工作台外进行装卸工件。当完成一个托盘上的工件加工后，便自动交换托盘，进行新零件的加工，这样可减少辅助时间，提高加工工效。

（4）自动换刀装置

自动换刀装置由刀库、机械手和驱动机构等部件组成，刀库是存放加工过程所使用全部刀具的装置。刀库有盘式（图 12-10）、链式（图 12-11）和鼓式等多种形式，容量从几把到几百把，当需要换刀时，根据数控系统指令，由机械手将刀具从刀库取出装入主轴中。有的加工中心不用机械手而利用主轴箱或刀库的移动来实现换刀。

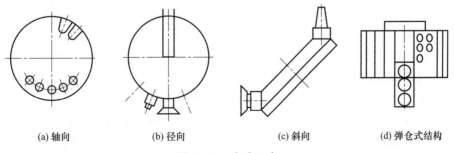

(a) 轴向　　　　　(b) 径向　　　　　(c) 斜向　　　　　(d) 弹仓式结构

图 12-10 盘式刀库

（5）加工中心的特点和用途

① 加工中心的特点　加工中心是一种能把车削、铣削、钻削、镗削、螺纹加工等多种功能集中在一台设备上的数控加工机床，是典型的集现代控制技术、传感技术、通信技术、

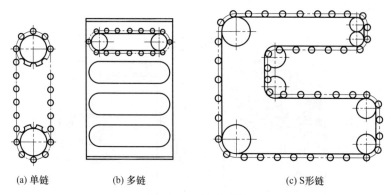

(a) 单链   (b) 多链   (c) S形链

图 12-11 链式刀库

信息处理技术等高新技术于一体的机械加工设备。加工中心与数控铣床、数控镗床等数控机床的本质区别是配备有刀库，刀库中存放着不同数量的各种刀具或检具，在加工过程中由程序自动选用和更换，它的结构相对较复杂，控制系统功能较多。加工中心一般至少有三个运动坐标系，其控制功能最少可实现两轴联动控制，多的可实现五轴或六轴联动控制，实现刀具运动直线插补和圆弧插补，能进行复杂曲面加工，加工中心还具有多种辅助机能，如各种加工固定循环、刀具半径自动补偿、刀具长度自动补偿、丝杠螺距误差补偿、丝杠间隙补偿、刀具破损报警、刀具寿命管理、过载超程自动保护、故障自动诊断、工件加工过程图形显示、工件在线检测和离线编程等。

加工中心是一种综合加工能力较强的设备，已成为现代机床发展的主流方向，与普通数控机床相比，它具有以下特点：

工序集中，加工精度高：加工中心数控系统能控制机床在工件一次装夹后，实现多表面、多特征、多工位的连续、高效、高速、高精度加工，即工序集中，这是加工中心的典型特点。由于工序集中，减少了工件半成品的周转、搬运和存放时间，使机床的切削利用率比普通机床高 3~4 倍，缩短了工艺流程，减少了人为干扰，故加工精度高、互换性好。

减轻操作者的劳动强度、经济效益高：加工中心对零件的加工是在数控程序控制下自动完成的，操作者除了操作面板、装卸零件、进行关键工序的中间测量以及观察机床的运行之外，无需进行繁重的重复性手工操作，大大减轻了操作者的劳动强度；使用加工中心加工零件时，即使在单件、小批量生产的情况下，也可以获得良好的经济效益；加工中心加工零件还可以省去许多工艺装备，减少硬件的投资；同时，加工中心加工稳定，废品率减少，可使生产成本进一步下降。

工艺适应性强：加工中心是按照被加工零件的数控程序进行自动加工的，当改变加工零件时，只要改变数控程序，不必更换大量的专用工艺装备。因此，能够适应从简单到复杂型面零件的加工，且生产准备周期短，有利于产品的更新换代。

有利于企业生产管理的现代化：用加工中心加工零件时，能够准确地计算零件的加工工时，并有效地简化检验和工具、夹具、半成品的管理工作。这些特点有利于企业生产管理现代化。

② 加工中心的用途

加工周期性重复投产的工件：对具有周期性和季节性需求的产品，如果采用专门生产线则得不偿失，用普通设备加工效率又太低，质量不稳定；而采用加工中心首件试切完成后，程序和相关生产信息可保留下来，下次再生产同类产品时只需很短的准备时间就可以开始投产。

加工高效率和高精度工件：有些关键零部件需求甚少，要求精度高且工期短。用传统工艺需要多台机床协调工作，周期长、效率低，受人为因素影响较大，易出废品；采用加工中心进行加工，生产完全由程序自动控制，避免了较长的工艺流程，减少了硬件投资和人为因素的影响，具有生产效益高及质量稳定的优点。

加工具有合适批量的工件：加工中心生产的柔性不仅体现在对特殊要求的快速反应上，而且可以快速实现批量生产，加工中心适合于中小批量生产，特别是小批量生产。在应用加工中心时，尽量使批量大于经济批量，以达到良好的经济效果。

加工形状复杂和难测量的工件：采用加工中心可以使复杂零件和难测量的工件加工变得容易，测量比较方便。

多工位和工序集中的工件：加工中心适合加工多工位和工序集中的工件。

12.3　特种加工概述

(1) 特种加工的概念及发展背景

特种加工亦称"非传统加工"（Non-traditional Machining，NTM）、"非常规加工"（Non-conventional Machining，NCM）或"现代加工"方法。泛指用电能、热能、光能、电化学能、化学能、声能及特殊机械能等能量达到去除或增加材料的加工方法，从而实现材料被去除、变形、改变性能或被镀覆等。其加工范围不受材料物理、力学性能的限制，能加工任何硬的、软的、脆的、耐热或高熔点金属以及非金属材料。

特种加工是 20 世纪 40 年代发展起来的，由于材料科学、高新技术的发展和激烈的市场竞争、发展尖端国防及科学研究的需要，不仅新产品更新换代速度日益加快，而且产品要求正朝着高速度、高精度、高可靠性、耐腐蚀、高温高压、大功率、尺寸极端化的方向发展。为此，各种新材料、新结构、形状复杂的精密机械零件大量涌现，对机械制造业提出了一系列迫切需要解决的新问题。例如，各种难切削材料的加工；各种结构形状复杂、尺寸或微小或特大、精密零件的加工；薄壁、弹性元件等刚度特殊的零件加工等。对此，采用传统加工方法十分困难，甚至无法加工。于是，人们一方面通过研究高效加工的刀具和刀具材料、自动优化切削参数、提高刀具可靠性和在线刀具监控系统、开发新型切削液、研制新型自动机床等途径，进一步改善切削状态，提高切削加工水平，并解决了一些问题；另一方面，则冲破传统加工方法的束缚，不断地探索、寻求新的加工方法，于是一种本质上区别于传统加工的特种加工便应运而生，并不断获得发展。于是，人们就从广义上来定义特种加工，即将声、光、电、磁、化学等能量或其能量组合施加在工件的被加工部位上，从而实现材料被去除、变形、改变性能或被镀覆等的非传统加工方法统称为特种加工。

(2) 特种加工的特点

与加工对象的力学性能无关。有些加工方法，如激光加工、电火花加工、等离子弧加工、电化学加工等，是利用热能、化学能、电化学能等，这些加工方法与工件的硬度、强度等力学性能无关，故可加工各种硬、软、脆、热敏、耐腐蚀、高熔点、高强度、特殊性能的金属和非金属材料。

非接触加工，不一定需要工具，有的虽使用工具，但与工件不接触。因此，工件不承受大的作用力，工具硬度可低于工件硬度，故使得刚性极低元件以及弹性元件得以加工。

微细加工，工件表面质量高。有些特种加工，如超声、电化学、水喷射、磨料流等，加工余量都是微细进行，故不仅可加工尺寸微小的孔或狭缝，还能获得高精度、极低粗糙度的加工表面。

加工中不存在机械应变或大面积的热应变，可获得较低的表面粗糙度。其热应力、残余应力、冷作硬化等均比较小，尺寸稳定性好。

两种或两种以上的不同类型的能量可相互组合形成新的复合加工，其综合加工效果明显，且便于推广使用。

特种加工对简化加工工艺、开发新产品以及改善零件结构工艺性等产生积极影响。

(3) 特种加工的分类

常用特种加工方法的分类如表 12-1 所示。

表 12-1　常用特种加工方法的分类

加工方法		主要能量形式	作用形式	符号
电火花加工	电火花成形加工	电能、热能	熔化、气化	EDM
	电火花线切割加工	电能、热能	熔化、气化	WEDM
电化学加工	电解加工	电化学能	金属离子阳极溶解	ECM(ELM)
	电解磨削	电化学能、机械能	阳极溶解、磨削	EGM(ECG)
	电解研磨	电化学能、机械能	阳极溶解、研磨	ECH
	电铸	电化学能	金属离子阴极沉积	EFM
	涂镀	电化学能	金属离子阴极沉积	EPM
高能束加工	激光束加工	光能、热能	熔化、气化	LBM
	电子束加工	光能、热能	熔化、气化	EBM
	离子束加工	电能、机械能	切蚀	IBM
	等离子弧加工	电能、热能	熔化、气化	PAM
物料切蚀加工	超声加工	声能、机械能	切蚀	USM
	磨料流加工	机械能	切蚀	AFM
	液体喷射加工	机械能	切蚀	HDM
化学加工	化学铣削	化学能	腐蚀	CHM
	化学抛光	化学能	腐蚀	CHP
	光刻	光能、化学能	光化学腐蚀	PCM
复合加工	电化学电弧加工	电化学能	熔化、气化腐蚀	ECAM
	电解电化学机械磨削	电能、热能	离子溶解、熔化、切割	MEEC

(4) 特种加工的应用

特种加工的主要应用领域是：

难加工材料：如钛合金、耐热不锈钢、高强钢、复合材料、工程陶瓷、金刚石、红宝石、硬化玻璃等高硬度、高韧性、高强度、高熔点材料。

难加工零件：如复杂零件三维型腔、型孔、群孔和窄缝等的加工。

低刚度零件：如薄壁零件、弹性元件等零件的加工。

以高能量密度束流实现焊接、切割、制孔、喷涂、表面改性、刻蚀和精细加工。

（5）特种加工的发展趋势

特种加工的发展趋势主要表现为：拓宽现有特种加工方法的应用领域；探索新的加工方法，研究和开发新的元器件；优化加工工艺参数，完善现有的加工工艺；向微型化、精密化发展；采用数控、自适应控制、CAD/CAM、专家系统等技术，提高加工过程自动化、柔性化程度。

12.4 电火花加工

（1）电火花加工原理

1943 年，苏联的鲍·洛·拉扎连柯夫妇研究开关触点遭受火花放电损坏的现象和原因时，发现电火花的瞬时高温可以使局部的金属熔化、气化而被蚀除，开创和发明了电火花加工方法。

电火花加工（Electrical Discharge Machining，EDM）又称电蚀加工，它与金属切削加工的原理完全不同，电火花加工是通过工具电极和工件电极间脉冲放电时的电腐蚀作用进行加工的一种工艺方法。由于放电过程中可见到火花，故称之为电火花加工。

电火花加工时，脉冲电源的一极接工具电极，另一极接工件电极，两极均浸入具有一定绝缘度的液体介质（常用煤油或矿物油或去离子水）中。工具电极由自动进给调节装置控制，以保证工具与工件在正常加工时维持一很小的放电间隙（0.01～0.05mm）。当脉冲电压加到两极之间，便将当时条件下极间最近点的液体介质击穿，形成放电通道。由于通道的截面积很小，放电时间极短（10^{-7}～10^{-3}s），致使能量高度集中，放电区域产生的瞬时高温（10000℃）足以使材料熔化甚至蒸发，以致形成一个小凹坑。第一次脉冲放电结束之后，经过很短的间隔时间，第二次脉冲又在另一极间最近点击穿放电。如此周而复始高频率地循环下去，工具电极不断地向工件进给，它的形状最终就复制在工件上，形成所需的加工表面。与此同时，总能量的一小部分也释放到工具电极上，从而造成工具损耗。

从图 12-12 可以看出，进行电火花加工必须具备三个条件：必须采用脉冲电源；必须采用自动进给调节装置，以保持工具电极与工件电极间微小的放电间隙；火花放电必须在具有一定绝缘强度的液体介质中进行。

（2）电火花加工分类

电火花加工是电加工行业中应用最为广泛的一种加工方法，约占该行业的 90%。按工具电极和工件相对运动的方式不同，大致可分为电火花成形加工、电火花线切割加工、电火花磨削加工、电火花同步共轭回转加工、电火花高速小孔加工、电火花表面强化与刻字加工六大类，其中电火花线切割加工占了电火花加工的 60%，电火花成形加工占了 30%。

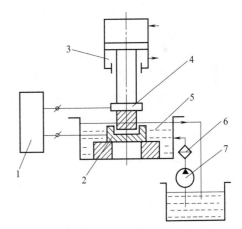

图 12-12 电火花加工原理图

1—脉冲电源；2—工件；3—自动进给调节装置；
4—工具电极；5—工作液；6—过滤器；7—工作液泵

（3）电火花加工特点

① 电火花加工的优点 电火花加工不用机械能量，不靠切削力去除金属，而是直接利

用电能和热能来去除金属。相对于机械切削加工而言，电火花加工具有以下一些优点：

用来加工传统机械加工方法难以加工的材料，表现出"以柔克刚"的特点。因为材料的去除是靠放电热蚀作用实现的，材料的加工性主要取决于材料的热学性质，如熔点、比热容、热导率等，几乎与其硬度、韧性等力学性能无关。工具电极材料不必比工件硬，所以电极制造相对比较容易。

可加工特殊及复杂形状的零件。由于电极和工件之间没有相对切削运动，不存在机械加工时的切削力，因此适宜于低刚度工件和微细加工。由于脉冲放电时间短，材料加工表面受热影响范围比较小，所以适宜于热敏性材料的加工。此外，由于可以简单地将工具电极的形状复制到工件上，因此特别适用于薄壁、低刚性、弹性、微细及复杂形状表面的加工，如复杂的型腔模具的加工。

可实现加工过程自动化。加工过程中的电参数较机械量易于实现数字控制、自适应控制、智能化控制，能方便地进行粗、半精、精加工各工序，简化工艺过程。在设置好加工参数后，加工过程中无须进行人工干涉。

可以改进结构设计，改善结构的工艺性。采用电火花加工后可以将镶拼、焊接结构改为整体结构，既大大提高了工件的可靠性，又大大减少了工件的体积和质量，还可以缩短模具加工周期。

可以改变零件的工艺路线。由于电火花加工不受材料硬度影响，所以可以在淬火后进行加工，这样可以避免淬火过程中产生的热处理变形。

② 电火花加工的局限性　电火花加工有其独特的优势，但同时电火花加工也有一定的局限性，具体表现在以下几个方面：

主要用于金属材料的加工，不能加工塑料、陶瓷等绝缘的非导电材料。但近年来的研究表明，在一定条件下也可加工半导体和聚晶金刚石等非导体超硬材料。

加工效率比较低。电火花加工的材料去除率是比较低的，因此经常采用机加工切削去除大部分余量，然后再进行电火花加工。此外，加工速度和表面质量存在着突出的矛盾，即精加工时加工速度很低，粗加工时常受到表面质量的限制。

加工精度受限制。电火花加工中存在电极损耗，由于电火花加工靠电、热来蚀除金属，电极也会遭受损耗，而且电极损耗多集中在尖角或底面，影响成形精度。虽然最近的机床产品在粗加工时已能将电极的相对损耗比降至1%以下，精加工时能降至0.1%，甚至更小，但精加工时的电极低损耗问题仍需深入研究。

加工表面有变质层甚至微裂纹。由于电火花加工时在加工表面产生瞬时的高热量，因此会产生热应力变形，从而造成加工零件表面产生变质层。

最小角部半径的限制。通常情况下，电火花加工得到的最小角部半径略大于加工放电间隙，一般为0.02~0.03mm，若电极有损耗或采用平动头加工，角部半径还要增大，而不可能做到真正的完全直角。

外部加工条件的限制。电火花加工时放电部位必须在工作液中，否则将引起异常放电，这给观察加工状态带来麻烦，工件的大小也受到影响。

加工表面的"光泽"问题。加工表面是由很多个脉冲放电小坑组成。一般精加工后的表面，也没有机械加工后的那种"光泽"，需经抛光后才能发"光"。

加工技术问题。电火花加工是一项技术性较强的工作，尤其是自动化程度低的设备，工艺方法的选取、电规准的选择、电极的装夹与定位、加工状态的监控、加工余量的确定与操作人员的技术水平有很大关系。因此，在电火花加工中经验的积累是至关重要的。

(4) 电火花加工应用

它主要用于加工各种形状复杂和精密细小的工件，例如冲裁模的凸模、凹模、凸凹模、固定板、卸料板等，成形刀具、样板、电火花成形加工用的金属电极，各种微细孔槽、窄缝、任意曲线等，具有加工余量小、加工精度高、生产周期短、制造成本低等突出优点，已在生产中获得广泛的应用。

12.5　电化学加工

电化学加工（Electro-chemical Machining，ECM）是利用电化学反应（或称电化学腐蚀）对金属材料进行加工的方法，电化学加工是特种加工的一个重要分支，目前已成为一种较为成熟的特种加工工艺，与机械加工相比，电化学加工不受材料硬度、韧性的限制，已广泛用于工业生产中。电化学加工包含电解加工、电解抛光、电镀加工、电铸加工、电解磨削和一些电化学复合加工。

(1) 电解加工

① 工作原理　电解加工是利用金属在电解液中发生电化学阳极溶解的原理将工件加工成形的一种特种加工方法。加工时，工件接直流电源的正极，工具接负极，两极之间保持较小的间隙。电解液从极间间隙中流过，使两极之间形成导电通路，并在电源电压下产生电流，从而形成电化学阳极溶解。随着工具相对工件不断进给，工件金属不断被电解，电解产物不断被电解液冲走，最终两极间各处的间隙趋于一致，工件表面形成与工具工作面基本相似的形状。

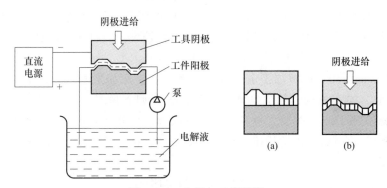

图 12-13　电解加工原理图

② 电解加工条件　电解加工的加工系统如图 12-13 所示，为了能实现尺寸、形状加工，电解加工还必须具备下列特定工艺条件：

工件阳极和工具阴极（大多为成形工具阴极）间保持很小的间隙（称作加工间隙），一般在 0.1～1mm 范围内。

电解液从加工间隙中不断高速（5～50m/s）流过，以保证带走阳极溶解产物和电解电流通过电解液时所产生的热量，并去极化。

工件阳极和工具阴极分别和直流电源（一般为 10～20V）连接，在上述两项工艺条件下，则通过两极加工间隙的电流密度很高，高达 $20～1500A/cm^2$。

工件上与工具阴极凸起部位的对应处比其他部位溶解更快。随着工具阴极不断缓慢地向工件进给，工件不断地按工具端部的型面溶解，电解产物不断被高速流动的电解液带走，最终工具的形状就"复制"在工件上。

③ 电解加工特点

加工范围广：电解加工几乎可以加工所有的导电材料，并且不受材料的强度、硬度、韧性等力学、物理性能的限制，加工后材料的金相组织基本上不发生变化。它常用于加工硬质合金、高温合金、淬火钢、不锈钢等难加工材料。

生产率高，且加工生产率不直接受加工精度和表面粗糙度的限制：电解加工能以简单的直线进给运动一次加工出复杂的型腔、型面和型孔，而且加工速度可以和电流密度成比例地增加。据统计，电解加工的生产率约为电火花加工的 5～10 倍，在某些情况下，甚至可以超过机械切削加工。

加工质量好，可获得一定的加工精度和较低的表面粗糙度：型面和型腔的加工精度为 ±(0.05～0.20)mm；型孔和套料的加工精度为 ±(0.03～0.05)mm；对于一般中、高碳钢和合金钢，表面粗糙度可稳定地达到 $Ra1.6～0.4\mu m$，有些合金钢可达到 $Ra0.1\mu m$。

可用于加工薄壁和易变形零件：电解加工过程中工具和工件不接触，不存在机械切削力，不产生残余应力和变形，没有飞边毛刺。

工具阴极无损耗：在电解加工过程中工具阴极上仅仅析出氢气，而不发生溶解反应，所以没有损耗。只有在产生火花、短路等异常现象时才会导致阴极损伤。

但是，电解加工也具有一定的局限性，主要表现为：

加工精度和加工稳定性不高。电解加工的加工精度和稳定性取决于阴极的精度和加工间隙的控制。而阴极的设计、制造和修正都比较困难，阴极的精度难以保证。此外，影响电解加工间隙的因素很多，且规律难以掌握，加工间隙的控制比较困难。

由于阴极和夹具的设计、制造及修正困难，周期较长，因而单件小批量生产的成本较高。同时，电解加工所需的附属设备较多，占地面积较大，且机床需要足够的刚性和防腐蚀性能，造价较高。因此，批量越小，单件附加成本越高。

④ 电解加工的应用　电解加工由于其生产率高，表面加工质量好，主要用于加工各种形状复杂的型面，如汽轮机、航空发动机叶片；各种型腔模具，如锻模、冲压模；各种型孔、深孔、套料、膛线，如炮管、枪管内的来复线等；此外还可用于电解抛光、去毛刺、切割、雕刻和刻印等。电解加工适用于成批和大量生产，多用于粗加工和半精加工。

(2) 电解磨削

① 工作原理　电解磨削是 20 世纪 50 年代初美国人研究发明的电化学加工技术，电解磨削（Electro-Chemical Grinding，ECG）是将电解作用与机械磨削相结合的一种特种加工工艺。图 12-14 是电解磨削原理图，导电砂轮 1 与直流电源的负极相连作为阴极，被加工工件 2 与直流电源的正极相连作为阳极，工件在一定压力下与导电砂轮相接触。加工区域中送入电解液 3，在电解和机械磨削的双重作用下，工件的表面很快被磨光，直至达到规定的要求。

② 电解磨削特点

磨削效率高于纯机械磨削，当磨削接触面大且电源

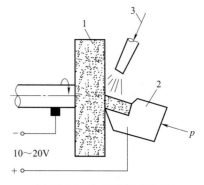

图 12-14　电解磨削原理图
1—导电砂轮；2—工件；3—电解液

容量足够大时，效率更高。

由于材料主要靠阳极溶解，因此磨轮的损耗远比机械磨削小。

磨削表面粗糙度低，表面质量好。

磨削时压力小，产生的热量低，不易产生变形及加工应力，适于加工对裂纹敏感的材料。

磨削铁基材料时使用的电解液对设备有一定的腐蚀性，对设备应考虑一定的防护措施。

由于电解液多采用 $NaNO_3$，磨削时会产生电解液雾沫和刺激性气体，因此防护罩上应加装抽风吸雾装置。

③ 电解磨削的应用 电解磨削适合于磨削各种高强度、高硬度、热敏性、脆性等难磨削的金属材料，如硬质合金、高速钢、钛合金、不锈钢、镍基合金和磁钢等。用电解磨削可磨削各种硬质合金刀具、塞规、轧辊、耐磨衬套、模具平面和不锈钢注射针头等。电解磨削的效率一般高于机械磨削，磨轮损耗较低，加工表面不产生磨削烧伤、裂纹、残余应力、加工变质层和毛刺等，表面粗糙度一般为 $Ra0.63\sim0.16\mu m$，最高可达 $Ra0.04\sim0.02\mu m$。

12.6 高能束加工

高能束加工（High Energy Beam Machining，HEBM）是指利用能量密度很高的电子束、离子束或激光束等去除工件材料的特种加工方法的总称，高能束加工属于非接触加工，无加工变形，而且几乎可以对任何材料进行加工。下面介绍几种常用的高能束加工方法。

(1) 电子束加工

① 电子束加工原理 电子束加工（Electron Beam Machining，EBM）是一种利用高能量密度的电子束对材料进行工艺处理的方法（图 12-15）。在真空条件下，利用电子枪中产生的电子经加速、聚焦后能量密度为 $10^6\sim10^9 W/cm^2$ 的极细束流高速冲击到工件表面上极小的部位，并在几分之一微秒时间内，其能量大部分转换为热能，使工件被冲击部位的材料达到几千摄氏度，致使材料局部熔化或蒸发，来去除材料。1948 年德国科学家斯特格瓦发明了第一台电子束加工设备。

② 电子束加工特点

由于电子束能够极其微细地聚焦，束斑极小，束斑直径可达几十分之一微米至1mm，因此电子束加工属于精密微细加工。适用于集成电路和微机电系统中的光刻加工。

电子束能量密度很高，足以使被轰击的任何材料迅速熔化或气化，易于对钨、钼或其它难熔金属及其合金进行加工；用电子束可以对某些熔点较高、导热较差的非金属材料，如石英和陶瓷进行打孔或焊接。

电子束能量密度高，生产率高。例如，每秒钟可在 2.5mm 厚的钢板上加工 50 个直径为 0.4mm 的孔；在 200mm 厚的钢板上，电子束可以 4mm/s 的速度进行一次性焊接。

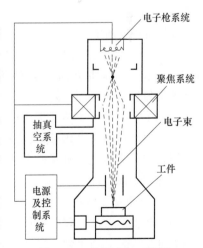

图 12-15 电子束加工原理

电子束加工速度快，加工点向基体散失的热量少，工件热变形小；电子束本身不产生机械力，无机械变形问题。

电子束能量和能量密度的调节很容易通过调节加速电压、电子束流和电子束的汇聚状态来完成，整个过程易于实现自动化。

电子束加工是在真空条件下进行的，既不产生粉尘，也不排放有害气体和废液，对环境几乎不造成污染，加工表面不产生氧化，特别适合于加工易氧化的金属及合金材料，以及纯度要求极高的半导体材料。

电子束可将90%以上的电能转换成热能。此外，电子束的能量集中，损失较小。

电子轰击材料时会产生X射线，并且电子束加工需要一整套专用设备和真空系统，价格昂贵，因此，在生产和应用上有一定的局限性。

③ 电子束加工应用

电子束焊接：电子束焊接具有焊缝深宽比大、焊接速度快、工件热变形小、焊缝物理性能好、工艺适应性强等优点，并且能改善接头力学性能、减少缺陷、保证焊接稳定性和重复性，因而具有极为广阔的应用前景。

电子束焊接的加工范围极为广泛，尤其在焊接大型铝合金零件中，电子束焊接工艺具有极大的优势，并且可用于不同金属之间的连接。

电子束物理气相沉积：电子束物理气相沉积（EB-PVD）是利用高速运动的电子轰击沉积材料表面，使材料升温变成蒸气而凝聚在基体材料表面的一种表面加工工艺。根据该工艺沉积材料的性质，可以使涂层具有优良的隔热、耐磨、耐腐蚀和耐冲刷性能，从而对基体材料有一定的保护作用，因此，被广泛应用于航空、航天、船舶和冶金等工业领域。

电子束表面改性：利用电子束的加热和熔化技术还可以对材料进行表面改性。例如，电子束表面淬火、电子束表面熔凝、电子束表面合金化、电子束表面熔覆和制造表面非晶态层，经表面改性的表层一般具有较高的硬度、强度以及优良的耐腐蚀和耐磨性能。

电子束打孔：电子束能加工各种孔，包括异形孔、斜孔、锥孔和弯孔。电子束打孔效率高，加工材料范围广，加工质量好，无毛刺和再铸层等缺陷。

电子束打孔已被广泛应用于航空、核工业以及电子、化学等工业。如喷气发动机的叶片及其他零件的冷却孔、涡轮发动机燃烧室头部及燃气涡轮、化纤喷丝头和电子电路印制板等。

（2）离子束加工

① 离子束加工原理　离子束加工（Ion Beam Machining，IBM）是在真空条件下，将离子源产生的离子束经过加速聚焦，使之撞击到工件表面的加工方法（图12-16）。由于离子带正电荷，其质量比电子大数千、数万倍，所以离子束比电子束具有更大的撞击动能，它是靠微观的机械撞击能量，而不是靠动能转化为热能来加工的。

② 离子束加工特点

加工精度非常高：离子束加工是目前最精密、最微细的加工工艺，离子刻蚀可达纳米级精度，离子镀膜可控制在亚微米级精度，离子注入的深度和浓度亦可精确地控制。

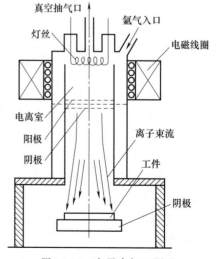

图 12-16　离子束加工原理

污染少：离子束加工在真空中进行，特别适宜于对易氧化的金属、合金和半导体材料进行加工。

加工质量高：离子束加工是靠离子轰击材料表面的原子来实现的，加工应力和变形极小，适宜于对各种材料和低刚性零件进行加工。

离子束加工设备费用高、成本贵、加工效率低。

③ 离子束加工应用

离子刻蚀（图 12-17）：采用能量为 0.1～5keV、直径为十分之几纳米的氩（Ar）离子轰击工件表面时，此高能离子所传递的能量超过工件表面原子（或分子）间键合力时，材料表面的原子（或分子）被逐个溅射出来，以达到加工目的。这属于一种原子尺度的切削加工，通常又称为离子铣削。

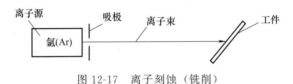

图 12-17　离子刻蚀（铣削）

离子刻蚀可用于加工空气轴承的沟槽、打孔、加工极薄材料及超高精度非球面透镜，还可用于刻蚀集成电路等的高精度图形。

离子溅射沉积（图 12-18）：采用能量为 0.1～5keV 的氩离子轰击某种材料制成的靶材，将靶材原子击出并令其沉积到工件表面上，形成一层薄膜。实际上此法为一种镀膜工艺。

离子镀膜（图 12-19）：离子镀膜一方面是把靶材射出的原子向工件表面沉积，另一方面还有高速中性粒子打击工件表面以增强镀层与基材之间的结合力（可达 10～20MPa）。由于离子镀膜适应性强、膜层均匀致密、韧性好、沉积速度快，目前已获得广泛应用。

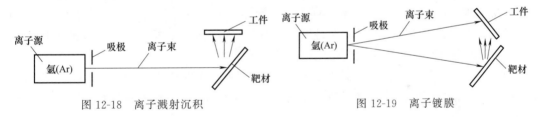

图 12-18　离子溅射沉积　　　　　　　　图 12-19　离子镀膜

离子注入（图 12-20）：用 5～500keV 能量的离子束，直接轰击工件表面，由于离子能量相当大，可使离子钻进被加工工件材料表面层，改变其表面层的化学成分，从而改变工件表面层的力学物理性能。该方法不受温度及注入何种元素和粒量限制，可根据不同需求注入不同离子（如磷、氮、碳等）；注入表面元素的均匀性好，纯度高，其注入的粒量及深度可控制；但设备费用大、成本高、生产率较低。

总体而言，电子束加工的效率更高，适用范围更广；而离子束加工的精度更高，是所有特种加工之中最精密、最细微的加工方式。

图 12-20　离子注入

(3) 激光加工

① 激光加工原理　激光束加工（Laser Beam Machining，LBM）是利用光的能量经过透镜聚焦后在焦点上达到很高的能量密度，靠光热效应来加工的（图 12-21）。某些具有亚

稳态能级结构的物质，在外来光子的激发下会吸收光能，使处于高能级原子的数目大于处于低能级原子的数目，如果有一束光照射该物体，而光子的能量恰好等于这两个能级相对应的能量差，这时就会产生受激辐射，输出大量的光能。

② 激光加工特点　与传统加工技术相比，激光加工材料浪费少、在规模化生产中成本效应明显、对加工对象具有很强的适应性等，激光加工技术主要有以下独特的优点：

激光加工生产效率高，质量可靠，经济效益明显。

可以通过透明介质对密闭容器内的工件进行各种加工；在恶劣环境或其他人难以接近的地方，可用机器人进行激光加工。

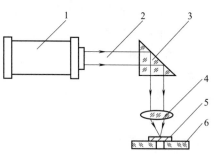

图 12-21　激光加工原理
1—激光器；2—激光束；3—反射镜；
4—聚焦镜；5—工件；6—工作台

激光加工过程中无"刀具"磨损，无"切削力"作用于工件。

可以对多种金属、非金属加工，特别是可以加工高硬度、高脆性及高熔点的材料。

激光束易于导向、聚焦、实现各方向变换，极易与数控系统配合、对复杂工件进行加工，因此它是一种极为灵活的加工方法。

无接触加工，对工件无直接冲击，因此无机械变形，并且高能量激光束的能量及其移动速度均可调，因此可以实现多种加工的目的。

激光加工过程中，激光束能量密度高，加工速度快，并且是局部加工，对非激光照射部位没有或影响极小，因此，其热影响区小，工件热变形小，后续加工余量小。

激光束的发散角可小于 1mrad，光斑直径可小到微米量级，作用时间可以短到纳秒，同时，大功率激光器的连续输出功率又可达千瓦至十千瓦量级，因而激光既适于精密微细加工，又适于大型材料加工。激光束容易控制，易于与精密机械、精密测量技术和电子计算机相结合，实现加工的高度自动化和达到很高的加工精度。

激光加工的不足之处：由于激光加工是一种瞬时、局部的熔化和气化加工，影响因素多，因此，微细加工时的重复加工精度和表面粗糙度不易保证；此外对具有高热传导率材料的加工较困难。

③ 激光加工应用

激光打孔：激光打孔是激光加工中应用最早和应用最广泛的一种加工方法。由于激光加工可以通过聚焦而获得高密度能量（$10^7 \sim 10^{11}\,\mathrm{W/cm^2}$），瞬间可使任何固体材料熔化甚至蒸发，因此，从理论上说可以用来加工任何种类的固体材料。激光打孔速度极快，效率极高，如用激光给手表的红宝石轴承打孔，每秒钟可加工 14～16 个，合格率达 99%。目前，激光打孔常用于微细孔和超硬材料打孔，如柴油机喷嘴、金刚石拉丝模、化纤喷丝头、卷烟机上用的集流管等。

激光焊接：激光焊接与激光打孔原理稍有不同，焊接时不需要那么高的能量密度使工件材料气化蚀除，而只需将工件的加工区烧熔，使其黏合在一起。因此，激光焊接所需能量密度较低，可用小功率激光器。激光焊接加热速度快，作用时间短，热影响区小，热变形可以忽略；属于非接触焊接，无机械应力和机械变形；可以在大气中焊接和无污染等，因此，激光焊接在工业上获得广泛应用。激光焊接不仅能焊接同种材料，而且可以焊接不同种类的材料，甚至可以焊接金属与非金属材料。

激光表面改性：利用激光对金属工件表面进行扫描，从而引起工件表面金相组织发生变化，进而对工件表面进行表面淬火、粉末黏合等。用激光进行表面淬火时，工件表层的加热速度极快，内部受热极少，工件不产生热变形，特别适合于对齿轮、气缸筒等形状复杂的零件进行表面淬火，国外已应用于自动线上对齿轮进行表面淬火。同时，由于不必用加热炉，是开式的，故其也适合于大型零件的表面淬火。粉末黏合是在工件表层上用激光加热后熔入其他元素，可提高和改善工件的综合力学性能。此外，还可以利用激光除锈、消除工件表面的沉积物等。

激光刻蚀、铣削与毛化：激光刻蚀在微电子行业可以用于半导体器件和芯片的加工，也可以用于精密光学器件的加工，如用激光刻蚀加工半导体芯片和二维光栅。利用激光的高密度能量，可以对硬脆性难加工材料进行激光铣削加工，如利用脉冲激光铣削硬质合金和氧化铝陶瓷；利用二氧化碳激光器在钢材上铣削加工三维模具。利用脉冲激光还可以对轧辊进行毛化，经过毛化的轧辊轧制的汽车薄板有着油漆牢固的特点，另外，还可以利用激光对钢套等零件进行毛化，可以大大地提高其耐磨寿命。

激光快速成形：激光快速成形技术集成了激光技术、CAD/CAM 技术和材料技术的最新成果，根据零件的 CAD 模型，用激光束将光敏聚合材料逐层固化，精确堆积成样件，不需要模具和刀具即可快速精确地制造形状复杂的零件，该技术已在航空航天、电子、汽车等工业领域得到广泛应用。

激光打标：激光打标就是利用高密度能量的激光束，汇聚在工件表面对目标进行表面扫描，使材料表面发生物理或化学变化，导致目标表面光反射特性的变化，从而获得可见图案。它属于一种非接触的标刻方式。与喷墨打印、电火花加工、机械刀刻等相比，它具有许多难以比拟的优点。例如，激光打标采用计算机控制技术，效率高、节奏快；激光刻划精细，可以对各种材料的表面进行标记，并且耐久性非常好；采用激光标刻的防伪效果好等。

激光切割：激光切割与激光打孔原理基本相同，也是将激光能量聚集到很微小的范围内而把工件烧穿，但切割时需移动工件或激光束（一般移动工件），沿切口连续打一排小孔即可把工件割开。激光可以切割金属、陶瓷、半导体、布、纸、橡胶、木材等，切缝窄、效率高、操作方便。随着激光器和激光加工技术的发展，有望可以利用激光进行混凝土件表面玻璃化处理、岩石打洞、大块混凝土的切割和放射性物质的处理等。

激光加工技术已在众多领域得到广泛应用，随着激光加工技术、设备、工艺研究的不断深入，它将具有更广阔的应用前景。

12.7　物料切蚀加工

(1) 超声波加工（Ultrasonic Machining，USM）

① 超声波加工原理　频率超过 16000Hz 的声波就称为超声波，超声波加工是利用工具作超声频振动，通过磨粒撞击和抛磨工件，从而使工件成形的一种加工方法。如图 12-22 所示，加工时，工具以一定的压力作用在工件上，加工区送入磨粒液，高频振动的工具端面锤击工件表面上的磨粒，通过磨粒将加工区的材料粉碎。磨粒液的循环流动，带走被粉碎下来的材料微粒，并使磨粒不断更新。工具逐渐深入材料中，工具形状便复现在工件上。

② 超声波加工特点

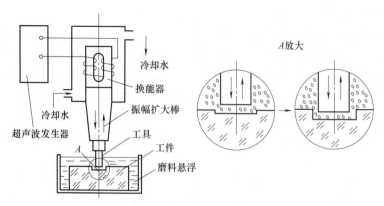

图 12-22　超声波加工原理图

适用于加工各种脆性金属材料和非金属材料，如玻璃、陶瓷、半导体、宝石、金刚石等。

可加工各种复杂形状的型孔、型腔、型面。

工具与工件不需作复杂的相对运动，机床结构简单。

被加工表面无残余应力，无破坏层，加工精度较高，尺寸精度可达 0.01～0.05mm。

加工过程受力小，热影响小，可加工薄壁、薄片等易变形零件。

生产效率较低。采用超声复合加工（如超声车削、超声磨削、超声电解加工、超声线切割等）可提高加工效率。

③ 超声波加工应用　目前，在各工业部门中，超声波加工主要用于硬脆材料的孔加工、套料、切割、雕刻以及研磨金刚石拉丝模等。图 12-23 为超声波加工应用举例。但是超声波加工的面积较小，而且工具头的磨损较大，因此，生产率低。一般超声波加工的孔径范围为 0.1～90mm，深度可达 100mm 以上，加工孔的尺寸误差小于 ±(0.02～0.05)mm。

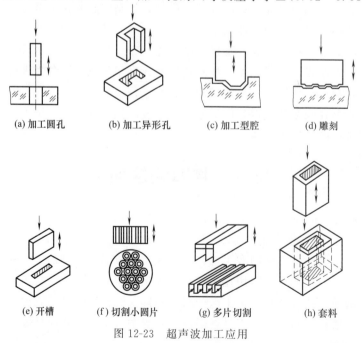

(a) 加工圆孔　　(b) 加工异形孔　　(c) 加工型腔　　(d) 雕刻

(e) 开槽　　(f) 切割小圆片　　(g) 多片切割　　(h) 套料

图 12-23　超声波加工应用

(2) 水射流加工

① **水射流加工原理** 水射流加工又称液体喷射加工，是利用高压高速水流对工件的冲击作用来去除材料的，简称水切割（Water Jet，WJ），俗称水刀（图 12-24）。

工作时，首先通过增压器将水压升到 $300\sim1000$MPa（动能转变为压力能），然后使高压水通过直径为 $0.1\sim0.5$mm 的喷嘴，以 $2\sim3$ 倍声速喷出高速射流（压力能转变为动能），以 $500\sim900$m/s 的高速直接喷射在工件加工部位上，冲击工件进行加工或切割。加工深度取决于液体喷射的速度、压力以及压射距离，被水流冲刷下来的"切屑"随着液流排出，入口处束流的功率密度可达 10^6W/mm^2。

② **水射流切割的特点**

水射流切割是集机械、电子、计算机、自动控制技术于一体的高新技术。

可节约材料和加工成本。

水射流切割不破坏材料内部组织，可提高切割材料的疲劳寿命。

对切割材料无选择，适用材料范围较广。

切割时无尘、无味、无毒、无火花，振动小、噪声低，切割过程无污染。

一次性初期投资较高。

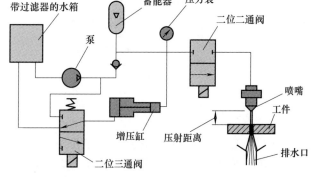

图 12-24　水射流加工原理

③ **水射流切割的应用** 高压水射流切割是利用具有很高动能的高速射流进行的（有时又称为高速水射流加工），与激光、离子束、电子束一样是属于高能束加工范畴。高压水射流切割作为一项高新技术有着十分广阔的应用前景。

切割各种金属、非金属材料；各种硬、脆、韧性材料及复合材料。

代替硬质合金切槽刀具，加工材料的厚度从几毫米到几百毫米。

加工温度低，可加工木板和纸品，还可以在经化学加工的零件保护层表面上划线。

水射流切割尤其适合恶劣的工作环境和有防爆要求的危险环境。

高压水射流除切割外，稍稍降低压力或增大靶距和流量还可以用于清洗、破碎、表面毛化和强化处理。

(3) 磨料水射流加工

① **磨料水射流加工原理** 磨料水射流加工（Abrasive Water-Jet，AWJ）是运用液压增压原理，通过增压器或高压泵将水增压至超高压，将电动机的机械能转换成压力能，具有巨大压力能的水再通过小孔喷嘴将压力能转变成动能，从而形成高速水射流并在混合室内形成一定的真空，磨料在自重和压差作用下被吸入混合室，与水射流产生剧烈紊动扩散和混合，形成高速磨料水射流，并以极高的速度经磨料喷嘴喷出冲击工件，并产生冲蚀、剪切，直至材料失效而被切除（图 12-25、图 12-26）。

② **磨料水射流加工特点** 相对于水射流加工而言，磨料水射流加工所需压力大大降低，安全性和可靠性得到提高。

切割金属时不易产生火花，避免了着火或切割区附近有害气体的爆炸事故。

切割时不发热或很少热量及时被水射流冲走，切割面上几乎不产生热影响区。

切割面上受力小，即使切割薄板型材，切口也不会破坏。

切缝窄，被切割材料损耗小，切面光滑无毛刺。

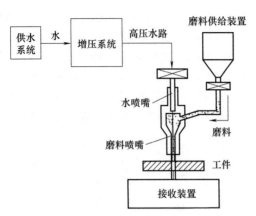 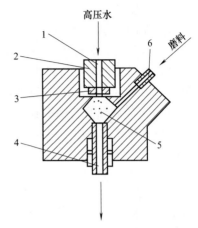

图 12-25　磨料水射流加工原理

图 12-26　磨料水射流喷头系统结构
1—高压水入口；2—高压管；3—高压喷嘴；
4—加速管；5—混合腔；6—磨料入口

切割时无粉尘和有毒气体产生，工作条件比较清洁。

可以切割各种形状的工件，切割条件容易控制，易于实现自动化。

磨料水射流的缺点在于：设备功率大，喷嘴磨损快，不易加工大型工件等。

③ 磨料水射流加工应用　磨料水射流广泛应用于汽车制造与修理、航空航天、机械加工、国防、军工、兵器、电子电力、石油、采矿、轻工、建筑建材、核工业、化工、船舶、食品、医疗、林业、农业、市政工程等方面。

12.8　化学加工

化学加工（Chemical Machining，CHM）的形式很多，属于成形加工的形式有化学蚀刻和光化学腐蚀；属于表面加工的有化学抛光和化学镀膜等。

(1) 化学蚀刻（化学铣切）

① 化学蚀刻的原理　化学蚀刻（Chemical Etching，CHE）又称化学铣切（Chemical Milling，CHM），是利用酸、碱、盐等化学溶液对金属产生化学反应，使金属溶解，从而改变工件的尺寸、精度和表面质量的加工方法（图 12-27）。化学蚀刻的工艺过程如图 12-28 所示。

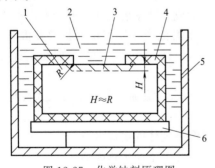 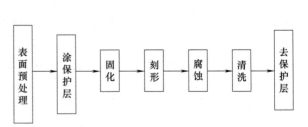

图 12-27　化学蚀刻原理图
1—工件材料；2—化学溶液；3—化学蚀刻部分；
4—保护层；5—溶液箱；6—工作台

图 12-28　化学蚀刻工艺过程

② 化学蚀刻的特点

可加工任何难切削的金属材料而不受强度和硬度的限制，如钼合金、钛合金和不锈钢等。

适于大面积加工，可对多件同时进行加工。

加工过程中不会产生应力、裂纹和毛刺等缺陷，表面粗糙度可达 $Ra2.5\sim1.25\mu m$。

化学蚀刻操作技术简单。

不宜加工窄而深的槽或型孔。

原材料中的缺陷、表面不平度和划痕难以消除。

腐蚀液对人体和设备有危害，需要增加适当的防护措施。

③ 化学蚀刻的应用　化学蚀刻主要用于大型工件金属表面厚度的减薄加工，铣切厚度一般小于 13mm；也用于厚度小于 1.5mm 的薄壁零件上的型孔加工；或用于金属表面蚀刻图案、花纹和文字等。

(2) 光化学腐蚀（光化学加工）

① 光化学加工的原理　光化学腐蚀简称光化学加工（Optical Chemical Machining，OCM），又称光刻加工（Lithographic Processing），它是将光学照相制版和光刻相结合的一种精密微细加工技术。其加工原理是先在薄片形工件两表面涂上一层感光胶；再将两片具有所需加工图形的照相底片对应地覆置在工件两表面的感光胶上，进行曝光和显影，感光胶受光照射后变成耐腐蚀性物质，在工件表面形成相应的加工图形；然后将工件浸入（或喷射）化学腐蚀液中，由于耐腐蚀涂层能保护其下面的金属不受腐蚀溶解，从而可获得所需要的加工图形或形状。

光化学腐蚀与化学蚀刻的区别是不靠样板人工刻形、划线，而是利用照相感光来确定工件表面要蚀除的图形和线条，从而加工出非常精细的文字和图案。

② 光化学加工工艺过程　如图 12-29 所示。

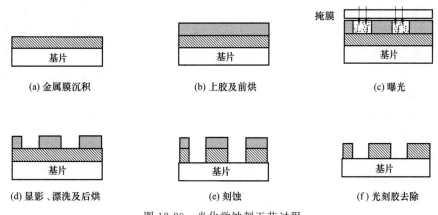

图 12-29　光化学蚀刻工艺过程

③ 光化学加工的特点　光化学加工不受工件材料和力学性能的限制，特别适合加工硬、脆材料。

其加工精度和加工深度有关，一般尺寸加工精度可达 $0.01\sim0.005\mu m$。

表面无硬化层或再铸层，不会产生残余应力，是半导体、集成电路和微机械制造中的关键技术之一。

径向腐蚀的同时存在侧向腐蚀，导致保护层下金属也会被腐蚀，故光化学加工只能加工尺寸厚度小于 2.4mm 的材料；厚度为 $0.025\sim0.05mm$ 的复杂零件，最适合光化学加工。

④ 光化学加工的应用　光化学加工目前广泛应用在工艺美术、机械工业和电子工业中。这种方法可用于制造电视机显像管荫罩群孔（每平方厘米表面有 5000 个小孔）、薄片弹簧、精密滤网、微电动机转子和定子、射流元件、液晶显示板、钟表小齿轮、印制电路、应变片和样板等。

12.9　快速原型制造

快速原型制造（Rapid Prototype Manufacturing，RPM）又叫增材制造、叠层制造或分层制造，是 20 世纪 80 年代后发展起来的制造技术，被认为是制造领域的重大突破。RPM 是基于离散堆积原理直接加工原型或零件的制造过程，其基本思想都是基于将复杂的三维实体或壳体，作有限的二维离散细化分层。制造中，先将底层的二维图形制造完毕后，再向三维进给一定厚度，继续制造后一层，而前后两层又是结合在一起的，从而达到三维制造的目的。

快速原型制造综合了机械工程、CAD、数控技术、激光技术和材料科学技术，能把设计思想快速、精确地转变为具有一定功能的原型或直接制造零件。目前快速原型制造比较成熟的工艺有：光敏树脂液相固化成形、选择性粉末激光烧结成形、薄片分层叠加成形和熔丝堆积成形等。

(1) 光敏树脂液相固化成形（Stereo Lithography Apparatus，SLA）

① SLA 工艺原理　光敏树脂液相固化成形（Stereo Lithography）又称光固化立体造型或立体光刻。工艺原理基于液态光敏树脂光聚合原理，即液态光敏树脂材料在一定波长和功率的紫外线照射下迅速发生光聚合反应，相对分子质量急剧增大，材料也就从液态转变成固态（图 12-30）。

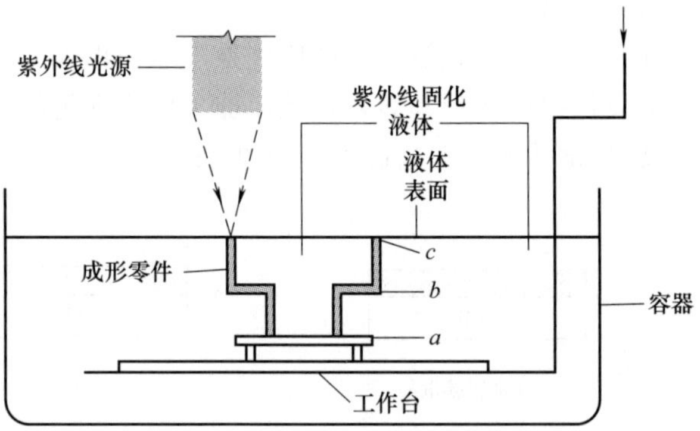

② SLA 的特点

精度高（达到 0.1mm）、表面质量好、原材料利用率将近 100%。

图 12-30　SLA 工艺原理图

能制造形状特别复杂、特别精细的零件。

制作出来的原型件，可快速翻制各种模具。

SLA 是目前研究最多的方法，技术最为成熟。

SLA 缺点是需要支撑、树脂易收缩、有毒。

③ SLA 的应用　光敏树脂液相固化应用较广，可以直接制造各种树脂功能件，用于结构验证、功能测试；可以制作复杂、精细零件或透明零件；适合各种复杂模具的单件生产。

(2) 选择性粉末激光烧结成形（Selective Laser Sintering，SLS）

① SLS 工艺原理　选择性粉末激光烧结又称为选区激光烧结或激光选区烧结粉末成形（图 12-31）。

利用金属、非金属的粉末材料在激光照射下，烧结热熔成形，在计算机控制下层层堆积成三维实体，该法采用 CO_2 激光器作为能源，目前使用的造型材料多为各种粉末材料，粉体制备常用离心雾化和气体雾化等方法。

② SLS 的特点 其特点是材料适应面广，无需支承，可制造空心零件、多层镂空零件和实心零件或模型，常用的粉末有石蜡、聚碳酸酯、尼龙、钢和铜。

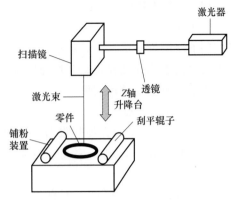

图 12-31 SLS 工艺原理图

(3) 薄片分层叠加成形（Laminated Object Manufacturing，LOM）

① LOM 工艺原理（图 12-32） 薄片分层叠加成形又称叠层实体制造或分层实体制造，因为常用纸做原料，故又称纸片叠层法。利用激光切割与黏合工艺相结合，用激光将涂有热熔胶的纸质、塑料薄膜等片材按照 CAD 分层模型轨迹切割成形，然后通过压辊热压，使其与下层的已成形工件黏结，从而堆积成形。

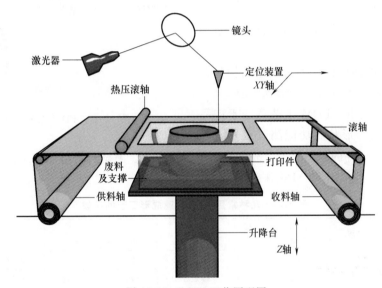

图 12-32 LOM 工艺原理图

② LOM 的特点

LOM 法只需在片材上切割出零件截面的轮廓，而不用扫描整个截面，因此成形厚壁零件的速度快，易于制造大型实体零件，成形效率高。

工艺过程不存在材料相变，因此不易引起翘曲变形，零件的精度高，制造成本低。

因工件外框与截面轮廓之间的多余材料在加工中起到了支撑作用，所以 LOM 工艺无须加支撑。

LOM 法要求纸材抗湿性、稳定性、涂胶浸润性和抗拉强度要好。

LOM 法材料利用率低、表面质量差、后处理难度大，尤其是中空零件的内部残余废料不易去除；可以选择的材料种类有限，目前常用的主要是纸；对环境有一定的污染。

③ LOM 的应用 LOM 工艺适合制作大中型原型件、翘曲变形小和形状简单的实体类零件。通常用于产品设计的概念建模和功能测试零件，特别适用于直接制作砂型铸造模。

(4) 熔丝堆积成形 (Fused Deposition Modeling，FDM)

① FDM 工艺原理 （图 12-33）　FDM 工艺是利用热塑性材料的热熔性和黏结性在计算机控制下层层堆积成形。材料抽成丝状后，送丝机构将它送达加热喷嘴并被加热熔化，喷嘴在平面内沿着零件截面轮廓和填充轨迹移动，同时将熔融材料挤出，并与周边材料黏结固化达到成形，再层层叠加成形。

② FDM 的特点

FDM 工艺不用激光加热设备，使用维护简单，材料成本低，利用率高，但需要辅助支承材料。

用蜡成形的零件原型，可直接用于熔模铸造。

可选用的材料种类多，常用的成形材料是 ABS 工程塑料；ABS 工程塑料制造的原型具有较高的强度。

FDM 工艺干净、简单、易于操作且对环境的影响小。

FDM 工艺的精度低，不易制造结构复杂的大型零件；表面质量差，成形效率低。

③ FDM 的应用　FDM 工艺适合于产品的概念建模、它的形状和功能测试以及中等复杂程度的中小零件的原型制造，故广泛用于产品设计、测试与评估等方面。

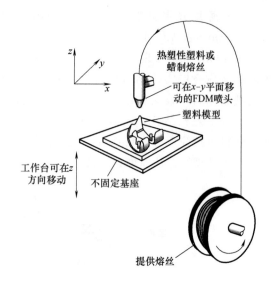

图 12-33　FDM 工艺原理图

表 12-2 为几种常用 RPM 快速成形工艺的比较。

表 12-2　几种常用 RPM 快速成形工艺的比较

工艺方法	精度	表面质量	材料成本	材料利用率	运行成本	生产成本	设备成本	市场占有率
液相固化 SLA	好	优	较贵	接近 100%	较高	高	较贵	70%
粉体烧结 SLS	一般	一般	较贵	接近 100%	较高	一般	较贵	10%
薄片叠层 LOM	一般	较差	较便宜	较差	较低	高	较便宜	7%
熔丝堆积 FDM	较差	较差	较贵	接近 100%	一般	较低	较便宜	6%

实训练习题

一、填空题

1. 开环伺服系统主要特征是系统内没有_____装置，通常使用_____为伺服执行机构。

2. 辅助控制装置的主要作用是接受数控装置输出的_____指令信号。

3. 数控机床控制系统包括____、____、____、____、____。

4. 闭环和半闭环控制是基于_____原理工作的。

5. 数控机床的基本组成包括____、____、____、____、____、____以及机床本体。

6. 加工中心与普通数控机床的区别是配有_____，具有_____功能。

7. 电火花的加工原理是基于_____来蚀除多余的金属，以达到零件的尺寸、精度和表面质量要求的。

8. 电子束加工时电子的动能大部分转变成_____，使材料局部瞬时熔蚀、气化蒸发而去除表面材料，并随真空系统抽走。

9. 电解磨削的原理是_____和_____的综合作用。

10. _____加工技术是目前特种加工技术中最精密、最微细的加工技术。

11. 通常所说的三束加工是指_____、_____、_____。

12. 高压水射流俗称"_____"，高压水射流的喷嘴通常采用_____制成。

13. 单纯水射流系统只有一个宝石喷嘴（水嘴），而磨料水射流系统除了水嘴之外，还设有一个_____喷嘴，目的在于增强切割能力。

二、判断题

1. 数控系统的主要功能是控制运动坐标的位移及速度。（　　）

2. 轮廓控制数控系统控制的轨迹一般为与某一坐标轴（axis）相平行的直线。（　　）

3. 开环控制数控系统无反馈（feedback）回路。（　　）

4. 直线控制数控系统可控制任意斜率的直线轨迹。（　　）

5. 闭环控制数控系统的控制精度（accuracy）高于开环控制数控系统的控制精度。（　　）

6. 全闭环控制数控系统不仅具有稳定的控制特性，而且控制精度高。（　　）

7. 电火花加工的吸附效应都发生在正极上。（　　）

8. 电火花的加工效率低。（　　）

9. 激光加工是靠光子高速运动的机械能去除材料的。（　　）

10. 激光加工对环境要求不高，无需在真空中进行加工。（　　）

11. 激光焊接可焊难熔材料，也可对异性材料施焊。（　　）

12. 电子束加工是靠高速运动电子的动能直接去除材料的。（　　）

13. 电子束不仅可以加工各种直的型孔，还可以加工弯孔和曲面。（　　）

14. 电解加工有可能产生氢气，需要抽风设备来进行排除，以免引起爆炸。（　　）

15. 电解加工是利用金属在电解液中阴极溶解来去除材料的。（　　）

16. 离子溅射和离子镀膜的原理是一样的。（　　）

17. 只有在较高的真空条件下，离子和电子才能高速运动。（　　）

18. 高压水射流切割纸张容易将纸打湿，故不采用。（　　）

19. 高压水射流可以抑制粉尘，防止扬尘，可以算是"无尘加工"。（　　）

20. 磨料喷射加工适合加工软质材料。（　　）

21. 磨料水射流的高压水的压力要比单纯水射流的压力高出20%。（　　）

三、单项选择题

1. 欲加工一条与 X 轴成30°的直线轮廓，应采用（　　）数控机床。

　　A. 点位控制　　　B. 直线控制　　　C. 轮廓控制

2. 经济型数控车床多采用（　　）控制系统。

　　A. 闭环　　　　　B. 半闭环　　　　C. 开环

3. 数控机床伺服系统是以（　　）为直接控制目标的自动控制系统。

　　A. 机械运动速度　B. 机械位移　　C. 切削力　　　　D. 机械运动精度

4. 采用开环进给伺服系统的机床上，通常不安装（　　）。

　　A. 伺服系统　　　B. 制动器　　　C. 数控系统　　　D. 位置检测器件

5. （　　）是 CNC 控制系统的基本功能。

A. 输入、输出、插补　　　B. 输入、插补、伺服控制

C. 输入、输出、伺服　　　D. 输入、显示、插补

6. 按数控系统的控制方式分类,数控机床分为:开环控制数控机床、(　　)、闭环控制数控机床。

A. 点位控制数控机床　　　B. 直线控制数控机床

C. 半闭环控制数控机床　　D. 轮廓控制数控机床

7. 一般来说,电解加工工具电极(阴极)的损耗情况是(　　)。

A. 低损耗　　　B. 高损耗　　　C. 中等损耗　　　D. 基本无损耗

8. 有关特种加工技术特点论述错误的是(　　)。

A. 主要依靠非机械能(如电、化学、光、热等能量)进行加工

B. 加工精度及生产率均好于普通切削加工

C. 工具硬度可以低于被加工材料的硬度

D. 能加工各种难切削材料. 形状复杂的低刚度零件,且可满足各种特殊要求

9. 有关超声加工的特点,错误的是(　　)。

A. 特别适合于硬脆材料　　B. 生产率较高

C. 超声机床结构简单　　　D. 加工应力及变形小

10. 加工弯孔、曲面,可以采用的工艺是(　　)。

A. 激光　　　B. 电子束　　　C. 等离子体　　　D. 超声加工

四、简答题

1. 数控机床按工艺方法可分为几类?

2. 数控机床由哪几部分组成?其作用是什么?

3. 数控机床的特点是什么?

4. 数控机床的控制系统有哪些?有何区别?

5. 请画出半闭环控制数控系统的框图,并说出半闭环与全闭环之间的区别。

6. 试从控制精度、系统稳定性及经济性三方面,比较数控系统开环系统、半闭环系统、全闭环系统的区别。

7. 试用框图说明 CNC 系统的组成原理,并解释各部分的作用。

8. 简述加工中心的定义及其结构组成。

9. 简述加工中心的特点及其用途。

10. 简述特种加工的种类。

11. 简述电火花加工的原理、特点及其应用。

12. 简述电解加工的原理、特点及其应用。

13. 简述电子束加工的原理、特点及其应用。

14. 简述离子束加工的原理、特点及其应用。

15. 简述激光加工的原理、特点及其应用。

16. 简述超声波加工的原理、特点及其应用。

17. 简述水射流加工的原理、特点及其应用。

18. 简述快速成形制造的种类、特点及应用范围。

19. 特种加工在国外也叫做"非传统加工技术",其"特"在何处?

20. 试述特种加工技术与传统加工技术的并存关系,并说明特种加工技术对现代制造业存在的必然性和影响。

试　卷　A

班　级＿＿＿＿＿姓　名＿＿＿＿＿学　号＿＿＿＿＿成　绩＿＿＿＿＿

一、单项选择题（每题1分，共10分）

1. 在基面内测量的角度有（　　）。

A. 前角和后角　　　B. 主偏角和副偏角　　　C. 刃倾角

2. 对铸铁材料进行粗车，宜选用的刀具材料是（　　）。

A. YT30　　　　B. YG3　　　　C. YG6　　　　D. YG8

3. 不锈钢难加工的主要原因是（　　）。

A. 强度高、硬度大　B. 易粘刀和产生积屑瘤，不易断屑

C. 塑性、韧性高　　D. 热导率小，切削温度高

4. 刀具磨钝标准通常按照（　　）的磨损值制定标准。

A. 前刀面　　　　B. 后刀面　　　　C. 前角　　　　D. 后角

5. 根据我国机床型号编制方法，最大磨削直径为320mm、经过第一次重大改进的高精度万能外圆磨床的型号为（　　）。

A. MG1432A　　　B. M1432A　　　C. MG432　　　D. MA1432

6. 在我国，工件的切削加工性作为比较标准所采用的参数是（　　）。

A. 标准切削速度60m/min条件下的刀具寿命

B. 标准情况下刀具切削60min的刀具磨损量

C. 常用刀具寿命达到60min时的切削速度

D. 刀具寿命为60min的金属材料切除率

7. 车床的开合螺母机构主要是用来（　　）。

A. 防止过载　　　B. 自动断开走刀运动　　C. 接通或断开螺纹运动　D. 自锁

8. 大型箱体零件上的孔系加工，最适宜的机床是（　　）。

A. 钻床　　　　B. 拉床　　　　C. 镗床　　　　D. 立式车床

9. 用钻头钻孔时，产生很大轴向力的主要原因是（　　）。

A. 横刃的作用　　B. 主切削刃的作用　　C. 切屑的摩擦和挤压

10. 下列四种齿轮刀具中，用展成法加工齿轮的刀具是（　　）。

A. 盘形齿轮铣刀　B. 指形齿轮铣刀　　C. 齿轮拉刀　　　D. 齿轮滚刀

二、判断对错题（每题1分，共10分）

1. 精加工与粗加工相比，刀具应选用较大的前角和后角。　　　　　　　（　　）

2. 光杠用来车削螺纹，丝杆是用来车削外圆和端面的。　　　　　　　（　　）

3. 切削用量中，影响切削温度最大的因素是切削速度。　　　　　　　（　　）

4. 金刚石刀具不宜加工铁系金属，主要用于精加工有色金属。　　　　（　　）

5. X6132立式升降台铣床的工作台面宽度为320mm。　　　　　　　（　　）

6. 为避免积屑瘤的产生，切削塑性材料时应采用中速切削。　　　　　（　　）

7. 45°车刀常用于车削工件的端面和倒角，也可以用来车削外圆。　　（　　）

8. 刀具前角可以是正值，也可以是负值，而后角不能是负值。　　　　（　　）

9. 主运动和进给运动可由刀具和工件分别完成，也可由刀具单独完成。（　　）

10. 刨刀常做成弯头的，其目的是增大刀杆刚度。　　　　　　　　　（　　）

三、看图分析题（共 20 分）

如图所示为某机床的传动系统图，根据该图完成下列任务：

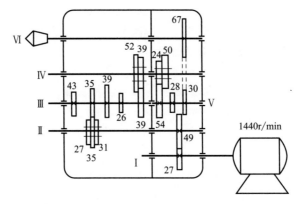

1. 传动系统图的作用是什么？（4 分）

2. 根据图示的传动系统图，列出传动路线表达式。（6 分）

3. 根据传动路线表达式，计算其最大和最小转速。不考虑效率损失。（6 分）

4. 该传动系统共有几级转速？如何实现主轴的正反转？（4 分）

四、结构分析题（共 15 分）

如图所示为某车床制动系统的结构简图，根据该图完成以下问题：

1. 说明车床制动系统的工作原理。（5 分）

2. 当手柄打到停车位置时，发现主轴长时间不能停止转动，请找出原因。（5 分）

3. 如何调节制动装置的松紧程度？（5 分）

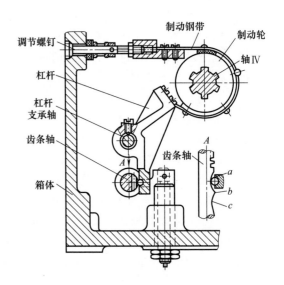

五、简答题（共15分）

1. 影响切削力的因素有哪些？简述其影响规律。（5分）

2. 简述磨削加工的特点。（5分）

3. 比较滚齿加工和插齿加工的工艺特点。（5分）

六、计算题（共30分，第1题12分，第2题18分）

1. 某机械厂加工 $z=52$、$m=2mm$ 的单联标准直齿圆柱齿轮，已知数据如下：

① 滚齿机为 Y3150E，滚刀直径70mm，螺旋升角 $\lambda=3°6'$，$m_n=2mm$，单头右旋；

② 滚齿时切削用量要素为 $v_c=25m/min$，$f=0.87mm/r$；

③ 滚刀的转速表如下所示：

A/B	22/44			33/33			44/22		
u_{II-III}	27/43	31/39	35/35	27/43	31/39	35/35	27/43	31/39	35/35
$n_刀$	40	50	63	80	100	125	160	200	250

根据上述已知条件，完成以下问题：

(1) 滚齿机 Y3150E 的主参数是什么？（2分）

(2) 滚刀的安装角度为多少？说明原因。（2分）

(3) 滚刀的扳动方向是逆时针还是顺时针。（4分）

(4) 选定滚刀的工作转速和配换挂轮的传动比。（4分）

2. 已知工件材料为 HT200，加工前直径为70mm，用主偏角为60°的硬质合金车刀车外圆，工件转速6r/s，加工后直径为62mm，刀具沿工件轴向移动速度为2.4mm/s，单位切削力 $K_c=1118MPa$，利用单位切削力公式求：

(1) 背吃刀量，进给量，切削速度。（6分）

(2) 切削层的参数。（6分）

(3) 切削力和切削功率。（6分）

试 卷 B

班级＿＿＿＿姓名＿＿＿＿学号＿＿＿＿成绩＿＿＿＿

一、单项选择题（每题1分，共10分）

1. 在切削平面内测量的角度有（ ）。

A. 前角和后角　　　　B. 主偏角和副偏角　　C. 刃倾角　　　　D. 副后角

2. 高速精车铝合金应选用的刀具材料是（ ）。

A. 高速钢　　　　　　B. P类（相当于钨钛钴类）硬质合金

C. 金刚石刀具　　　　D. K类（相当于钨钴类）硬质合金

3. 不锈钢难加工的主要原因是（ ）。

A. 强度高、硬度大　　B. 易粘刀和产生积屑瘤，不易断屑

C. 塑性、韧性高　　　D. 热导率小，切削温度高

4. ISO统一规定，以1/2背吃刀量处（ ）作为刀具的磨钝标准。

A. 刀尖磨损量　　　　B. 后刀面磨损的高度

C. 前刀面月牙洼的深度　D. 后刀面磨损的宽度

5. 根据我国机床型号编制方法，最大磨削直径为320mm、经过第一次重大改进的高精度万能外圆磨床的型号为（ ）。

A. MG1432A　　　　B. M1432A　　　　C. MG432　　　　D. MA1432

6. 切削用量要素对切削温度的影响程度由大到小排列是（ ）。

A. $v_c \rightarrow a_p \rightarrow f$　　B. $a_p \rightarrow f \rightarrow v_c$　　C. $f \rightarrow a_p \rightarrow v_c$　　D. $v_c \rightarrow f \rightarrow a_p$

7. 车床的开合螺母机构主要是用来（ ）。

A. 防止过载　　　　　B. 自动断开走刀运动

C. 接通或断开螺纹运动　D. 自锁

8. 大型箱体零件上的孔系加工，最适宜的机床是（ ）。

A. 钻床　　　　　　　B. 拉床　　　　　　C. 镗床　　　　　D. 立式车床

9. 用钻头钻孔时，产生很大轴向力的主要原因是（ ）。

A. 横刃的作用　　　　B. 主切削刃的作用　　C. 切屑的摩擦和挤压

10. 下列四种齿轮刀具中，用展成法加工齿轮的刀具是（ ）。

A. 盘形齿轮铣刀　　　B. 指形齿轮铣刀　　　C. 齿轮拉刀　　　D. 齿轮滚刀

二、判断对错题（每题1分，共10分）

1. 积屑瘤在精加工时要设法避免，但对粗加工有一定的好处。　　　　　　（　　）

2. CA6140加工螺纹时，应保证主轴转一转刀具移动一个螺纹导程。　　　（　　）

3. 刀具前角愈大，切屑变形程度就愈大。　　　　　　　　　　　　　　　（　　）

4. 在刀具角度中，对切削力影响最大的是前角和后角。　　　　　　　　　（　　）

5. X6132型立式升降台铣床的工作台面宽度为320mm。　　　　　　　　（　　）

6. 机床加工某一具体表面时，至少有一个主运动和一个进给运动。　　　　（　　）

7. 45°车刀常用于车削工件的端面和倒角，也可以用来车削外圆。　　　　（　　）

8. 在铣削过程中，逆铣较顺铣最大的优点是工作台无窜动现象。　　　　　（　　）

9. 滚齿机可以加工内齿轮、双联或多联齿轮。　　　　　　　　　　　　　（　　）

10. 刨刀常做成弯头的，其目的是增大刀杆刚度。　　　　　　　　　　　（　　）

三、看图分析题（共 20 分）

如图所示，根据该图完成下列任务：

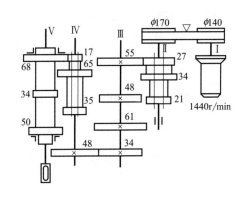

1. 该图是什么图？作用是什么？（2 分）

2. 根据上述图示，补齐空出的内容。（8 分）

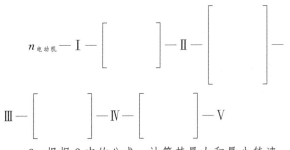

$$n_{电动机} - I - \left[\ \ \ \right] - II - \left[\ \ \ \right] - $$

$$III - \left[\ \ \ \right] - IV - \left[\ \ \ \right] - V$$

3. 根据 2 中的公式，计算其最大和最小转速。（6 分）

4. 该图中共有几级转速？如何实现主轴的正反转？（4 分）

四、结构分析题（共 15 分）

如图所示为双向多片式摩擦离合器的结构图，分析并回答以下问题：

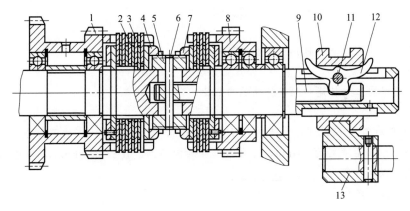

(1) 该摩擦离合器在机床中的作用是什么？（6 分）

(2) 为什么左边摩擦片要比右边摩擦片的数量多？（4 分）

(3) 根据离合器的结构图，将正确的内容填在横线上。（5 分）

当拨叉 13 左移时，滑套 10____移动（"向左"或"向右"），牛头销 12____转动（"逆时针"或"顺时针"），拉杆 9____移动（"向左"或"向右"），拉杆 9 通过长销 6 带动压套 5 和螺母 4 压紧内外摩擦片 2 和 3，从而将运动传给_____（填零件的名称和序号），使主轴____转（"正"或"反"）。

五、简答题（共 15 分）

1. 金属切削过程的本质是什么？三个变形区有何特征？（5 分）

2. 比较顺铣和逆铣的特点。（5 分）

3. 比较滚齿加工和插齿加工的工艺特点。（5 分）

六、计算题（共 30 分，第 1 题 12 分，第 2 题 18 分）

1. 某机械厂加工 $z=47$、$m=4$mm 的 45 钢制标准直齿圆柱齿轮，已知数据如下：

① 滚齿机为 Y3150E，滚刀直径 100mm，螺旋升角 $\lambda=2°45'$，$m_n=4$mm，单头左旋；

② 滚齿时切削用量要素为 $v_c=20$m/min，$f=1$mm/r；

③ 滚刀的转速表如下所示：

A/B	22/44			33/33			44/22		
$u_{\mathrm{II-III}}$	27/43	31/39	35/35	27/43	31/39	35/35	27/43	31/39	35/35
$n_刀$	40	50	63	80	100	125	160	200	250

根据上述已知条件，完成以下问题：

（1）滚齿机 Y3150E 的主参数是什么？（2 分）

（2）滚刀的安装角度为多少？说明原因。（2 分）

（3）滚刀的扳动方向是逆时针还是顺时针？（4 分）

（4）选定滚刀的工作转速和配换挂轮的齿数比。（4 分）

2. 已知工件材料为 HT200，加工前直径为 100mm，用主偏角为 60°的硬质合金车刀车外圆，工件转速 4r/s，加工后直径为 94mm，刀具沿工件轴向移动速度为 2.4mm/s，单位切削力 $K_c=1962$MPa，完成以下计算内容：

（1）背吃刀量，进给量，切削速度。（6 分）

（2）切削层的参数。（6 分）

（3）切削力和切削功率。（6 分）

试卷A 参考答案

一、单项选择题（每题1分，共10分）

1. B；2. D；3. B；4. B；5. A；6. C；7. C；8. C；9. A；10. D

二、判断对错题（每题1分，共10分）

1. √；2. ×；3. √；4. √；5. √；6. ×；7. √；8. √；9. √；10. √

三、看图分析题（共20分）

1. 答：传动系统图是表示机床全部运动关系的示意图，图中用简单的符号代表各种传动元件（2分）。传动系统图只表示传动关系，不能代表各传动元件的实际尺寸和空间位置（2分）。

2. 答：传动路线表达式为：

$$n_{1440} - \frac{27}{49} - \begin{bmatrix} 27/43 \\ 35/35 \\ 31/39 \end{bmatrix} - \begin{bmatrix} 26/52 \\ 39/39 \end{bmatrix} - \begin{bmatrix} 24/54 \\ 50/28 \end{bmatrix} - \frac{30}{67} - n_{zhu} \quad (6 \text{ 分})$$

3. 答：最大和最小转速为：

$$n_{max} = 1440 \times \frac{27}{49} \times \frac{35}{35} \times \frac{39}{39} \times \frac{50}{28} \times \frac{30}{67} = 634 (r/min)$$
$$(6 \text{ 分})$$
$$n_{min} = 1440 \times \frac{27}{49} \times \frac{27}{43} \times \frac{26}{52} \times \frac{24}{54} \times \frac{30}{67} = 50 (r/min)$$

4. 答：转速级数为 $3 \times 2 \times 2 = 12$ 级（2分）；通过电动机实现主轴的正反转（2分）。

四、结构分析题（共15分）

1. 答：制动系统的工作原理是利用钢带和轴之间的摩擦进行制动。（5分）

2. 答：主轴长时间不停止转动是因为制动带太松，导致主轴停止较慢。（5分）

3. 答：通过调节螺钉将钢带拉紧，增大制动力矩即可。（5分）

五、简答题（共15分）

1. 答：影响切削力的因素有：①工件材料；②刀具几何参数；③切削用量；④刀具材料；⑤刀具磨损和切削液。（5分）

2. 答：①加工精度高；②磨削温度高；③能加工硬质材料；④工艺范围广。（5分）

3. 答：插齿较滚齿的齿形误差小；插齿的表面粗糙度值小；插齿的效率低，滚齿效率高；插齿的应用范围广，滚齿不能加工内齿轮。（5分）

六、计算题（共30分，第1题12分，第2题18分）

1. 解

(1) 主参数为齿轮的最大加工直径500mm。（2分）

(2) 滚刀加工直齿轮时，安装角就是滚刀的螺旋升角即 $\lambda = 3°6'$。（2分）

(3) 滚刀右旋时，滚刀扳动方向为顺时针方向。（4分）

(4) 根据速度公式初步算出滚刀的转速：

$$n = \frac{1000 v_c}{\pi d_w} = \frac{1000 \times 25}{3.14 \times 70} = 113.74 (r/min) (2 \text{ 分})$$

由表格，取 $n = 125 r/min$，则挂轮的齿数为 $A/B = 33/33$。（2分）

2. 解

(1) $a_p = (d_w - d_m)/2 = (70 - 62)/2 = 4$ (mm)

$f = v_f / n = 2.4/6 = 0.4$（mm/r）

$v_c = \pi d_w n / 1000 = 3.14 \times 70 \times 360 / 1000 = 79.13$（m/min）（6分）

（2）$h_D = f \sin \kappa_r = 0.4 \times \sin 60° = 0.4 \times 0.866 = 0.3464$（mm）

$b_D = a_p / \sin \kappa_r = 4/0.866 = 4.619$（mm）

$A_D = f a_p = 0.4 \times 4 = 1.6$（mm^2）（6分）

（3）$F_c = k_c A_D = 1118 \times 1.6 = 1789$（N）

$P_c = F_c v_c = 1789 \times 79.13/60/1000 = 2.36$（kW）（6分）

试卷 B　参考答案

一、单项选择题（每题 1 分，共 10 分）

1. C；2. C；3. B；4. D；5. A；6. D；7. C；8. C；9. A；10. D

二、判断对错题（每题 1 分，共 10 分）

1. √；2. √；3. ×；4. ×；5. √；6. ×；7. √；8. √；9. ×；10. √

三、看图分析题（共 20 分）

1. 答：传动系统图是表示机床全部运动关系的示意图，图中用简单的符号代表各种传动元件（1 分）。传动系统图只表示传动关系，不能代表各传动元件的实际尺寸和空间位置（1 分）。

2. 答：传动路线表达式为：

$$n_{\text{电动机}} - \text{I} - \frac{\phi140}{\phi170} - \text{II} - \begin{bmatrix} 27/55 \\ 34/48 \\ 21/61 \end{bmatrix} - \text{III} - \frac{34}{48} - \text{IV} - \begin{bmatrix} 17/68 \\ 65/34 \\ 35/50 \end{bmatrix} - \text{V} \quad (8\ \text{分})$$

3. 答：最大和最小转速为：

$$n_{\max} = 1440 \times \frac{\phi140}{\phi170} \times \frac{34}{48} \times \frac{34}{48} \times \frac{65}{34} = 1137.5(\text{r/min})$$

$$n_{\min} = 1440 \times \frac{\phi140}{\phi170} \times \frac{21}{61} \times \frac{34}{48} \times \frac{17}{68} = 72(\text{r/min})$$

（6 分）

4. 答：级数为 3×3＝9 级（2 分）；通过电动机实现主轴的正反转（2 分）。

四、结构分析题（共 15 分）

（1）答控制主轴的正、反转和停止。（6 分）

（2）答左离合器控制主轴的正转，切削时扭矩大，片数多；右边离合器用于退刀，因此片数少。（4 分）

（3）答向左；逆时针；向右；空套齿轮 8；反转。（5 分）

五、简答题（共 15 分）

1. 答：本质是工件材料受到刀具前刀面的挤压后产生塑性变形，最后沿斜面剪切滑移而成的。（2 分）

第一变形区：金属沿滑移线产生剪切变形和加工硬化；（1 分）

第二变形区：前刀面的挤压和摩擦，金属纤维化；（1 分）

第三变形区：后刀面的挤压和摩擦，产生加工硬化。（1 分）

2. 答：顺铣加工质量比逆铣要好；刀具的使用寿命比逆铣要长（3 分）；但顺铣容易产生工作台窜动，引起振动（1 分），一般情况下，多选逆铣（1 分）。

3. 答：插齿较滚齿的齿形误差小；插齿的表面粗糙度值小；插齿的效率低，滚齿效率高；插齿的应用范围广，滚齿不能加工内齿轮。（5 分）

六、计算题（共 30 分，第 1 题 12 分，第 2 题 18 分）

1. 解

（1）主参数为齿轮的最大加工直径 500mm。（2 分）

（2）滚刀加工直齿轮时，安装角就是滚刀的螺旋升角即 $\lambda = 2°45'$。（2 分）

（3）滚刀左旋时，滚刀扳动方向为逆时针方向。（4 分）

（4）根据速度公式初步算出滚刀的转速：

$$n = \frac{1000 v_c}{\pi d_w} = \frac{1000 \times 20}{3.14 \times 100} = 63.69 \ (\text{r/min}) \ （2分）$$

由表格，取 $n = 63\text{r/min}$，则挂轮的齿数为 $A/B = 22/44$。如取 $n = 80\text{r/min}$，则挂轮的齿数为 $A/B = 33/33$。（2分）

2. 解

(1) $a_p = (d_w - d_m)/2 = (100 - 94)/2 = 3 \ (\text{mm})$

$\quad f = v_f/n = 2.4/4 = 0.6 \ (\text{mm/r})$

$\quad v_c = \pi d_w n/1000 = 3.14 \times 100 \times 240/1000 = 75.36 \ (\text{m/min}) \ （6分）$

(2) $h_D = f \sin \kappa_r = 0.6 \times \sin 60° = 0.6 \times 0.866 = 0.52 \ (\text{mm})$

$\quad b_D = a_p/\sin \kappa_r = 3/0.866 = 3.5 \ (\text{mm})$

$\quad A_D = f a_p = 0.6 \times 3 = 1.8 \ (\text{mm}^2) \ （6分）$

(3) $F_c = k_c A_D = 1962 \times 1.8 = 3531 \ (\text{N})$

$\quad P_c = F_c v_c = 1789 \times 79.13/60/1000 = 4.43 \ (\text{kW}) \ （6分）$

实训练习题参考答案

第1章　金属切削加工的基本概念

一、填空题

1. 待加工表面、已加工表面、加工表面
2. 主运动、进给运动、主运动
3. 切削速度、进给量、背吃刀量
4. 切削厚度、切削宽度、背吃刀量
5. 前刀面、主后刀面、副后刀面，主切削刃、副切削刃，刀尖
6. 基面、切削平面、正交平面或主剖面，p_r、p_s、p_o
7. 主偏角、副偏角，κ_r、κ_r'
8. 刃倾角、λ_s
9. 前角、后角，γ_o、α_o
10. 前角、后角、主偏角、副偏角、刃倾角、副后角

二、判断题

1. √；2. ×；3. √；4. ×；5. ×；6. √；7. ×；8. √；9. ×；10. √；11. √；
12. √；13. √；14. ×；15. √；16. √；17. √；18. ×；19. √；20. ×；21. √

三、单项选择题

1. A；2. C；3. A；4. C；5. A；6. C；7. C；8. B；9. C；10. C；11. B；12. A；13. A；
14. C；15. C；16. C；17. A；18. C；19. A；20. B；21. D；22. C

四、简答题

1. 答：切削运动就是工件与刀具之间的相对运动，它由金属切削机床来完成，切削运动分为主运动和进给运动；工件表面指工件的待加工表面、已加工表面和加工表面。

2. 答：切削用量要素包括切削速度、进给量和背吃刀量三要素；切削层参数是指切削宽度、切削厚度和切削面积。

3. 答：刀具标注角度参考系是指引入三个相互垂直的参考平面组成的参考系。包括基面、切削平面和正交平面。

4. 答：

前角 γ_o：在正交平面内测量的前刀面和基面的夹角。前角表示前刀面的倾斜程度，有正、负之分。

后角 α_o：在正交平面内测量的主后刀面和切削平面的夹角，后角一般为正值。

主偏角 κ_r：在基面内测量的主切削刃在基面上的投影与进给运动方向的夹角。

副偏角 κ'_r：在基面内测量的副切削刃在基面上的投影与进给运动反方向的夹角。

刃倾角 λ_s：在切削平面内测量的主切削刃和基面间的夹角，有正、负之分。

副后角 α'_o：副后刀面与切削平面间的夹角，它确定副后刀面的空间位置。

5. 答：高硬度和高耐磨性；足够的强度和韧性；高的耐热性；良好的工艺性；良好的经济性。

6. 答：高速钢是一种加入较多钨、钼、铬、钒等合金元素的高合金工具钢，又称锋钢或风钢，热处理后硬度可达 62～66HRC，抗弯强度约为 3.3GPa。高速钢有较高的热稳定性、耐磨性、耐热性，高速钢的强度、韧性、工艺性都很好，广泛应用于制造中速切削及形状复杂的刀具，如麻花钻、铣刀、拉刀和齿轮刀具。

7. 答：硬质合金刀具常温硬度高，化学稳定性好，热稳定性好，耐磨性好，耐热性达 800～1000℃，硬质合金刀具允许的切削速度比高速钢刀具高 5～10 倍，能切削淬火钢等硬材料。但硬质合金抗弯强度低、脆性大，抗振动和冲击性能较差。硬质合金被广泛用于制作各种刀具，如车刀、端铣刀、深孔钻等。

五、作图题

1. 解：外圆车刀的几何角度按下图标注。

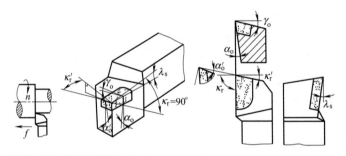

2. 解：切断刀的几何角度按下图标注。

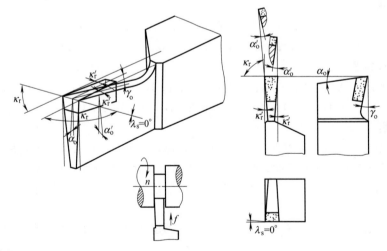

六、计算题

1. 解：① 工件材料为 45 碳钢，所选刀具材料较多，此处选用高速钢或硬质合金均可。

② 根据公式，可得：$v = \pi d n / 1000 = 3.14 \times 100 \times 240 / 1000 = 75.36$（m/min）

③ 切削层参数计算数值如下：

$h_D = f \sin\kappa_r = 0.50 \times \sin75° = 0.483$（mm）

$b_D = a_p/\sin\kappa_r = 4/\sin75° = 4.14$（mm）

$A_D = h_D b_D = a_p f = 4 \times 0.50 = 2$（mm²）

2．解：根据公式 $v = \pi dn/1000$，得 $n = 1000v/\pi d$，$n = 1000 \times 26/(3.14 \times 100) = 82.80$（r/min）。查铣工手册，可取铣床转速值为 $n = 90$（r/min）。

3．解：根据公式 $v = \pi dn/1000$，得 $n = 1000v/\pi d$，$n = 1000 \times 20/(3.14 \times 20) = 318$（r/min）。查相关手册，可取钻床转速值为 $n = 355$（r/min）。

4．解：参考第五题解法和教材。

第2章　金属切削过程的基本规律

一、填空题

1．工件材料受到刀具的挤压后产生塑性变形，沿剪切面滑移的过程；变形系数

2．挤压、剪切、滑移

3．剪切角

4．变形系数、相对滑移

5．锋利、增大、减小

6．中等，塑性；精

7．低、高

8．增大、增加

9．带状切屑、节状切屑、粒状切屑、崩碎切屑

10．强度、硬度；塑性、韧性

二、判断题

1．√；2．×；3．√；4．×；5．×；6．√；7．×；8．√；9．√；10．×

三、单项选择题

1．A；2．A；3．B；4．C；5．B；6．B；7．B；8．C；9．D；10．A；11．B；12．A；13．D；14．B；15．C；16．B；17．B；18．A

四、简答题

1．答：切屑的形成过程实质是工件材料受到刀具前刀面的推挤后产生塑性变形，最后沿斜面剪切滑移形成的，切削过程中，切削层金属的变形大致可分为三个变形区。

第一变形区：特征是沿滑移线的剪切变形，以及随之产生的加工硬化。

第二变形区：特征是切屑排出时受到前刀面的挤压和摩擦，靠近前刀面的金属纤维化，方向和前刀面基本平行。

第三变形区：特征是已加工表面受到切削刃和后刀面的挤压和摩擦，造成表层金属纤维化和加工硬化。

2．答：（1）在切削速度不高而又能形成连续切屑的情况下，加工一般钢料或铝合金等塑性材料时，黏附在刀具前刀面上的金属称为积屑瘤或刀瘤。

（2）增大刀具的前角；改变切削厚度；增大加工表面粗糙度；影响刀具的使用寿命。

（3）正确选择切削速度，避开产生积屑瘤的区域；使用润滑性能良好的切削液，减小刀-屑之间的摩擦；增大刀具的前角，减小刀具前刀面和切屑之间的压力；适当提高工件材料的硬度，减小加工硬化倾向。

3．答：切屑的形状主要分为带状、节状、粒状和崩碎四种类型。

（1）当使用较大前角的刀具和较高的切削速度、较小的进给量和背吃刀量，切削硬度较低的塑性材料时，形成带状切屑。

（2）一般用较低的切削速度、粗加工中等硬度的塑性材料时，得到节状切屑。

（3）在切削速度较低、切削厚度较大、前角较小、切削塑性材料时易产生单元切屑。

（4）切削硬脆材料，当切削厚度较大时常得到崩碎切屑。

4. 答：（1）工件材料强度和硬度越高，变形系数越小。

（2）刀具几何参数中影响最大的是前角。前角越大，变形系数越小。

（3）切削速度越大，变形系数越小；进给量增大，变形系数减小；背吃刀量对变形系数基本无影响。

第3章　金属切削过程中的物理现象

一、填空题

1. 切屑形成过程中弹性变形和塑性变形所产生的变形抗力、刀具和切屑以及刀具和工件表面之间的摩擦力；切向力、进给力、背向力

2. 切屑、工件、刀具、介质

3. 切屑、刀具；工件、切屑

4. 前刀面磨损、后刀面磨损、前后刀面同时磨损；初期磨损、正常磨损、急剧磨损

5. 200～300℃、相变磨损

6. 背吃刀量、进给量、切削速度

7. 切削速度、进给量、背吃刀量

8. 刀尖

9. 切削速度、进给量、背吃刀量

10. 寿命

二、判断题

1. ×；2. ×；3. √；4. √；5. ×；6. √；7. ×；8. √；9. ×；10. √

三、单项选择题

1. B；2. B；3. C；4. C；5. C；6. C；7. A；8. A；9. B；10. A；11. B；12. B；13. D；14. A；15. C；16. B；17. D；18. D；19. B；20. B；21. A；22. B；23. A；24. A；25. B；26. C

四、简答题

1. 答：①工件材料的影响；②刀具几何参数的影响；③切削用量的影响；④刀具材料的影响；⑤切削液的影响；⑥刀具磨损的影响。

2. 答：切削热是切削过程的重要物理现象之一。切削过程中的切削热和由它引起的切削温度升高，直接影响刀具的磨损和寿命，并影响工件的加工精度和已加工表面质量。

在切削加工中，切削变形与摩擦所消耗的能量几乎全部转换为热能。所以三个变形区就是三个发热源，产生的热由切屑、刀具、工件和周围介质传导出去。

影响热传导的主要因素是工件和刀具材料的热导率、加工方式和周围介质的状况。

3. 答：①切削用量的影响；②刀具几何参数的影响；③工件材料的影响；④刀具磨损的影响；⑤切削液的影响。

4. 答：磨损形态有三种：①前刀面磨损，在前刀面上形成月牙洼磨损；②后刀面磨损，后

刀面磨损带往往不均匀，在后刀面磨损带的中间位置，其平均宽度以 VB 表示；③边界磨损，常在主切削刃靠近工件外皮处和副切削刃靠近刀尖处的后刀面上，磨出较深的沟纹。

5. 答：①磨料磨损主要是由机械摩擦作用造成的，它是低速刀具磨损的主要原因。②黏结磨损是指刀具与工件材料的摩擦面上在足够大压力和高温作用下，所产生的"冷焊"现象，切削温度是影响黏结磨损的主要原因。③扩散磨损速度主要与切削温度和刀具的化学成分有关，切削温度越高，刀具的扩散磨损越快。④化学磨损是在一定温度下，刀具材料与某些周围介质起化学作用，在刀具表面形成一层硬度较低的化合物被切屑带走，加速刀具磨损。化学磨损主要发生于较高的切削速度条件下。⑤刀具材料因切削温度升高而达到相变温度时，金相组织会发生改变，使刀具硬度下降，从而造成相变磨损。

6. 答：刀具磨损到一定限度就不能继续使用，这个磨损限度称为磨钝标准。在实际生产中，常根据切削中发生的一些现象如火花、振动、啸音等来判断刀具是否已经磨钝。在评定刀具材料的切削性能和试验研究时，都是以刀具表面的磨损量作为衡量刀具的磨钝标准。ISO 统一规定以 1/2 背吃刀量处后刀面上测量的磨损带宽度 VB 作为刀具的磨钝标准。

7. 答：一把新刀或重新刃磨过的刀具从开始使用直到达到磨钝标准所经历的实际切削时间，称为刀具寿命。从第一次投入使用直至完全报废时所经历的实际切削时间，叫刀具总寿命。对于重磨刀具，刀具总寿命等于刀具寿命乘以刃磨次数。应当明确，刀具寿命和刀具总寿命是两个不同的概念。

8. 答：切削速度对刀具使用寿命影响最大，进给量次之，背吃刀量最小。这与它们对切削温度的影响顺序一致，说明切削温度对刀具使用寿命有重要影响。在保证刀具使用寿命的前提下，为提高生产率，应首先选取大的背吃刀量，其次选取较大的进给量，最后计算或根据手册选择合适的切削速度。

五、计算题

1. 解：（1）根据切削力指数公式求解。根据表 3-1，查得相应的系数和指数为：
$$C_{F_c}=2795, x_{F_c}=1.0, y_{F_c}=0.75, n_{F_c}=-0.15$$
加工条件中的刀具前角和主偏角与实验条件不符，根据切削用量简明手册查得其相应的修正系数如下。其它加工条件与实验条件相同，取修正系数为 1。
$$k_{\gamma_o F_c}=0.95, k_{\kappa_r F_c}=0.94$$
将所查得的系数和指数代入切削力指数公式，可以求出：
$$F_c=C_{F_c} a_p^{x_{F_c}} f^{y_{F_c}} v^{n_{F_c}} K_{F_c}=2795\times4^{1.0}\times0.6^{0.75}\times110^{-0.15}\times0.95\times0.94=3354(\text{N})$$
根据切削功率的计算公式，求得切削功率为：$P_c=3354\times(110/60)\times10^{-3}=6.1$（kW）

（2）根据单位切削力公式求解。由表 3-2 查得单位切削力 $k_c=1962\text{MPa}$
根据单位切削力公式可得切削力为：$F_c=k_c A_D=1962\times4\times0.6=4709$（N）
根据切削功率公式：$P_c=F_c v_c=4709\times110/60=8.6$（kW）

2. 解：根据切削力指数公式求解。根据表 3-1，查得相应的系数和指数为：
$$C_{F_c}=2795, x_{F_c}=1.0, y_{F_c}=0.75, n_{F_c}=-0.15$$
加工条件中的刀具前角和主偏角与实验条件不符，根据切削用量简明手册查得其相应的修正系数如下。其它加工条件与实验条件相同，取修正系数为 1。
$$k_{\gamma_o F_c}=0.95, k_{\kappa_r F_c}=0.94$$
将所查得的系数和指数代入切削力指数公式，可以求出：
$$F_c=C_{F_c} a_p^{x_{F_c}} f^{y_{F_c}} v^{n_{F_c}} K_{F_c}=2795\times2^{1.0}\times0.3^{0.75}\times105^{-0.15}\times0.95\times0.94=1007(\text{N})$$

根据切削功率的计算公式，求得切削功率为：$P_c = 1007 \times (105/60) \times 10^{-3} = 1.8$（kW）

3. 解：根据单位切削力公式求解。由表 3-2 查得单位切削力 $k_c = 1962$ MPa

根据单位切削力公式可得切削力为：$F_c = k_c A_D = 1962 \times 3 \times 0.2 = 1177$（N）

根据切削功率公式：$P_c = F_c v_c = 1177 \times 90/60 = 1766$（W）$= 1.8$（kW）

第4章　金属切削理论的应用

一、填空题

1. 相对加工性 k_r

2. 物理力学、金相组织

3. 金相组织

4. 强度、锋利

5. 后刀面、加工；零、负值

6. 切屑的流向

7. 背吃刀量、进给量、切削速度

8. 冷却、润滑

二、判断题

1. ×；2. √；3. √；4. ×；5. √；6. ×；7. √；8. ×；9. √；10. √；11. ×；12. √；13. ×；14. √

三、单项选择题

1. B；2. C；3. A；4. C；5. A；6. A；7. D；8. A；9. B；10. A；11. C；12. A；13. C；14. A；15. B

四、简答题

1. 答：工件材料的切削加工性是指在一定的切削条件下，对工件材料进行切削加工的难易程度。以刀具使用寿命衡量切削加工性；以工件材料允许的切削速度来衡量切削加工性；以切削力和切削温度衡量切削加工性；以加工表面质量衡量切削加工性；以断屑性能衡量切削加工性等。

2. 答：①材料的物理力学性能的影响；②材料化学成分的影响；③材料金相组织的影响。

3. 答：参看案例。

4. 答：前角主要解决切削刃强度与锋利性的矛盾。

工件材料的强度和硬度高，前角取小值，反之取大值；粗加工时为保证切削刃强度，前角取小值，精加工时为提高表面质量，前角取大值；加工塑性材料时宜取较大前角，加工脆性材料宜取较小前角；刀具材料韧性好时宜取较大前角，反之应取较小前角；工艺系统刚性差时，应取较大前角。

后角的主要功用是减小刀具后刀面与加工表面之间的摩擦，因此后角不能为零度或负值，一般在 6°～12° 之间选取。精加工时，后角取大值，粗加工时，后角取小值；工件材料强度和硬度高时，后角取小值，以增强切削刃的强度，反之，后角取大值。工艺系统刚性差时，后角取小值；对于尺寸精度要求较高的刀具，后角取小值，以增加刀具的重磨次数。

5. 答：减小主、副偏角，可以减小已加工表面粗糙度值，同时提高刀尖强度，改善散热条件，提高刀具寿命；主偏角的取值还影响各切削分力的大小和比例分配。

工件材料强度和硬度高时，宜取较小主偏角以提高刀具寿命；工艺系统刚性差时，宜取较大主偏角，反之取较小主偏角以提高刀具寿命；主偏角一般在 30°～90°之间选取。

工件材料强度和硬度高以及刀具作断续切削时，宜取较小副偏角；精加工时取较小的副偏角，以减小表面粗糙度值，副偏角一般为正值。

6. 答：负刃倾角车刀刀头强度好，散热条件好，工艺系统刚性差时，不宜采用负的刃倾角。

增大刃倾角绝对值，刀具切削刃实际钝圆半径减小，切削刃锋利，可以减小刀具受到的冲击；刃倾角不为零时，切削过程比较平稳。

改变刃倾角可以改变切屑的流向，达到控制排屑方向的目的。刃倾角大于零时，切屑流向待加工表面；刃倾角小于零时，切屑流向已加工表面，破坏已加工表面质量。

7. 答：①粗加工时以提高生产效率和保证刀具的使用寿命为主，选择切削用量时，应首先选取尽可能大的背吃刀量，其次在机床动力和刚度允许的情况下，选用较大的进给量，最后根据公式计算或查表确定合理的切削速度。粗加工的切削速度一般选取中等或更低的数值。

精加工时切削用量的选择首先要保证加工精度和表面质量，同时兼顾刀具的寿命和生产效率。精加工时往往采取逐渐减小背吃刀量的方法来提高加工精度，进给量的大小主要根据表面粗糙度的要求选取。选择切削速度要避开产生积屑瘤的区域。

② 背吃刀量 a_p 应根据加工性质和加工余量确定。粗加工时，在保留精加工余量的前提下，尽可能一次走刀切除全部余量，以减少走刀次数。

③ a_p 选定之后，应尽量选择较大的进给量。进给量的合理选择应保证机床、刀具不因切削力太大而损坏，切削力所引起的工件挠度不超出工件精度允许的数值，表面粗糙度值不致太大。粗加工时，进给量的选用主要受切削力的限制；半精加工和精加工时，进给量的选用主要受表面粗糙度和加工精度的限制。

④ 当背吃刀量 a_p 与进给量 f 选定后，可以根据公式计算或手册查表确定切削速度 v_c。

8. 答：加工碳钢时宜取较大前角，加工铸铁时宜取较小前角；工件材料强度和硬度高时，后角取小值，以增强切削刃的强度，反之，后角取大值。

工件材料强度和硬度高时，宜取较小主偏角以提高刀具寿命；工件材料强度和硬度高以及刀具作断续切削时，宜取较小副偏角。

9. 答：①水溶液；乳化液；切削油。②合理选用切削液，可以有效地减小切削过程中的摩擦，改善散热条件，降低切削力、切削温度和刀具磨损，提高刀具寿命和切削效率，保证已加工表面质量和降低产品的加工成本。

五、计算题

解：为达到工序的加工要求，本工序安排粗车和半精车两次走刀，粗车将外圆从 $\phi58$ 车至 $\phi52$，半精车将外圆从 $\phi52$ 车至 $\phi50$。

(1) 确定粗车的切削用量

① 背吃刀量　$a_p = \dfrac{d_w - d_m}{2} = \dfrac{58 - 52}{2} = 3$（mm）

② 进给量　根据已知条件，从表 4-2 中查得 $f = 0.5 \sim 0.7$ mm/r，根据 CA6140 的技术参数，实际取 $f = 0.56$ mm/r。

③ 切削速度　切削速度可以根据公式计算，也可以查表 4-4 确定。根据表查得：$v_c = 100$ m/min。由切削速度的公式，推导出机床的主轴转速为：

$$n = \frac{1000v}{\pi d} = \frac{1000 \times 100}{3.14 \times 58} = 549(\text{r/min})$$

根据 CA6140 车床的主轴转速数列，取 $n = 500$ r/min。实际切削速度为：

$$v_c = \frac{\pi d n}{1000} = \frac{3.14 \times 58 \times 500}{1000} = 91.06 \text{(m/min)}$$

（2）确定半精车的切削用量

① 背吃刀量　$a_p = \dfrac{d_w - d_m}{2} = \dfrac{52-50}{2} = 1\text{(mm)}$

② 进给量　根据表面质量的要求，查表 4-3 得 $f = 0.25 \sim 0.30$mm/r，根据 CA6140 车床进给量数列取 $f = 0.26$mm/r。

③ 切削速度　查表 4-4 得 $v_c = 130$m/min。由切削速度的公式，推导出机床的主轴转速为：

$$n = \frac{1000v}{\pi d} = \frac{1000 \times 130}{3.14 \times 52} = 796 \text{(r/min)}$$

根据 CA6140 车床的主轴转速数列，取 $n = 710$r/min。实际切削速度为：

$$v_c = \frac{\pi d n}{1000} = \frac{3.14 \times 52 \times 710}{1000} = 116 \text{(m/min)}$$

在通常条件下，半精车可不校核机床功率和进给机构的强度。

第5章　金属切削机床的基本知识

一、填空题

1. 车床，精密；工件的最大加工直径为 320mm

2. 钻床，摇臂钻床；钻孔的最大直径为 40mm

3. 磨床、外圆磨床组代号；工件最大磨削直径为 320mm

4. 轨迹法、成形法、相切法、展成法

5. 执行件、动力源、传动装置

6. 外联系传动链、内联系传动链；内联系传动链

7. 滑移齿轮、齿式离合器

二、判断题

1. ×；2. ×；3. ×；4. √；5. √；6. √；7. ×；8. √；9. √；10. ×

三、单项选择题

1. A；2. B；3. B；4. B；5. B；6. C；7. B；8. C

四、简答题

1. 答：参考机床型号编制方法 GB/T 15375—2008。

2. 答：① 轨迹法：它是利用刀具作一定规律的轨迹运动对工件进行加工的方法。

② 成形法：它是利用成形刀具对工件进行加工的方法。

③ 相切法：它是利用刀具边旋转边作轨迹运动对工件进行加工的方法。

④ 展成法：它是利用工件和刀具作展成切削运动进行加工的方法。

3. 答：如果一个独立的成形运动，是由独立的旋转运动或直线运动构成的，则此成形运动称为简单成形运动；如果一个独立的成形运动，是由两个或两个以上旋转运动或直线运动，按照某种确定的运动关系组合而成，则称此成形运动为复合成形运动。

4. 答：① 动力源和执行件之间的传动联系称为外联系传动链。外联系传动链的作用是使执行件按预定的速度运动，并传递一定的动力。外联系传动链不要求动力源和执行件之间保持严格的比例关系。

② 执行件和执行件之间的传动联系称为内联系传动链。内联系传动链的作用是将两个或两个以上的独立运动组成复合成形运动，它决定着复合成形运动的轨迹，影响发生线的形状。所以，内联系传动链要求执行件和执行件之间保持严格的比例关系。

5. 答：① 通常采用简明符号把传动原理和传动路线表示出来，这就是传动原理图。传动原理图仅表示形成某一表面所需的成形运动和与表面成形运动有直接关系的运动及其传动联系。

② 机床的传动系统图是表示机床全部运动传动关系的示意图，它比传动原理图更准确、更清楚、更全面地反映了机床的传动关系。机床的传动系统画在一个能反映机床外形和各主要部件相互位置的投影面上，并尽可能绘制在机床外形的轮廓线内。图中的各传动元件是按照运动传递的先后顺序，以展开图的形式画出来的。该图只表示传动关系，并不代表各传动元件的实际尺寸和空间位置。

6. 答：机床转速图用来表达传动系统中各轴的转速变化规律及传动副的速比关系。

7. 答：机床必须具有执行件、动力源和传动装置三个基本部分。

执行件是机床上最终实现所需运动的部件。如主轴、刀架及工作台等，其主要任务是带动工件或刀具完成相应的运动并保持准确的运动轨迹。

动力源是为执行件提供运动和动力的装置。如交流异步电动机、直流或交流调速电动机或伺服电动机。

传动装置是传递运动和动力的装置。

五、计算题

1. 解：（1）传动路线表达式如下：

$$n-\text{I}-\left[\frac{27}{49}\right]-\text{II}-\begin{bmatrix}27/43\\35/35\\31/39\end{bmatrix}-\text{III}-\begin{bmatrix}26/52\\39/39\end{bmatrix}-\text{IV}-\begin{bmatrix}24/54\\50/28\end{bmatrix}-\text{V}-\left[\frac{30}{67}\right]-\text{VI}$$

（2）主轴转速的级数为：$3\times2\times2=12$ 级。

（3）

$$n_{\max}=1440\times\frac{27}{49}\times\frac{35}{35}\times\frac{39}{39}\times\frac{50}{28}\times\frac{30}{67}=634(\text{r/min})$$

$$n_{\min}=1440\times\frac{27}{49}\times\frac{27}{43}\times\frac{26}{52}\times\frac{24}{54}\times\frac{30}{67}=49.5(\text{r/min})$$

2. 解：（1）传动路线表达式如下：

$$n-\frac{\phi90}{\phi150}-\begin{bmatrix}17/42\\36/22\\26/32\end{bmatrix}-\begin{bmatrix}42/26\\22/45\\38/30\end{bmatrix}-\frac{\phi178}{\phi200}\begin{Bmatrix}27/63-17/58-\text{M1}(\rightarrow)\\\text{M1}(\leftarrow)\end{Bmatrix}-\text{VI}(\text{主轴})$$

（2）主轴的转速级数为高速和低速级各 $3\times3=9$ 级，共 18 级。

（3）

$$n_{\max}=1430\times\frac{90}{150}\times\frac{36}{22}\times\frac{42}{26}\times\frac{178}{200}=2018.52(\text{r/min})$$

$$n_{\min}=1430\times\frac{90}{150}\times\frac{17}{42}\times\frac{22}{45}\times\frac{178}{200}\times\frac{27}{63}\times\frac{17}{58}=18.98(\text{r/min})$$

3. 解：（1）传动路线表达式为：

$$n-\frac{\phi120}{\phi240}-\frac{26}{72}-\begin{bmatrix}34/48\\41/41\\22/60\\28/54\end{bmatrix}-\frac{50}{65}\begin{Bmatrix}\begin{bmatrix}65/65\\26/104\end{bmatrix}-20/80-\text{M1}(\rightarrow)\\\text{M1}(\leftarrow)\end{Bmatrix}-\text{V}(\text{主轴})$$

（2）主轴的转速级数为：$2 \times 2 \times (2+1) = 12$ 级。

（3）
$$n_{\max} = 1440 \times \frac{120}{240} \times \frac{26}{72} \times \frac{41}{41} \times \frac{50}{65} = 200 (\text{r/min})$$

$$n_{\min} = 1440 \times \frac{120}{240} \times \frac{26}{72} \times \frac{22}{60} \times \frac{50}{65} \times \frac{26}{104} \times \frac{20}{80} = 4.58 (\text{r/min})$$

4. 解：$P = 1 \times \frac{36}{24} \times \frac{25}{40} \times \frac{a}{b} \times \frac{c}{d} \times 6 = 4$，整理后得：

$\frac{a}{b} \times \frac{c}{d} = \frac{4}{6} \times \frac{40}{25} \times \frac{24}{36} = \frac{4}{5} \times \frac{8}{9} = \frac{4 \times 5}{5 \times 5} \times \frac{8 \times 5}{9 \times 5} = \frac{20}{25} \times \frac{40}{45}$

取 $a = 20$，$b = 25$，$c = 40$，$d = 45$。

5. 解：$n = 1450 \times (130/230) \times (30/60) \times (25/50) \times (20/60) \times 0.98 = 67 (\text{r/min})$

根据速度公式 $v = \frac{\pi d n}{1000} = \frac{3.14 \times (2 \times 20) \times 67}{1000} = 8.42$ （mm/min）。

6. 解：（1）主轴共有 $3 \times 2 = 6$ 种转速。其最高和最低转速为：

$$n_{\max} = 1450 \times \frac{26}{54} \times \frac{22}{33} \times \frac{38}{26} = 680 \ (\text{r/min})$$

$$n_{\min} = 1450 \times \frac{26}{54} \times \frac{16}{39} \times \frac{28}{37} = 217 \ (\text{r/min})$$

（2）主轴共有 $2 \times 2 + 1 = 5$ 种转速。其最高和最低转速为：

$$n_{\max} = 1450 \times \frac{130}{230} \times \frac{50}{40} = 1024 \ (\text{r/min})$$

$$n_{\min} = 1450 \times \frac{130}{230} \times \frac{51}{43} \times \frac{22}{58} = 369 \ (\text{r/min})$$

第6章　车削加工

一、填空题

1. 回转、同轴

2. 纵向自动进给、用来车削外圆和端面；用来车削螺纹；梯形

3. 双向多片式摩擦离合器

4. 公制、英制、模数、径节

5. 内、外

6. 滑移齿轮

7. 90°

8. 刀架、主轴中心；主轴中心

9. 外圆柱、阶梯轴的台阶

10. 直头外圆车刀、45°弯头车刀、90°偏刀

11. 普通顶尖或死；活

12. 同步径向移动；自动定心

13. 中心架、跟刀架

二、判断题

1. ×；2. ×；3. ×；4. ×；5. ×；6. ×；7. ×；8. √；9. ×；10. √；11. √；
12. √；13. ×

三、单项选择题

1. C；2. C；3. C；4. B；5. C；6. C；7. A；8. A；9. E；10. A；11. A；12. C；13. C

四、简答题

1. 答：CA6140 型卧式车床万能性较大，但结构复杂、自动化程度低，加工形状复杂的工件时，加工过程中辅助时间较长，生产率低，适用于单件小批量生产。CA6140 型卧床工艺范围很广，它适用于加工各种轴类、套筒类和盘类零件上回转表面，如车削内外圆柱面、圆锥面、环槽及成形回转面；车削端面及各种常用螺纹；还可以进行钻孔、扩孔、铰孔、滚花、攻螺纹和套螺纹等。

2. 答：主轴箱的功用是实现主运动，并获得需要的转速及转向。

进给箱功用是用来改变被加工螺纹的导程或机床的进给量。

溜板箱功用是将进给箱通过光杠或丝杠传来的运动传递给刀架，使刀架进行纵向进给、横向进给或车螺纹运动。

床鞍上装有中溜板、回转盘、小溜板和刀架，可使刀具作纵、横向或斜向进给运动。

尾座上的套筒可安装顶尖以及各种孔加工刀具，用来支承工件或对工件进行孔加工，摇动手轮使套筒移动可实现刀具的纵向进给。

床身是车床的基本支承件。

3. 答：见表 6-6。

4. 答：① 正常进给量：米制路线，正常进给量 $8 \times 4 = 32$ 级，一般车削时采用的纵横向进给量。

② 较大进给量：英制路线 $u_倍 = 1$ 时，较大进给量 8 级，$f_{较大} > f_{正常}$。

③ 加大进给量：英制路线，M_2 低速时，z_{58} 在扩大螺距位置，用于低速大走刀时，加大进给量 16 级。$f_{加大} = 2f_{较大}$；$f_{加大} = 4f_{较大}$。

④ 细进给量：米制路线，M2 高速时，z_{58} 在扩大螺距位置，$u_倍 = 1/8$ 时，细进给量 8 级，用于精细车削。

5. 答：$1 \times 50/63 \times 44/44 \times 26/58 \times 33/33 \times 63/100 \times 100/75 \times 25/36 \times u_基 \times 25/36 \times 36/25 \times 1/8 \times 28/56 \times 36/32 \times 32/56 \times 4/29 \times 40/48 \times \pi \times 12 \times 2.5$。

6. 答：M_1 控制主轴的正反转和停止；M_2 控制主轴的高速和中低速转换；M_3 控制公制和英制的移换机构；M_4 控制非标、精密螺纹和标准螺纹的转换；M_5 控制丝杠和光杆的转换；M_6 控制机动进给和快速辅助运动的转换；M_7 是安全离合器，控制进给系统的最大扭矩；M_8 控制纵向进给运动（正、反转和停止）；M_9 控制横向进给运动（正、反转和停止）。

7. 答：卸荷式带轮结构是为了避免 V 带的拉力使 I 轴产生弯曲变形。传动系统图中，转矩传递到轴 I 的原理为：V 带轮旋转传递的转矩，通过与轴 I 花键相连的花键套将转矩传递到 I 轴；V 带轮受到的单向拉力则通过支撑花键套的深沟球轴承传递给固定在主轴箱体上法兰盘，再传递到箱体上。

8. 答：CA6140 型卧式车床主轴在主轴箱内是靠 5 个轴承定位的。轴的前端有 3 个轴承，其中，有 2 个向心球轴承、1 个推力向心滚柱轴承，中间一个推力向心轴承、后端一个向心推力滚柱轴承。其径向间隙可通过旋转轴前端轴承左边的调整环，推动滑套右移，使主轴最前轴承的内圈沿锥度向右微移，以减小主轴前端的径向间隙。主轴的轴向间隙可通过旋转主轴后端的调整环，推动滑套右移，使后端的推力轴承内圈带着主轴右移，减小后端轴承内、外圈之间的间隙，从而减小了主轴的轴向间隙，调定后需锁紧固定螺钉。

9. 答：当 M_3、M_4 和 M_5 全部接合时，通过配换挂轮来车削螺纹，此时的螺纹传动链不经过进给箱的任何齿轮传动，减少了传动件的制造误差和装配误差对非标螺纹导程的影响，如果提高挂轮的制造精度，则可加工精密螺纹。

不能在 CA6140 车床上用车大导程螺纹传动链车削较精密的非标螺纹，因为加工较大精密螺纹在 CA6140 车床上只需采用的措施是缩短传动链，而车大导程螺纹传动路线长，传动件的累积误差较大。

10. 答：开合螺母机构与机动纵向和横向进给操纵机构都作用于大溜板箱使之移动。如果两机构同时作用时，机床的传动链将遭到破坏。而螺母机构与横向机动进给机构虽分别作用于大溜板箱及中溜板箱，同时接通时不会损坏传动链，但同时接通时破坏了螺纹加工时的纵向进给与横向机动进给间的关系。所以，开合螺母操纵机构与机动纵向和横向进给操纵机构之间需要互锁。互锁机构的工作原理参看教材。

11. 答：直头外圆车刀只用来车削外圆柱面，分左、右偏刀两种。45°弯头车刀既可以车削圆柱面和端面，也可以内、外倒角。90°偏刀主要用来车削外圆柱面和阶梯轴的台阶端面。螺纹车刀用来车削螺纹。端面车刀主要用来车削端面。

12. 答：三爪卡盘能实现自动定心，夹紧工件无需找正，特别适合装夹圆形、正三角形、正六边形等工件。但三爪卡盘夹紧力小，传递扭矩不大，只适用于装夹中、小型工件。

四爪卡盘不但能夹持圆形的工件，还能夹持矩形、椭圆形和其它不规则形状的工件。四爪卡盘夹紧力大，但找正麻烦，对工人的技术水平要求较高，适用于单件、小批生产中安装较重或不规则的工件。

花盘是安装在车床主轴上的一个大圆盘，其端面有许多长槽，用以穿放螺栓压紧工件；花盘的端面应平整，且应与主轴中心线垂直。花盘适用于单件、小批生产中形状不规则或大而薄的工件。

加工细长轴（长径比 $L/D > 10$）时，为了防止工件受径向切削力的作用而产生弯曲变形，常用中心架或跟刀架作为辅助支承，以增加工件刚性。

五、计算题

1. 解：传动路线有两条

① 参看表 6-2，$u_基 = 20/14$，$u_倍 = 28/35 \times 35/28$ 时，其传动路线为：

主轴 Ⅵ—58/58—Ⅸ—$\begin{bmatrix} 33/33 \rightarrow \\ 33/25 \times 25/33 \leftarrow \end{bmatrix}$—Ⅺ—$63/100 \times 100/75$—Ⅻ—25/36—ⅩⅢ—$u_基$—ⅩⅣ—

$25/36 \times 36/25$—ⅩⅤ—$u_倍$—ⅩⅦ—M5—ⅩⅧ（丝杠）—刀架

② 参看表 6-2，$u_基 = 20/14$，$u_倍 = 28/35 \times 15/48$ 时，采用扩大导程机构，将 $L = 2.5\text{mm}$ 扩大 4 倍，其传动表达式为：

主轴 Ⅵ—58/26—Ⅴ—80/20—Ⅵ—$\begin{bmatrix} 50/50 \\ 80/20 \end{bmatrix}$—Ⅲ—44/44—Ⅷ—26/58—Ⅸ—$\begin{bmatrix} 33/33 \rightarrow \\ 33/25 \times 25/33 \leftarrow \end{bmatrix}$—

Ⅺ—$63/100 \times 100/75$—Ⅻ—25/36—ⅩⅢ—$u_基$—ⅩⅣ—$25/36 \times 36/25$—ⅩⅤ—$u_倍$—ⅩⅦ—M5—ⅩⅧ—刀架

2. 解：(1) ① 当米制螺纹 $P = 3\text{mm}$，$k = 2$，其导程 $L = 6\text{mm}$，查表 6-2 可知 $u_基 = 36/21$，$u_倍 = 18/45 \times 35/28$ 时，其传动路线为：

主轴 Ⅵ—58/58—Ⅸ—$\begin{bmatrix} 33/33 \rightarrow \\ 33/25 \times 25/33 \leftarrow \end{bmatrix}$—Ⅺ—$63/100 \times 100/75$—Ⅻ—25/36—ⅩⅢ—$u_基$—ⅩⅣ—

$25/36 \times 36/25$—ⅩⅤ—$u_倍$—ⅩⅦ—M5—ⅩⅧ（丝杠）—刀架

② 当米制螺纹 $P = 8\text{mm}$，$k = 2$，其导程 $L = 16\text{mm}$，采用扩大导程 4 倍或 16 倍的传动表达式，其传动路线为：

主轴 Ⅵ—58/26—Ⅴ—80/20—Ⅵ—$\begin{bmatrix} 50/50 \\ 80/20 \end{bmatrix}$—Ⅲ—44/44—Ⅷ—26/58—Ⅸ—$\begin{bmatrix} 33/33 \rightarrow \\ 33/25 \times 25/33 \leftarrow \end{bmatrix}$—

Ⅺ—63/100×100/75—Ⅻ—25/36—ⅩⅢ—$u_{基}$—ⅩⅤ—25/36×36/25—ⅩⅤ—$u_{倍}$—ⅩⅦ—M5—ⅩⅧ—刀架

查表 6-2，采用扩大 4 倍导程时，取 $u_{基}=32/28$，$u_{倍}=35/28 \times 18/45$；

查表 6-2，采用扩大 16 倍导程时，取 $u_{基}=32/28$，$u_{倍}=15/48 \times 18/45$。

(2) 英制螺纹 $a=4$ 牙/in 时，查表 6-3，$u_{基}=32/28$，$u_{倍}=35/28 \times 18/45$。其传动路线为：

主轴 Ⅵ—58/58—Ⅸ—$\begin{bmatrix} 33/33 \rightarrow \\ 33/25 \times 25/33 \leftarrow \end{bmatrix}$—Ⅺ—63/100×100/75—Ⅻ—M3—ⅩⅣ—1/$u_{基}$—ⅩⅢ—

36/25—ⅩⅤ—$u_{倍}$—ⅩⅦ—M5—ⅩⅧ（丝杠）—刀架

(3) 车模数螺纹的传动路线和车公制螺纹的路线相同，只需要把挂轮改变为 64/100×100/97。其导程为 3.5×2=7（mm），采用 1.75 扩大 4 倍导程。查表 6-4 可得 $u_{基}=28/28$，$u_{倍}=28/35 \times 35/28$。其传动路线为：

主轴 Ⅵ—58/26—Ⅴ—80/20—Ⅵ—$\begin{bmatrix} 50/50 \\ 80/20 \end{bmatrix}$—Ⅲ—44/44—Ⅷ—26/58—Ⅸ—$\begin{bmatrix} 33/33 \rightarrow \\ 33/25 \times 25/33 \leftarrow \end{bmatrix}$—

Ⅺ—64/100×100/97—Ⅻ—25/36—ⅩⅢ—$u_{基}$—ⅩⅣ—25/36×36/25—ⅩⅤ—$u_{倍}$—ⅩⅦ—M5—ⅩⅧ—刀架

(4) 车径节制螺纹 DP＝48 齿/in；查表 6-5，$u_{基}=36/21$，$u_{倍}=28/35 \times 15/48$。其传动路线为：

主轴 Ⅵ—58/58—Ⅸ—$\begin{bmatrix} 33/33 \rightarrow \\ 33/25 \times 25/33 \leftarrow \end{bmatrix}$—Ⅺ—64/100×100/97—Ⅻ—M3—ⅩⅣ—1/$u_{基}$—ⅩⅢ—

36/25—ⅩⅤ—$u_{倍}$—ⅩⅦ—M5—ⅩⅧ（丝杠）—刀架

3. 答：转速为 450～1400r/min（除 500r/min）时，其运动路线直接由扩大螺距机构和公制螺纹传动路线控制，故可获得 8 种细进给量，范围是 0.028～0.054mm/r。细进给量与常用进给量的比值是：0.028/0.08～0.058/1.22＝7/20～27/610＝0.35～0.044（mm/r）。

六、分析题

1. 答：(1) 由于进给量太大致使双向多片式摩擦离合器打滑，使主轴停转产生闷车现象，减少吃刀量及进给量即可，或由于双向多片式摩擦离合器摩擦间隙过大，将间隙调整合适即可。

(2) 由于齿轮齿条轴啮合得太紧，齿顶与啮合齿槽的底部相接触使扳动手柄费力，而啮合的两部分间隙过大过松使扳动手柄不能稳定停留在终点位置，只需将齿条啮合间隙调整合适。

(3) 由于制动器制动带过松，不能起到预期刹车作用，只要调节螺母制动带至合适的位置。

(4) 由于吃刀量过大使主轴传动受阻阻力大，出现打滑，机床进给传动链断开，减少吃刀量，减轻刀架载荷和主轴载荷即可。

2. 答：最可能的原因是吃刀量太大，切削负荷过大使 M_8 安全超越离合器发生了安全保护作用；另外也可能是 M_8 安全超越离合器故障而不能正常工作所致。以上两种情况都可出现安全离合器连接光杠传来运动的一端在转动，而连接蜗杆轴的一端却不转。如果前述情况发生在载荷较小或空载时，问题应该是 M_8 安全超越离合器故障所造成。

3. 答：主轴箱中的换向机构由 M_1 控制，其作用是实现主轴的正、反转控制；而溜板箱中的换向机构由 M_6、M_7 控制，以实现刀架的纵、横向机动进给方向的控制。由于它们各自的作用不同，所以不能用主轴箱中的换向机构来变换纵、横向机动进给的方向。

主轴箱中起换向作用的离合器 M_1 控制着主轴的正、反转，主轴的正转用于切削，而反转用于退刀。如果用来代替 M_6、M_7 以改变刀架机动进给的方向，虽然进给方向是变了，但那时主轴的转动方向也同时发生了改变，切削变成了退刀，退刀却变成了切削了，此时，切削过程将无法正常进行了。

4. 答：不能。在主传动链中，M_1 双向多片摩擦式离合器还承担着防止过载的作用，在载荷过大超过了离合器摩擦力允许值后，M_1 能发生打滑，切断主电动机传到主轴的转矩传动；而牙嵌式离合器或齿轮式离合器在过载时不能滑移，无法起到过载保护作用。M_3、M_4、M_5 需按定比传动工作，摩擦片打滑时将影响此定比传动的正常进行。

5. 答：CA6140 车床主轴高转速时，转速为 450～1450r/min，此时不是扩大螺纹导程的状态；只有在主轴为低速状态（10～125r/min）时，才可利用从轴Ⅲ到轴Ⅳ、再到轴Ⅴ段的传动路线段，得到扩大螺纹导程 4 倍或 16 倍的进给传动路线。所以，只有在主轴转速为 10～125r/min 条件下，才能使用扩大螺距机构，刀具却获得大进给量。

6. 答：(1) CA6140 型卧式车床的传动系统的各传动链与其首端件和末端件分别为：主运动传动链，首端件为主电动机，末端件为主轴；车削螺纹运动传动链，首端件为主轴，末端件为刀架；纵向和横向进给运动传动链，首端件为主轴，末端件为刀架；快速运动传动链，首端件为快速电动机，末端件为刀架。

(2) 参看教材。

(3) 车削螺纹时必须严格控制主轴转角与刀具纵向进给量之间的关系，而丝杠螺母传动具有间隙小、能时刻保证严格的传动比的特点，所以要用丝杠承担纵向进给的传动件。

车削其他表面时，不必严格控制主轴转角与刀具纵向进给量之间的关系，为减少丝杠磨损和便于操纵，另外，丝杠是无法传递横向进给运动的，因此要用光杠传动纵向和横向进给。不能用一根丝杠承担纵向进给又承担车削其他表面的进给运动。这样，可以防止丝杠磨损过快，使用寿命降低，并使机床的操纵更容易。

7. 答：在 CA6140 型卧式车床的主运动、车削螺纹运动、纵向和横向进给运动以及快速运动等传动链中，车削螺纹运动的传动链的两端件之间具有严格的传动比。车削螺纹运动的传动链是内联系传动链。

8. 答：(1) 正确。两者都属螺纹加工，交换齿轮不变；但传动路线要由米制转换为英制。

(2) 正确。两者都属蜗杆加工，交换齿轮不变；但传动路线要由米制转换为英制。

(3) 正确。交换齿轮要由螺纹加工变为蜗杆加工；传动路线也要由米制转换为英制。

(4) 正确。英制螺纹与径节螺纹同属英制，用英制传动路线；但车削英制螺纹要用螺纹加工交换齿轮，车削径节螺纹要用蜗杆加工交换齿轮。

9. 答：(1) 主轴采用前、后双支承结构，前支承为双列圆柱滚子轴承，用于承受径向力。主轴的后支承由推力球轴承和角接触球轴承组成，推力球轴承承受自右向左的轴向力，角接触球轴承承受自左向右的轴向力，还同时承受径向力。

(2) 拧紧螺母 4 通过套筒推动轴承 7 在主轴锥面上从左向右移动，使轴承内圈在径向膨胀从而减小轴承间隙，轴承间隙调整好后须将螺母 5 锁紧。

第 7 章 铣 削 加 工

一、填空题

1. 圆周铣削、端面铣削；顺铣、逆铣

2. 顺铣

3. 分度；万能；夹持工件的最大直径

4. 铣刀的旋转运动；工作台带动工件的直线运动、工作台带动工件的平面回转运动或曲线运动，还有辅助运动等

5. 铣床工作台的宽度为 320mm

6. 孔盘变速

7. 顺铣

8. 40/z；40

9. 顺时针、逆时针

10. 前角、30°～45°

二、判断题

1. √；2. ×；3. √；4. √；5. ×；6. √；7. ×；8. √；9. √；10. ×；11. √；12. √；13. ×；14. √；15. √；16. ×；17. √；18. √

三、单项选择题

1. C；2. A；3. A；4. B；5. A；6. C；7. A；8. A；9. B；10. A

四、简答题

1. 答：铣刀是多刃刀具，铣削时每个刀齿周期性地断续切削，刀齿散热条件好，铣削效率高。切削中有振动冲击，铣削加工范围广，铣刀结构复杂。铣削加工适用于单件小批量生产，也适用于大批量生产。

2. 答：底座用来支承铣床的全部重量和盛放冷却润滑液，底座上装有冷却润滑电动机。

床身用来安装和连接机床其它部件，床身的前面有燕尾形垂直导轨，供升降台上下移动，床身后装有电动机。

悬梁用来支承安装铣刀和芯轴，以加强刀杆的刚度。悬梁可以在床身顶部水平导轨中移动，调整其伸出长度。

主轴用来安装铣刀，由主轴带动铣刀刀杆旋转。

工作台用来安装机床附件或工件，并带动它们作纵向移动。台面上有 3 个 T 形槽，用来安装 T 形螺钉或定位键。

回转盘使纵向工作台绕回转盘轴线作±45°转动，用来铣削螺旋表面。

床鞍装在升降台的水平导轨上，带动工作台一起作横向移动。

升降台支承工作台，并带动工作台垂直移动。

3. 答：逆铣时，每齿切削厚度由零到最大，工件表面冷硬程度加重，表面粗糙度值变大，刀具磨损加剧；铣削力作用在垂直方向的分力向上，不利于工件的夹紧；但水平分力的方向与进给方向相反，有利于工作台的平稳运动。

顺铣时，每齿切削厚度由最大到零，刀齿和工件间无相对滑动，工件切削容易，表面粗糙度值小，刀具寿命长；顺铣时，铣削力在垂直方向的分力始终向下，有利于工件夹紧；但铣削力作用在水平分力与进给方向相同，当其大于工作台和导轨之间的摩擦力时，就会把工作台连同丝杠向前拉动一段距离，这段距离等于丝杠和螺母间的间隙，因而将影响工件的表面质量，严重时还会损坏刀具，造成事故。

4. 答：万能分度头是铣床附件之一，它安装在铣床工作台上用来支撑工件，并利用分度头完成工件的分度、回转等一系列动作，从而在工件上加工出方头、六角头、花键、齿轮、斜面、螺旋槽、凸轮等多种表面，扩大了铣床的工艺范围。

5. 答：① 直接分度法；在加工分度数目不多（如 2、4、6 等分）或分度精度要求不高时可采用直接分度法。

② 分度数较多时，可用简单分度法。工作原理是 $n=40/z$。

③ 由于分度盘孔圈有限，有些分度数如 61、73、87、113 等不能与 40 约分，选不到合适的孔圈，就需采用差动分度法。

6. 答：参看教材。

7. 答：参看教材。

8. 答：参考教材。

9. 答：参考教材。

10. 答：立铣刀，主要用来加工凹槽、台阶面和成形表面。立铣刀圆柱面上的切削刃为主切削刃，端面上的切削刃不通过中心，为副切削刃；工作时不宜作轴向进给运动，为保证端面切削刃具有足够强度，在端面切削刃前面上磨出倒棱。

键槽铣刀主要用来加工圆头封闭键槽，有两个刀齿，圆柱面和端面都有切削刃，端面切削刃过中心，工件能沿轴向作进给运动。

11. 答：参考教材。

五、计算题

1. 解：（1）传动路线表达式为：

$$n-\frac{26}{54}-\begin{bmatrix}19/36\\22/33\\16/39\end{bmatrix}-\begin{bmatrix}39/26\\18/47\\28/37\end{bmatrix}-\begin{bmatrix}82/38\\19/71\end{bmatrix}-V（主轴）$$

（2）该传动系统的级数为 $3\times3\times2=18$ 级，可通过改变电动机的转向进行变向。

（3）

$$n_{max}=1450\times\frac{26}{54}\times\frac{22}{33}\times\frac{39}{26}\times\frac{82}{38}=1507(r/min)$$

$$n_{min}=1450\times\frac{26}{54}\times\frac{16}{39}\times\frac{18}{47}\times\frac{19}{71}=29(r/min)$$

2. 解：（1）F 表示分度，W 表示万能，250 表示分度头能夹持工件的最大直径为 250mm。

（2）可以采取简单分度法。

（3）根据公式 $n=40/z=40/24=1+16/24$。即每铣完一面后，分度手柄应在 24 孔圈上转过 1 转又 16 个孔距，插入第 17 个孔。

3. 答：（1）F 表示分度，W 表示万能，125 表示中心高为 125mm。

（2）可以采取简单分度法。

（3）根据公式 $n=40/z=40/33=1+7/33$。即每铣完一面后，分度手柄应在 33 孔圈上转过 1 转又 7 个孔距，插入第 8 个孔。

4. 解：（1）因 111 不能被 40 约分，所以要采用差动分度法进行分度。

（2）$z=111$ 无法进行简单分度，所以采用差动分度。取 $z_0=110$，计算分度手柄应转的圈数：

$$n_K=\frac{40}{110}=\frac{4}{11}=\frac{12}{33}(r)$$

（分度手柄 K 应转过的整圈数 0，即每次分度，分度手柄带动插销 J 在孔盘孔数为 33 的孔圈上转过 12 个孔距）

（3）根据式（7-3）计算交换齿轮齿数：

$$\frac{a}{b} \times \frac{c}{d} = \frac{40(z_0 - z)}{z_0} = \frac{40 \times (110 - 111)}{110}$$

$$= -\frac{40}{110} = -\frac{4}{11} = -\frac{4}{5.5} \times \frac{1}{2} = -\frac{40}{55} \times \frac{20}{40}$$

因此，交换齿轮的齿数为 $a=40$，$b=55$，$c=20$，$d=40$。由于 $z_0 < z$，分度手柄应与分度盘旋转方向相反；交换齿轮的总传动比为负值，应在中间增加一挂轮。

第8章　钻削和镗削加工

一、填空题

1. 刀具绕轴线的旋转运动、刀具沿轴线的直线进给运动、固定不动

2. 改变 V 带在塔型带轮上的位置

3. 径向、轴向

4. 主轴的旋转运动、纵向进给运动、垂直移动、移动、回转

5. 镗床、平旋盘、镗轴的最大直径为 90mm

6. 切削、导向；2、2、2、2、2、1

7. 前角、刚性

8. 顶角、外缘后角、横刃斜角

9. 磨短、斜

10. 手用、机用

二、判断题

1. √；2. ×；3. √；4. √；5. √；6. ×；7. ×；8. √；9. √；10. ×；11. √；12. ×；13. √；14. √

三、单项选择题

1. B；2. D；3. B；4. A；5. A；6. A；7. B；8. B；9. C；10. A；11. B；12. B；13. B；14. A；15. B

四、简答题

1. 答：由于主切削刃对称分布，所以钻削时径向力相互抵消；钻削时金属切除率高，背吃刀量为孔径的一半；钻削加工排屑和散热困难，被加工孔精度低，表面质量差；钻孔的精度一般为 IT12～IT11，表面粗糙度 Ra 为 12.5～50μm。

2. 答：摇臂钻床的主运动为主轴的旋转运动；进给运动为主轴的纵向进给；辅助运动为摇臂沿外立柱的垂直移动、主轴箱沿摇臂水平方向的移动和摇臂与外立柱一起绕内立柱的回转运动。

3. 答：镗削加工工艺灵活，适应性强；操作技术要求高；镗刀结构简单，成本低；镗孔的尺寸精度为 IT7～IT6，孔距精度可达 0.0015mm，表面粗糙度为 Ra1.6～0.8μm。

镗削加工是在镗床上用镗刀对工件上较大的孔进行半精加工和精加工的方法。镗削加工的工艺范围较广，通常用于加工尺寸较大且精度要求较高的孔，特别适合加工分布在不同表面上且孔距和位置精度要求很高的孔系，如箱体和大型工件上的孔和孔系加工。除镗孔外，镗床还可以钻孔、扩孔、铰孔、铣平面、镗盲孔、镗孔的端面等，也可以车端面和螺纹。

4. 答：镗削加工时，刀具的旋转运动为主运动。镗床的进给运动包括镗轴的轴向进给运动、平旋盘刀具溜板径向进给运动、主轴箱垂直进给运动、工作台横向进给运动、工作台纵向进给

运动和工作台旋转运动六种运动。

5. 答：麻花钻是最常见的孔加工刀具，它主要用于加工低精度的孔或扩孔。标准高速钢麻花钻由工作部分、颈部及柄部三部分组成。麻花钻的切削部分由两前刀面、两后刀面、两副后刀面、两主切削刃、两副切削刃和一条横刃组成。

6. 答：群钻的结构特点可概括为：三尖七刃锐当先，月牙弧槽分两边，一侧外刃再开槽，横刃磨低窄又尖。横刃缩短、各段切削刃切削角度合理，刃口锋利，切削变形较小；加工钢材时的轴向力比标准麻花钻降低 35％～50％，扭矩降低 10％～30％，使用寿命提高 3～5 倍；钻孔精度提高，形位误差与加工表面粗糙度值减小；圆弧刃切出的过渡表面有凸起的圆环筋，可以防止钻孔偏斜，减少了孔径的扩大，加强了定心和导向作用。

7. 答：扩孔钻是用于扩大孔径和提高孔加工质量的刀具，它用于孔的最终加工或铰孔和磨孔前的预加工。扩孔钻的加工精度为 IT10～IT9 级，表面粗糙度为 $Ra6.3～3.2\mu m$。扩孔钻与麻花钻结构相似，扩孔钻一般有 3～4 齿，导向性好；扩孔余量小且无横刃，切削条件得到改善；扩孔钻容屑槽浅，钻芯较厚，故强度和刚度较高。

8. 答：铰刀由工作部分、柄部和颈部组成，其中工作部分包括引导锥、切削部分和校准部分，校准部分又包括圆柱部分和倒锥部分。

9. 答：铰刀是用于孔的半精加工和精加工的刀具，加工精度可达 IT8～IT6 级，表面粗糙度为 $Ra1.6～0.4\mu m$。铰刀有 6～12 个刀刃，排屑槽更浅，刚性好；铰刀有修光刃，可校准孔径和修光孔壁；铰削加工余量小，工作平稳。

10. 答：单刃镗刀只有一个切削刃，结构简单，制造方便，通用性好。机夹式单刃镗刀尺寸调节费时，精度不易控制，主要用于粗加工；微调镗刀用在坐标镗床和数控机床上，它调节尺寸容易，调节精度高，主要用于精加工。

双刃镗刀的两端具有对称的切削刃，工作时可消除径向力对镗杆的影响，镗刀上的两块刀片可以径向调整，工件的孔径尺寸和精度由镗刀径向尺寸保证。

五、计算题

解：(1) 机床的传动系统图是表示机床全部运动传动关系的示意图，它比传动原理图更准确、更清楚、更全面地反映了机床的传动关系。

$$(2)\ n_{1440}-\frac{\phi140}{\phi170}\begin{Bmatrix}27/55\\34/48\\21/61\end{Bmatrix}\frac{34}{48}\begin{Bmatrix}17/68\\65/34\\35/50\end{Bmatrix}—主轴（V）$$

(3) $n_{max}=1440×(140/170)×(34/48)×(34/48)×(65/34)=1137.5(r/min)$

$n_{min}=1440×(140/170)×(21/61)×(34/48)×(17/68)=22.30(r/min)$

(4) 传动级数为 3×3＝9 级；可以通过控制电动机的正反转来实现主轴的变向。

第 9 章　磨 削 加 工

一、填空题

1. 磨床、外圆磨床、最大磨削直径为 320mm

2. 圆周、端面；纵磨、横磨

3. 液压；具有无级调速、运转平稳和无冲击振动

4. 磨料、粒度、结合剂、硬度、组织、形状及尺寸

5. 氧化物、塑性、碳钢和合金钢；碳化物、铸铁和有色金属、非金属等、铜、铝、宝石

6. 粗；细

7. 粗

8. 砂轮上的磨粒受力后从砂轮表层脱落的难易程度；软

9. 磨粒；陶瓷、树脂、橡胶；陶瓷和树脂

10. 软；疏松

二、判断题

1. √；2. ×；3. √；4. √；5. ×；6. ×；7. ×；8. ×；9. ×；10. √；11. √；12. √；13. √；14. √；15. ×；16. √；17. √；18. √；19. √；20. √；21. √；22. √；23. √

三、单项选择题

1. B；2. C；3. A；4. B；5. C；6. C；7. D；8. B；9. A；10. B

四、简答题

1. 答：加工精度高；磨削温度高；能加工硬质材料。

2. 答：按照砂轮的进给方式不同，磨外圆的工作方式分为纵向磨削和横向磨削两种。纵磨法生产率低，表面质量好，精度高，应用广泛。纵磨法主要用于单件、小批生产或精磨的场合。

横磨法磨削效率高，磨削力大，磨削温度高，加工精度低，表面粗糙度值增大。横磨法主要用于批量大、精度不太高的工件或不能作纵向进给的场合。

3. 答：床身；头架；内圆磨具；砂轮架；尾座；工作台。

4. 答：普通内圆磨削；无心内圆磨削；行星内圆磨削等。

5. 答：无心外圆磨床生产率高，能磨削刚度较差的细长工件，磨削用量较大；工件表面的精度高，表面粗糙度值小；能实现生产自动化。

6. 答：粒度表示磨料尺寸的大小。粒度号数越大，磨料越细。粗加工时选用颗粒较粗的砂轮，以提高生产率；精加工时选用颗粒较细的砂轮，以减小加工表面粗糙度；砂轮速度较高或砂轮与工件接触面积较大时，选用颗粒较粗的砂轮，以免引起工件表面烧伤；磨削材料较软和塑性较大的材料，选用颗粒较粗的砂轮，以免砂轮堵塞；磨削材料较硬和脆性较大的材料，选用颗粒较细的砂轮，以提高生产效率。

7. 答：磨削过程是许多磨粒对工件表面进行切削、刻划和滑擦（摩擦抛光）的综合作用过程。

8. 答：影响磨削力的因素是工件材料变形产生的抗力和与工件间的摩擦力。影响磨削温度的因素是砂轮速度、工件速度、径向进给量、工件材料和砂轮特性。

9. 答：砂轮的硬度是指砂轮上的磨粒受力后从砂轮表层脱落的难易程度。硬度高，磨料不易脱落，硬度低，磨粒容易脱落。工件硬度高时应选用较软的砂轮；工件硬度低时应选用较硬的砂轮；砂轮与工件接触面积较大时，选用较软的砂轮；磨削薄壁及导热性差的工件时应选用较软的砂轮；精磨和成形磨时，应选用较硬的砂轮。

10. 答："1"表示砂轮为平行砂轮；"400×50×203"表示砂轮的外径、厚度和内径；"WA"表示磨料为白刚玉；"F60"表示粒度号为60；"K"表示硬度为中软1；"5"表示组织号为5；"V"表示结合剂为陶瓷；"35"表示砂轮的最高圆周速度为35m/s。

第 10 章　刨削、插削和拉削加工

一、填空题

1. B6065；最大刨削长度 650mm
2. 刨刀的往复直线运动、工作台带动工件的运动
3. 最大刨削长度
4. 平口钳、工作台、专用夹具
5. IT9~IT7、$Ra\,12.5\sim3.2\mu m$
6. 工作台带动工件、间歇、最大刨削宽度
7. 垂直；侧、刨削竖直平面
8. 滑枕带动插刀沿垂直方向的往复直线运动；横向、纵向、圆周
9. 平面、方孔、多边形孔、内孔键槽、花键孔
10. 拉刀的直线移动、拉刀刀齿的齿升量
11. 圆孔、花键孔、键槽、成形表面
12. 说明下表所列情况的主运动和进给运动（用→表示直线运动，用→→表示间歇直线运动，用⌒表示旋转运动）

序号	机床名称	工作内容	主运动		进给运动	
			工件	刀具	工件	刀具
例	卧式车床	车外圆	⌒			→
1	卧式车床	钻孔	⌒			→
2	立式车床	钻孔		⌒		→
3	卧式镗床	镗孔		⌒	→	→
4	牛头刨床	刨平面		→→	→	
5	插床	插键槽		→→	→	
6	龙门刨床	刨平面	→→			→
7	卧式铣床	铣平面		⌒	→	
8	外圆磨床	磨外圆	⌒	⌒		→
9	内孔磨床	磨孔	⌒	⌒		
10	平面磨床	磨平面	⌒		→	→

二、判断题

1. ×；2. ×；3. ×；4. √；5. ×；6. √；7. ×；8. ×；9. ×；10. √；11. ×；12. √；13. ×；14. √；15. ×；16. √；17. ×；18. ×；19. √；20. √；21. √

三、单项选择题

1. A；2. C；3. A；4. B；5. C；6. A；7. B；8. B；9. C；10. D；11. D；12. C；13. C；14. C

四、简答题

1. 答：刨削加工是断续切削，因切削过程有振动和冲击，刨削加工精度不高，通常为 IT9~IT7，表面粗糙度为 $Ra\,12.5\sim3.2\mu m$。刨削加工通常用于单件、小批生产以及修配的场合。

2. 答：工作台用来安装工件并带动工件作横向和垂直运动。床身的顶面有水平导轨，滑枕沿导轨作往复直线运动；在前侧面有垂直导轨，横梁带动工作台沿此升降；床身内部有变速机构和摆杆机构。横梁带动工作台作横向间歇进给运动或横向移动，也可带动工作台升降，以调整工件与刨刀的相对位置。滑枕带动刨刀作往复直线运动，其前端装有刀架，调整转盘，可使刀架左右回转60°，用以加工斜面和沟槽。摇动手柄，可使刀架沿转盘上的导轨移动，使刨刀垂直间歇进给或调整背吃刀量。

3. 答：工作台用来安装工件并带动工件作横向和垂直运动，滑枕沿导轨作往复直线运动。

4. 答：工作台的往复直线运动为主运动。垂直刀架在横梁的导轨上间歇移动是横向进给运动，以刨削工件的水平面。

刀架上的滑板可使刨刀上、下移动，作切入运动或刨削竖直平面。滑板还能绕水平轴线调整一定的角度，以加工倾斜平面。

5. 答：工作台的往复直线运动为主运动，刀具的运动为进给运动。

6. 答：参看教材图 10-5。

7. 答：参看教材图 10-6。

8. 答：插床的生产率和精度都较低，加工表面粗糙度 Ra 为 $6.3 \sim 1.6 \mu m$，加工面的垂直度为 $0.025mm/300mm$。多用于单件或小批量生产中加工内孔键槽或花键孔，也可以加工平面、方孔或多边形孔等，在批量生产中常被铣床或拉床代替。但在加工不通孔或有障碍台肩的内孔键槽时，就只能用插床了。

9. 答：刨刀切入和切出工件时，冲击很大，容易发生"崩刃"和"扎刀"现象，因而刨刀刀杆截面比较粗大，以增加刀杆的刚性，而且往往做成弯头，使刨刀在碰到硬质点时可适当产生弯曲变形而缓和冲击，以保护刀刃。

10. 答：生产率高；可以获得较高的加工质量；拉刀使用寿命长；拉削加工范围广，拉削力大；拉削运动简单。

11. 答：普通圆孔拉刀的结构如图 10-18 所示，它由头部、颈部、过渡锥、前导部、切削部、校准部和后导部组成，如果拉刀太长，还可在后导部后面加一个尾部，以便支承拉刀。

12. 答：拉削图形是指拉刀从工件上切除余量的顺序和方式，即每个刀齿切除的金属层截面的图形，也叫拉削方式。拉削图形分为分层式、分块式和综合式三种。

13. 答：切削部主要担负切削任务，由粗切齿、过渡齿和精切齿组成。校准部由直径相同的刀齿组成，起校准和修光作用，提高工件的加工精度和表面质量。

14. 答：拉削图形是指拉刀从工件上切除余量的顺序和方式，即每个刀齿切除的金属层截面的图形，也叫拉削方式。它直接决定刀齿负荷分配和表面的形成过程，影响拉刀结构、长度、拉削力、拉刀磨损及拉刀使用寿命，也影响表面质量、生产率和制造成本。设计拉刀时，应首先确定合理的拉削图形。

第 11 章 齿 轮 加 工

一、填空题

1. 成形法、展成法；成形

2. 主运动传动链、展成运动传动链、垂直进给传动链、附加运动传动链；展成运动传动链、附加运动传动链

3. 直齿、螺旋、蜗轮；多联齿轮、内齿轮、蜗轮

4. 附加运动；展成运动

5. 最高、最低、IT6

6. 磨齿、铣齿；滚齿、铣齿

7. 齿形、齿向；分齿误差、滚齿

8. 渐开线、制造困难、阿基米德

9. 啮合线或径向

10. 蜗杆

11. 切向进给刀架

二、判断题

1. √；2. √；3. √；4. √；5. ×；6. ×；7. ×；8. ×；9. ×；10. ×；11. √；12. ×；13. √；14. ×；15. √；16. √；17. √；18. ×；19. √；20. √；21. √；22. √；23. √；24. ×；25. ×；26. ×；27. √；28. √；29. ×；30. √；31. √；32. ×

三、单项选择题

1. D；2. D；3. B；4. B；5. A；6. A；7. C；8. B；9. C；10. B；11. B；12. C；13. C；14. C；15. B；16. D；17. A

四、简答题

1. 答：成形法加工齿轮，齿轮的加工精度低，一般只能达到IT10～IT9级，生产率低。主要用于单件及修配生产中加工低转速和低精度齿轮。

展成法加工齿轮，加工精度高，生产效率高，但需要专用设备，生产成本高。主要用于成批生产中加工精度高的齿轮。

2. 答：加工斜齿圆柱齿轮时，除需要加工直齿圆柱齿轮的三个运动外，还必须给工件一个附加运动，以形成螺旋形的齿轮，即刀具沿工件轴线方向进给一个螺旋线导程时，工件应附加转动（±）一转。

3. 答：刀具的旋转运动；工件的分度运动；刀具的进给运动。

4. 答：刀具的旋转运动；刀具和工件之间的展成运动；垂直进给运动等。

5. 答：主运动；圆周进给运动；径向切入运动；让刀运动。

6. 答：插齿的齿形误差较小，齿面的表面粗糙度值小，但公法线长度变动较大。插削大模数齿轮时，插齿的生产率比滚齿低；但插削中、小模数齿轮时，生产效率不低于滚齿。因此，插齿多用于加工中、小模数齿轮。

插齿的应用范围很广，除能加工外啮合的直齿轮外，特别适合加工齿圈轴向距离较小的多联齿轮、内齿轮、齿条和扇形齿轮等，但插齿机不能加工蜗轮。

7. 答：① 效率高，成本低；对轮齿的切向误差修正能力低；对轮齿的齿形误差修正能力高；剃齿加工对轮齿的齿形误差和基节误差有较高的修正能力。剃齿精度可达IT7～IT6级，表面粗糙度为 $Ra0.8～0.2\mu m$；剃齿加工广泛用于成批和大量生产中未淬火、精度高的齿轮加工。

② 磨齿加工的主要特点是能磨削高精度的轮齿表面，通常磨齿精度可达IT6级，表面粗糙度值为 $Ra0.8～0.2\mu m$；磨齿加工对磨前齿轮的误差或变形有较强的修正能力，而且特别适合磨削齿面硬度高的轮齿。但磨齿加工效率普遍较低，设备结构复杂，调整困难，加工成本较高。磨齿加工主要用于高精度和高硬度的齿轮加工。

③ 珩齿后轮齿的表面质量好；珩齿速度一般在 $1～3m/s$ 左右，齿面不会产生烧伤和裂纹；

对轮齿的齿形误差修正能力低；生产率和珩轮的使用寿命高。

8. 答：滚刀的基本蜗杆有渐开线蜗杆、阿基米德蜗杆和法向直廓蜗杆三种。渐开线蜗杆制造困难，生产中很少使用；阿基米德蜗杆与渐开线蜗杆十分相似，只是它的轴向截面内的齿形为直线，这种滚刀便于制造、刃磨和测量，应用广泛；法向直廓蜗杆滚刀的理论误差大，加工精度低，应用较少，一般用于粗加工、大模数和多头滚刀。

9. 答：齿轮滚刀的结构分为两大类，中小模数（$m \leqslant 10\text{mm}$）的滚刀一般做成整体式；模数较大的齿轮滚刀，一般做成镶齿结构。精加工齿轮滚刀一般做成单头，为提高生产率，粗加工滚刀也可做成多头，齿轮滚刀的结构已经标准化。

10. 答：插齿刀的外形像齿轮，直齿刀像直齿轮，斜齿刀像斜齿轮；在其齿顶、齿侧开出后角，端面开出前角就形成了切削刃。

插齿刀的精度分为 AA、A、B 三级，根据被加工齿轮的平稳性精度来选用。分别用于加工 6、7、8 级精度的圆柱齿轮。

11. 答：生产中为减少铣刀的规格和数量，常用一把铣刀加工模数和压力角相同、而具有一定齿数范围的齿轮。标准模数盘形铣刀的模数在 0.3～8mm 时，每套由 8 把铣刀组成。每把铣刀的齿形均按所加工齿轮齿数范围内最少齿数的齿形设计。

12. 答：选 4 号铣刀，齿数小的齿轮加工精度高，因为每把铣刀的齿形均按所加工齿轮齿数范围内最少齿数的齿形设计。

五、计算题

1. 解：（1）根据速度公式 $v = \dfrac{\pi dn}{1000}$，得 $n = \dfrac{1000v}{\pi d} = \dfrac{1000 \times 25}{3.14 \times 70} = 113.74$（r/min），取 $n = 125\text{r/min}$（表 11-2）。再根据表 11-2，确定挂轮和滑移齿轮的齿数分别为：

$$\frac{A}{B} = \frac{33}{33}, u = \frac{35}{35}$$

（2）加工直齿轮时，滚刀的安装角等于滚刀螺旋角，即 $\lambda = 3°6'$。右旋时，顺时针安装。

2. 解：（1）根据速度公式 $v = \dfrac{\pi dn}{1000}$，得 $n = \dfrac{1000v}{\pi d} = \dfrac{1000 \times 25}{3.14 \times 70} = 113.74$（r/min），取 $n = 125\text{r/min}$（表 11-2）。再根据表 11-2，确定挂轮和滑移齿轮的齿数分别为：

$$\frac{A}{B} = \frac{33}{33}, u = \frac{35}{35}$$

（2）加工斜齿轮时，滚刀的安装角等于齿轮螺旋角减去滚刀的螺旋角，即 $\delta = \beta - \lambda = 18°24' - 3°6' = 15°18'$。齿轮右旋时，逆时针扳动滚刀。

第12章　先进加工方法与设备

一、填空题

1. 反馈、功率步进电动机或电液伺服电动机

2. 开关量

3. 输入、输出、数控、伺服、机床电气逻辑控制、位置检测

4. 反馈控制

5. 程序编制、输入装置、数控装置、伺服驱动装置、位置检测装置、辅助控制装置

6. 刀库、自动换刀

7. 工具电极和工件电极间脉冲放电时的电腐蚀作用

8. 热能

9. 电解、机械磨削

10. 离子束

11. 电子束加工、离子束加工、激光加工

12. 水刀、宝石

13. 水嘴、磨料

二、判断题

1. √；2. ×；3. √；4. ×；5. √；6. √；7. ×；8. √；9. ×；10. √；11. √；12. ×；13. √；14. √；15. ×；16. ×；17. √；18. ×；19. √；20. ×；21. ×

三、单项选择题

1. C；2. B；3. B；4. D；5. B；6. C；7. D；8. B；9. B；10. B

四、简答题

1. 答：分为金属切削类数控车床、金属成形类数控机床、数控特种加工机床三类。

2. 答：数控机床由程序编制及程序载体、输入装置、数控装置（CNC）、伺服驱动及位置检测、辅助控制装置、机床本体等几部分组成。

3. 答：加工精度高，具有稳定的加工质量。可进行多坐标联动，能加工形状复杂的零件。加工零件改变时，一般只需要更改数控程序，可节省生产准备时间。机床精度高、刚性大，可选择有利的加工用量，生产率高（为普通机床的3～5倍）。机床自动化程度高，可以减轻劳动强度。对操作人员的素质要求较高，对维修人员的技术要求更高。

4. 答：开环控制系统（Open Loop Control System）；半闭环控制系统（Semi-Closed Loop Control System）；闭环控制系统（closed-loop control System）。

5. 答：半闭环控制系统是在开环系统的丝杠上装有角位移检测装置，通过检测丝杠的转角间接地检测移动部件的位移，然后反馈给数控装置。

闭环控制系统是在机床移动部件上直接装有位置检测装置，将测量的结果直接反馈到数控装置中，与输入的指令位移进行比较，用偏差进行控制，使移动部件按照实际的要求运动，最终实现精确定位。

6. 答：请参考相关资料。

7. 答：组成框图如下。

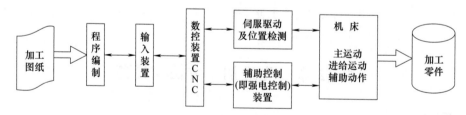

8. 答：加工中心是一种能把车削、铣削、钻削、镗削、螺纹加工等多种功能集中在一台设备上的数控加工机床，是典型的集现代控制技术、传感技术、通信技术、信息处理技术等高新技术于一体的机械加工设备。

加工中心与数控铣床、数控镗床等数控机床的本质区别是配备有刀库，刀库中存放着不同数量的各种刀具或检具，在加工过程中由程序自动选用和更换，它的结构相对较复杂，控制系统功能较多。

9. 答：工序集中，加工精度高；减轻操作者的劳动强度、经济效益高；工艺适应性强；有

利于企业生产管理的现代化。

10. 答：见表 12-1。

11. 答：电火花加工（Electrical Discharge Machining，EDM）又称电蚀加工，它与金属切削加工的原理完全不同，电火花加工是通过工具电极和工件电极间脉冲放电时的电腐蚀作用进行加工的一种工艺方法。由于放电过程中可见到火花，故称之为电火花加工。特点及用途参看教材。

12. 答：电解加工是利用金属在电解液中发生电化学阳极溶解的原理将工件加工成形的一种特种加工方法。特点及用途参看教材。

13. 答：电子束加工（Electron Beam Machining，EBM）是一种利用高能量密度的电子束对材料进行工艺处理的方法。在真空条件下，利用电子枪中产生的电子经加速、聚焦后能量密度为 $10^6 \sim 10^9 \mathrm{W/cm^2}$ 的极细束流高速冲击到工件表面上极小的部位，并在几分之一微秒时间内，其能量大部分转换为热能，使工件被冲击部位的材料达到几千摄氏度，致使材料局部熔化或蒸发，来去除材料。特点及用途参看教材。

14. 答：离子束加工（Ion Beam Machining，IBM）是在真空条件下，将离子源产生的离子束经过加速聚焦，使之撞击到工件表面的加工方法。由于离子带正电荷，其质量比电子大数千、数万倍，所以离子束比电子束具有更大的撞击动能，它是靠微观的机械撞击能量，而不是靠动能转化为热能来加工的。特点及用途参看教材。

15. 答：激光加工（Laser Beam Machining，LBM）是利用光的能量经过透镜聚焦后在焦点上达到很高的能量密度，靠光热效应来加工的。特点及用途参看教材。

16. 答：超声波加工是利用工具作超声频振动，通过磨粒撞击和抛磨工件，从而使工件成形的一种加工方法。特点及用途参看教材。

17. 答：水射流加工又称液体喷射加工，是利用高压高速水流对工件的冲击作用来去除材料的，简称水切割（Water Jet，WJ），俗称水刀。特点及用途参看教材。

18. 答：快速原型制造是基于离散堆积原理直接加工原型或零件的制造过程，其基本思想都是基于将复杂的三维实体或壳体，作有限的二维离散细化分层。制造中，先将底层的二维图形制造完毕后，再向三维进给一定厚度，继续制造后一层，而前后两层又是结合在一起的，从而达到三维制造的目的。

目前快速原型制造比较成熟的工艺有光敏树脂液相固化成形、选择性粉末激光烧结成形、薄片分层叠加成形和熔丝堆积成形等。

19. 答：泛指用电能、热能、光能、电化学能、化学能、声能及特殊机械能等能量达到去除或增加材料的加工方法，从而实现材料被去除、变形、改变性能或被镀覆等。其加工范围不受材料物理、力学性能的限制，能加工任何硬的、软的、脆的、耐热或高熔点金属以及非金属材料。

20. 答：请参考相关资料。

参 考 文 献

[1]　于骏一，邹青. 机械制造技术基础 [M]. 北京：机械工业出版社，2009.

[2]　张世昌，李旦. 机械制造技术基础 [M]. 北京：高等教育出版社，2001.

[3]　徐勇. 机械加工方法与设备 [M]. 北京：化学工业出版社，2013.

[4]　王杰，李方信. 机械制造工程学 [M]. 北京：北京邮电大学出版社，2003.

[5]　韩荣第，周明. 金属切削原理与刀具 [M]. 哈尔滨：哈尔滨工业大学出版社，2003.

[6]　陆剑中，孙家宁. 金属切削原理与刀具 [M]. 北京：机械工业出版社，2005.

[7]　牛荣华，宋昀. 机械加工方法与设备. 北京：人民邮电出版社，2009.

[8]　孙庆群，周宗明. 金属切削加工原理及设备. 北京：科学出版社，2008.

[9]　王靖东. 金属切削加工方法与设备 [M]. 北京：高等教育出版社，2006.

[10]　陈根琴. 金属切削加工方法与设备 [M]. 北京：人民邮电出版社，2007.

[11]　吴拓. 金属切削加工及设备 [M]. 北京：机械工业出版社，2006.

[12]　周泽华. 金属切削理论 [M]. 北京：机械工业出版社，1992.

[13]　袁哲俊. 金属切削刀具 [M]. 上海：上海科学技术出版社，1993.

[14]　冯之敬. 机械制造工程原理 [M]. 北京：清华大学出版社，1998.

[15]　黄鹤汀. 金属切削机床 [M]. 北京：机械工业出版社，2003.

[16]　卢秉恒. 机械制造技术基础 [M]. 北京：机械工业出版社，2005.

[17]　郑广花. 机械制造基础 [M]. 西安：西安电子科技大学出版社，2006.

[18]　徐勇. 机械制造技术 [M]. 北京：北京大学出版社，2016.

[19]　张鹏，孙有亮. 机械制造技术基础 [M]. 北京：北京大学出版社，2009.

[20]　艾兴，肖诗钢. 切削用量简明手册 [M]. 北京：机械工业出版社，1994.

[21]　傅水根. 机械制造工艺基础 [M]. 北京：清华大学出版社，2004.

[22]　吴慧媛. 零件制造工艺与装备 [M]. 北京：电子工业出版社，2010.

[23]　周超梅，唐少琴. 机械制造技术基础 [M]. 北京：机械工业出版社，2017.

[24]　GB/T 1008—2008. 机械加工工艺装备基本术语.

[25]　GB/T 15375—2008. 金属切削机床　型号编制方法.